高等学校计算机类特色教材

新概念 C 语言能力教程

周二强 著

電子工業出版社

Publishing House of Electronics Industry

北京·BEIJING

内 容 简 介

本书以先进的教学理念为指导，以培养编程能力与学习能力为目标，从全新的角度解析了 C 语言，高屋建瓴地阐释了 C 语言学习中的诸多难点，对序列点、指针等概念深入浅出的分析更是引人深思。本书主要内容包括计算机和 C 语言、基本数据类型、表达式、逻辑运算和选择结构、循环结构、数组、函数、预处理、指针、用户自定义数据类型、文件、位运算和数字化信息编码。

本书概念准确，举例通俗易懂，分析精辟且分析过程完整清晰。针对关键的学习内容，为初学者提供了行之有效的学习方法。因此，这不仅是一本与众不同的 C 语言教材，还是一本支持自学的 C 语言教材。本书既可作为高等学校 C 语言课程的教材，也可作为社会培训用书。

图书在版编目（CIP）数据

新概念 C 语言能力教程 / 周二强著 . —北京：电子工业出版社，2015. 8
ISBN 978 – 7 – 121 – 26103 – 9

Ⅰ. ①新…　Ⅱ. ①周…　Ⅲ. ①C 语言 – 程序设计 – 教材　Ⅳ. ①TP312

中国版本图书馆 CIP 数据核字（2015）第 106032 号

策划编辑：袁　玺
责任编辑：袁　玺　　　　特约编辑：刘宪兰
印　　刷：北京虎彩文化传播有限公司
装　　订：北京虎彩文化传播有限公司
出版发行：电子工业出版社
　　　　　北京市海淀区万寿路 173 信箱　邮编　100036
开　　本：787×1092　1/16　印张：19　字数：486.4 千字
版　　次：2015 年 8 月第 1 版
印　　次：2022 年 7 月第 11 次印刷
定　　价：58.00 元

前　　言

教育需要改革已是共识，但怎样改却仁者见仁，智者见智。尽管高分的学生很多，但高分的背后却是令人望而生畏的、枯燥乏味的付出，高分的取得并不总与"高能"相关。学习本该是快乐的，这种快乐也许是若有所思的初探，也许是"众里寻他千百度，蓦然回首，那人却在灯火阑珊处"的顿悟，也许是欣然忘食的会意。快乐的学习，不以为苦的付出，品质的锤炼和才干的增长，这才是教与学的目标。

目前，C语言教学的改革多集中在实践教学环节。强调实践教学，培养学生的实际动手能力，让学生从实践中获得知识确实可以提高一部分学生的学习兴趣，教学效果也不错。尽管不是"满堂灌"，但片面强调以练促学本身也有填鸭式教学的嫌疑。理论来源于实践，但理论可指导实践，只有在理论指导下的实践才是最有效的实践。现有的C语言教学改革或多或少忽视了理论对实践的指导意义。教（理论）与练（实践）的关系需要辩证地理解和把握，体现教师主导作用的"教什么和怎样教"是教学改革的关键，毕竟太多的学生还不知道"学什么和怎么学"。下面简介本书的一些做法以抛砖引玉。

1. 第1章就让学生明白什么是编程以及C语言怎样控制计算机

C语言是计算机专业学生接触的第一门专业基础课，也是大多数理工科学生学习的第一门编程语言。"万事开头难"，学生对C语言的第一印象非常重要。C语言有什么用？怎样编程呢？初次接触C语言的学生可能会有许许多多的疑问。

C语言用于控制计算机，C语言命令需要由计算机执行，计算机的一些特性直接体现在C语言中，因此，在了解计算机的基础上学习C语言将会事半功倍。

C语言教学内容的改革从C语言的第一节课开始。首先介绍计算机由五大部件组成，分析每个部件的作用。接着与工厂类比，工厂制造产品，计算机处理数据，强调两者的工作流程类似。制造产品时，需要为工厂设计详细的加工流程；处理数据时，同样也需要为计算机设计详细的工作步骤，因为计算机只是一台机器。最后通过分析得到结论：编程就是设计算法，即为计算机设计详细的工作步骤。

理解计算机的组成和工作流程后，就可以开始编程了。当用计算机求用户输入的两个整数之和时，怎样为计算机设计工作步骤呢？根据计算机的组成，参照工厂的生产模式，可以尝试让学生设计算法。

第1步：在显示器上提示用户输入两个整数；第2步：获得用户的输入，并把输入的数据存储到内存中；第3步：运算器求和，并把计算结果转存到内存中；第4步：在显示器上输出计算结果。也许可以顺利地为计算机设计出工作步骤，也许会遇到这样或那样的困难。只要主动地参与到问题的解决过程中，即使没能设计出算法，也会有较大的收获。这样的尝试和参与不仅能加深对计算机的理解，还能培养分析解决问题的能力。

计算机的五大组成部件在C语言中有着对应：输入设备对应于scanf函数，输出设备对应于printf函数，内存对应于变量，运算器对应于表达式，控制器对应于语句的顺序。程序员借助C语言命令指挥计算机工作。只要设计出了算法，把算法中的步骤翻译成C语言语句就简单多了。第1步控制计算机在显示器上输出信息时，只需用printf函数即可；第2步获得用户输入时，只需用scanf函数即可；第3步求和时，只需用"＋"号即可；第4步输出计算结果时，依然需要用printf函数。

在教学实践中，基于上面的教学安排，大部分学生在上第一节课时就能理解"什么是编程"这个C语言课程中的核心问题，并能主动尝试编程，还能初步掌握怎样把算法步骤翻译成C语言语句。由于教学内容极具吸引力，大部分学生积极参与教学过程，切实发挥他们的主观能动性，课堂上真正呈现出师生良性互动、深入沟通的大好局面。

教师的主导作用主要体现在教学内容的选择上，"教什么和不教什么"是关键，教是为了不教。背景知识需要教，因此，需要分析计算机的组成和工作流程，但具体问题，如让计算机求用户输入的两个整数之和时，怎样为计算机设计工作步骤，就需要学生利用背景知识自主分析，发挥主体作用讨论解决了。

2. 强调理解，更强调分析

不能以死记硬背的方式学习知识，知识需要理解，但更需要分析。表达式的求值规则最为典型。C 语言表达式求值时先考虑序列点，再考虑优先级，最后考虑结合性。如果不理解序列点的作用，遇到有序列点的表达式时就只能记忆"求值规则"了。例如，逗号表达式的求值顺序是自左向右依次求值，逗号表达式"$i=j,++j$"中自增操作符的优先级最高，为何不根据优先级先执行自增操作呢？难免会有学生提出这样的疑问。由于逗号操作符的优先级最低，故逗号表达式"$i=j,++j$"中逗号操作符左边的操作数为子表达式 $i=j$，右边操作数为子表达式 $++j$。又因为逗号操作符有序列点，所以其左操作数 $i=j$ 会先于右操作数 $++j$ 求值。可见序列点可以让低优先级的操作符先于高优先级的求值。靠记忆而不是理解表达式的求值规则，不仅使学生对 C 语言知识的认知残缺不全，而且会影响自主学习的积极性，更不利于创新能力的培养。

因此含有序列点的表达式求值时，要保证有序列点的操作符左边的由子表达式构成的操作数先于其右边的操作数求值。在表达式 $2*5+3$ 中，加法操作符右边的操作数为 3，但其左边的操作数不是 5 而是子表达式 $2*5$，因为进行加法操作时不可能把 5 与 3 相加。

只是理解还不够，还需要分析逗号操作符为何有序列点。

逗号操作符常用于把多条 C 语言语句改写成一条 C 语言语句。例如，"$i=j;++j;$"是两条语句，而"$i=j,++j;$"是一条语句。为保证改写后"语句"的执行顺序与改写前相同，逗号操作符不仅需要有序列点，而且还需要优先级最低。

不仅仅是序列点，指针变量、数组变量、递归函数以及文件甚至数据类型，几乎 C 语言中的每个知识点，在本书中都有准确而精辟的分析，为学生自主学习、参与讨论奠定了坚实的基础。只要分析就会有收获，如通过分析可知计算机就是一台"整数认不全，小数算不准，只会重复的"机器。

3. 强调学法

针对一些难点，书中提供了学习指导，直观明了且可操作性强，非常适合初学者。例如，用假设用户输入求预期输出的方法理解题意；用画表法分析循环结构的执行过程等。虽然指针是公认的 C 语言难点，但它的用法实际上非常简单。指针变量的使用通常需要两步：第 1 步，对指针变量赋值，即让它指向某个存储单元；第 2 步，以间接引用的形式使用指针变量所指向的存储单元。假设有"int i = 5,*pi;"，整型指针变量 pi 的用法为：先对指针变量赋值 pi = &i;，让它指向整型变量 i；然后在程序中以 *pi 的形式使用指针变量 pi 指向的存储单元，即整型变量 i 标识的存储单元。*pi 和变量 i 标识了同一个存储单元，借助 *pi 和变量 i 均可使用这个存储单元。pi 是一个整型指针变量；*pi 是一个整型变量。遇到 *pi 时需要考虑 pi 指向的存储单元。

总之，本书以先进的教学理念为指导，从全新的角度深刻地解析 C 语言，应用于实际教学后，效果显著，成绩斐然，获得了师生及专家的一致好评。

在本书的写作过程中得到了许多人的帮助，家人、朋友、同事、学生及网络上素昧平生的 C 语言爱好者，在此对他们致以最衷心的感谢。特别感谢电子工业出版社袁玺编辑的认可与辛勤付出。由于本人水平有限，书中难免有错漏及词不达意之处，恳请大家谅解并不吝赐教。联系方式：zeq126@126.com。

作　者
2015 年 7 月

目 录

第 1 章　计算机和 C 语言

章节导学

计算机改变了世界。怎样使用计算机呢？

简单地说，程序员同用户沟通获得需求，根据计算机的特点设计加工处理步骤，把加工处理步骤翻译成 C 语言语句；计算机执行 C 语言语句，按照规划的步骤工作，完成任务。

计算机是一台由五大部件组成的机器，只会执行命令，怎样用计算机求两个整数的和？首先，通过与工厂对比，分析了计算机的五大组成部件是怎样协同工作的，并据此设计了计算机求和所需的步骤；接着，在把求和步骤翻译成 C 语言语句的同时，分析了 C 语言与计算机的对应关系；最后，总结了如何用 C 语言控制计算机。

用户、计算机、程序员和 C 语言这几者之间的关系是快速入门的关键。

C 语言语句通常由关键字、操作符和标识符组成。C 语言语句中出现的字符（串）多为标识符，常用于标记变量和函数。关键字是特定的标识符。关键字和操作符是 C 语言命令。用关键字和操作符表示的命令比较简单，计算机可以直接执行。计算机只会执行简单的操作，但通过函数可以命令计算机完成一些复杂的任务，函数是怎样做到的呢？

复杂的任务被程序员分解成了一系列计算机可以"执行"的加工步骤，而加工步骤又被翻译成了 C 语言语句；计算机执行函数命令，其实就是执行一系列的 C 语言语句。函数可看作 C 语言的自定义命令。

用户的需求和函数的功能都表现为把输入变成输出。求出与具体输入值相对应的输出值有助于更准确地理解需求和功能，也有助于设计出由输入得到输出的步骤。从形式说，编写 C 语言程序就是定义一个函数名为 main 的 C 语言函数。程序所需的输入值常由用户通过键盘提供，而程序的输出多以显示在输出设备上的方式反馈给用户。使用函数时需直接给出函数所需的输入，而函数的输出就是函数的执行结果，多表现为一个具体的值。

计算机实际上"不懂" C 语言，借助编译程序把 C 语言源程序编译成可执行程序之后，计算机才能执行 C 语言命令。本书使用的 VC 6.0 是一种常见的 C 语言编译程序。

了解一些语法规则有助于编写规范的 C 语言代码。掌握 printf 函数的一些用法可以加深计算机怎样执行 C 语言命令的认知。

分析 C 语言程序时，不要急于在计算机上查看程序的执行结果，应仔细体会每条语句的作用，弄清加工处理数据的步骤，并尝试人工执行程序得到输出结果。必要时，可以借助 VC 6.0 提供的调试功能单步执行程序。养成以说出每条语句作用的形式执行源程序的习惯，可以快速提高编程能力。多上机编程是学好 C 语言的必由之路，只有实践才能出真知，但理论指导下的实践才是最有效的实践，一定要养成人工执行源程序的习惯。

本章讨论

（1）下面的程序是求用户输入的两个整数的和，请分析：

```c
#include <stdio.h>
int sum(int x,int y)
```

```
    {
        int z;
        z = x + y;
        return z;
    }
    void main()
    {
        int a,b,c;
        scanf("%d%d",&a,&b);
        c = sum(a,b);
        printf("%d + %d = %d\n",a,b,c);
    }
```

① 与例 1–1 中的程序相比，两者有何区别？

② sum 函数与例 1–1 中的程序有何不同？

③ 有人觉得没有必要定义求两个整数和的 sum 函数，你的看法呢？

（2）有返回值的函数和无返回值的函数在使用上有何区别？

练习 1.12 中的 printf 函数没有返回值，例 1–4 程序中的 sum 函数有返回值，分析它们的用法。

（3）例 1–1 中的程序能求出两个任意大的整数的和吗？

（4）C 语言中能定义一个求两个数的和的函数吗？

（5）思考 C 语言标准和 C 语言编译器对学习 C 语言的影响。

计算机在程序的指挥下为用户提供服务，而程序由程序员编写。下面以求用户输入的两个整数的和为例分析用户、计算机和程序员三者之间的关系。

1.1　用户、计算机和程序员

利用计算机求两个整数的和时，用户需向计算机提供两个整数，并从计算机那里“得到”它们的和。与此相对应，在“得到”用户输入的整数后，计算机求出和，并把结果反馈给用户。计算机怎样才能完成求和的任务呢？

先了解一下计算机。现代计算机由输入设备、存储器、运算器、输出设备和控制器五大部件组成，其各部分关系如图 1–1 所示。

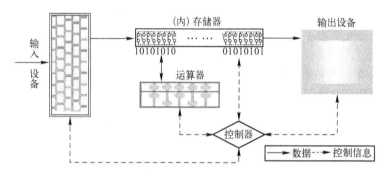

图 1–1　计算机的五大组成部件

用户通过输入设备如键盘给计算机提供数据。存储器用于存储数据。用户输入的数据常存储于一个称为内存的存储器中。运算器用于加工处理数据。最终的处理结果常转存至内存中，并通过输出设备（如显示器）反馈给用户。控制器可以执行命令，用于控制其他部件按照预先规定的步骤有条不紊地工作。

计算机与工厂类似。输入设备类似向工厂输送原料的运输设备；存储器类似工厂的仓库（存放待加工的原料，加工后的成品等）；运算器类似工厂的加工车间；输出设备类似工厂的产品展示中心；控制器类似工厂中操控生产流程的调度。计算机只是一台机器，只会执行命令；没有命令，计算机不可能完成求和的任务。用户只是计算机的使用者，不一定知道怎样让计算机为自己工作，此时用户就需要程序员的帮助了。程序员是联结用户与计算机的桥梁。程序员的工作就是根据用户的需求给计算机设计加工处理步骤，并把这些步骤翻译成计算机能够理解并执行的命令。编程的关键在于设计加工处理的步骤，即设计算法。

为完成求和的任务，可以给计算机设计如下的加工处理步骤：

（1）在显示器上提示用户输入两个整数；

（2）获得用户的输入，并把输入数据存储到内存中；

（3）运算器求和，并把计算结果转存到内存中；

（4）在显示器上输出计算结果。

讨论：

（1）用户、计算机和程序员三者之间有何关系？

（2）计算机是一台机器意味着什么？

（3）算法的每个步骤为何都与计算机相关？

1.2 C 语言、计算机和程序员

语言是交流的工具。C 语言是编程语言，可用于同计算机的沟通。计算机能够理解并执行 C 语言命令（语句），因此为控制计算机完成求和的任务，程序员还需把加工处理步骤翻译成 C 语言命令。下面把求和步骤翻译成 C 语言语句。

1）在显示器上输出如图 1-2 所示的提示信息。

在 C 语言中，printf 函数可以 "命令" 计算机在输出设备上显示指定的信息。用 C 语言语句 printf("请输入两个整数：\n")；就可以在显示器上该程序的运行窗口中显示如图 1-2 所示的信息。

2）获得用户的输入，并把输入数据存储到内存中。图 1-3 显示了用户输入的数据。

图 1-2 在显示器上输出提示信息　　　　图 1-3 用户输入的数据

C 语言中，scanf 函数可以让计算机获得用户通过键盘输入的数据。执行 scanf 函数时，程序通常会暂停运行等待用户输入数据。当用户以按 Enter 键的方式表示输入完成后，计算机就会获得用户的输入。

用户输入的数据通常存放于内存的存储单元中。存储单元分类型常见的有：存放整数的整型存储单元、存放小数的浮点型存储单元和存放字符的字符型存储单元。整型存储单元不能存放小数。

使用 scanf 函数时需明确地告知计算机把获得的数据存放到哪个存储单元中。计算机中使用地址标识存储单元，如果把存储单元比作房间，地址就类似于房间号。C 语言中用 "变量" 来标识内存中的存储单元，可以用 x、flag 等简单易记的字符（串）给变量命名，通过变量使用存储单元给编程带来了极大的便利。C 语言中只有在定义之后才能使用变量。C 语言语句 int i；就是一条变量定义语句，其中 int 是 C 语言关键字。关键字是 C 语言中具有特定意义的字符串，也可称为保留字。C 语言关键字表参见附录 A。关键字是 C 语言的命令，关键字 int 是与整型存储单元或整数相关的命令。这条语句命令计算机在内存中准备一块整型的存储单元与变量 i 关联，即定义了一个整型变量 i。

在程序中使用变量就是命令计算机对与变量相关的存储单元进行操作。如果整型变量 i 标识的存储单元中存放的数据为 3，则程序中变量 i 的值就是 3；若把整数 5 存入该存储单元时，可以用 C

语言语句 i = 5；实现。语句中 i 是一个变量，= 号在 C 语言中不是等号而是赋值号，是 C 语言的操作符命令。C 语言操作符表参见附录 E。语句 i = 5；命令计算机把整数 5 存入与变量 i 相关的存储单元中，可读做"变量 i 赋值为 5"。这条语句之后，变量 i 的值就变成了 5。

要保存用户输入的两个整数，因此需向计算机申请两个整型存储单元，即需定义两个整型变量。可用语句 int a,b;定义 a 和 b 两个整型变量。有了存放输入数据的存储单元（变量），就可以翻译成 C 语言语句 scanf("%d%d",&a,&b);。这条语句可以控制计算机获得用户输入的两个整数，并把输入数据存储到变量 a 和 b 所标识的存储单元中。在图 1-3 中，当用户按 Enter 键确认完成输入后，23 和 32 就被存储到变量 a 和 b 所标示的存储单元中了，也就是说变量 a 的值变成了 23，变量 b 的值变成了 32。

讨论：

（1）怎样理解 C 语言语句中出现的字符（串）？如 printf("请输入两个整数:\n");int i;i = 5;scanf("%d%d",&a,&b);

（2）怎样理解 C 语言语句中出现的操作符（如 =，&）？

提示：

（1）应从 C 语言的角度解释 C 语言语句中的字符串，可能是函数名，如 printf 和 scanf；可能是变量名，如 i、a 和 b；也可能是关键字，如 int。

（2）操作符是 C 语言命令。= 号在 C 语言中是赋值号，命令计算机为存储单元赋值。& 号是取地址操作符，详细的用法参见第 9 章，用 &a 就可以得到与变量 a 相关的存储单元的地址。

3）运算器求和，并把结果转存到内存中。

用户输入的数据存储在变量 a 和 b 中，因此计算用户输入的两个整数的和就变成了计算变量 a 与 b 的和。C 语言中可以用"代数式"命令运算器处理数据，如使用代数式 a + b 就可以让运算器求出变量 a 与 b 的和。转存结果到内存中时，也需明确转存到内存的哪一个存储单元中，因此还需定义一个整型变量。使用 C 语言语句 int c;定义一个整型变量 c 用于存储计算结果。这一步可翻译成 c = a + b;，读做变量 c 赋值为变量 a 与变量 b 的和。其中 + 号和 = 号（赋值号）是命令，a、b 和 c 是变量。+ 号使运算器求出变量 a 与 b 的和，= 号控制计算机把计算结果转存到变量 c（标示的存储单元）中。

4）在显示器上输出计算结果。

图 1-4 输出结果

在输出设备上显示信息可以用 C 语言中的 printf 函数，利用语句 printf("和为%d",c);就可把变量 c 的值输出到显示器上该程序运行窗口中，如图 1-4 中最后一行所示。

讨论：

（1）语句 printf("和为 c");如何输出？怎样理解 C 语言语句中出现的字符（串）？

（2）printf 函数和 scanf 函数都有一对双撇号，其中的%d 应怎样理解？比如语句 printf("为%d",c);和 scanf("%d%d",&a,&b);

提示：

（1）应从 C 语言的角度解释 C 语言语句中的字符（串），但位于一对双撇号中的字符（串）就是常见的字符（串），如"和为 c"中的 c 就是字符 c，并不表示变量。语句 printf("和为 c");的输出结果就是"和为 c"。

（2）双撇号中的%d 可理解成一个整数。语句 scanf("%d%d",&a,&b);命令计算机获得用户输入的两个整数。语句 printf("和为%d",c);中，字符 c 是整型变量,%d 表示整数，语句输出时%d 会替换成整型变量 c 的值。

综上所述，依次执行下面的 C 语言语句，计算机就可以求出用户输入的两个整数的和。

（1）printf("请输入两个整数:\n");

（2）scanf("%d%d",&a,&b);

（3）c = a + b;

（4）printf("和为%d",c);

通过这个例子，可以得到 C 语言与计算机如图 1–5 所示的对应关系。

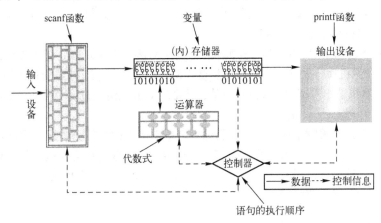

图 1–5　C 语言与计算机的对应关系

讨论：

（1）计算机是如何工作的呢？

（2）C 语言中怎样控制计算机的五大组成部件？

（3）用户、计算机、程序员和 C 语言之间有何关系？

（4）怎样编程？

提示：

（1）计算机类似工厂，通过输入设备获得待加工的数据，用存储器存放数据，用运算器加工数据，用输出设备反馈最终的结果，简而言之，由五大部件组成的计算机可以在 C 语言语句的指挥下工作。

（2）计算机的五大组成部件如图 1–5 所示。

（3）用户使用计算机，但计算机是一台机器不会主动完成任务，用户也许不知道怎样控制计算机为自己工作。程序员是联结用户与计算机的桥梁。程序员理解用户的需求，并据此给计算机设计、加工、处理步骤。用户和程序员有时也可能是同一个人。计算机在 C 语言命令的指挥下工作，因此程序员通常还需把加工处理步骤翻译成 C 语言语句。

（4）编程通常分三个阶段。首先，弄清问题，获得用户的需求；用户通常需提供输入数据而期望输出数据，因此可以根据输入数据和与之对应的输出数据分析用户的需求。其次，设计；即根据需求，给计算机设计解决问题的步骤，相关步骤可用自然的方式描述。最后，编码；即把加工处理步骤翻译成 C 语言语句。

1.3　C 语言自定义命令——函数

1.3.1　使用 C 语言函数

编程求一个整数的绝对值，其具体的输入和输出如表 1–1 所示。

表 1–1　绝对值的具体输入和输出

	第一次	第二次	第三次	
用户可能的输入	3	0	–3	n
程序预期的输出	3	0	3	n 或 $-n$

可以给计算机设计如下的加工处理步骤：

（1）提示用户输入一个整数；

（2）获得用户的输入，并把输入数据存储到内存中；

（3）求出绝对值，并把它转存到内存中；

（4）在显示器上输出绝对值。

接下来，需把加工处理步骤翻译成 C 语言语句。先用语句 int m,n;向计算机申请两个整型存储单元。输出提示信息的语句为 printf("请输入一个整数:\n");。获得输入语句 scanf("% d",&n);。求绝对值就变成了求整型变量 n 的绝对值。

C 语言中有一个 abs 函数可以控制计算机求整数的绝对值，用 abs(-3)就可以让计算机求出整数-3 的绝对值，即计算机执行 abs(-3)的结果是整数 3，-3 的绝对值。求绝对值语句为 m = abs(n);，这条语句将控制计算机求出整型变量 n 的绝对值，并把绝对值赋值给整型变量 m。显示绝对值语句为printf("% d 的绝对值为% d",n,m);。

计算机可以直接执行关键字命令和操作符命令。根据函数的功能，程序员设计算法，并将算法翻译成 C 语言语句，C 语言函数由这些 C 语言语句组成，可简单地认为这些语句中只有关键字命令和操作符命令，所以计算机执行 C 语言函数命令实际上是执行了一系列的关键字命令和操作符命令。函数是 C 语言中的自定义命令。

讨论：

（1）C 语言中关键字命令、操作符命令与函数命令有何异同？

（2）总结 scanf 函数、printf 函数和 abs 函数的用法，分析函数的使用方法。

（3）如果没有 scanf 函数，程序中需控制计算机获得用户的输入数据时，程序员就要花费精力设计加工处理步骤。如果没有 abs 函数，本节求绝对值的算法就不可行。C 语言中函数有何作用？

1.3.2　函数定义

C 语言函数由一组 C 语言语句组成，这些语句控制计算机按照程序员设计的算法工作，完成特定的功能。C 语言函数的功能，常表现为把输入变成输出。C 语言函数的输入又称作参数，函数的输出称作返回值或函数值。实现 printf 函数、scanf 函数和 abs 函数的功能的算法比较复杂，下面定义一个功能简单的 sum 函数，它可以命令计算机求两个整数的和。

只需函数名加一对圆括号就可使用 sum 函数，但要向它提供两个具体的输入（参数）以明确告知计算机求哪两个整数的和，具体的参数要放在圆括号中。sum(2,3)就表示用 C 语言函数命令sum 让计算机求整数 2 与 3 的和。sum(2,3)的执行结果就是函数的输出值（返回值），即整数 5，也就是说 sum(2,3)执行完毕后会被替换成整数 5。

sum 函数怎样控制计算机把输入变成输出（完成求和）呢？

首先用 int x 或 int y 定义两个整型变量 x 和 y 用于存储输入的两个整数。然后求和就变成了求整型变量 x 与 y 的和了。sum 函数的定义如下：

```
int sum(int x,int y)
{
    int z;
    z = x +y;
    return z;
}
```

C 语言函数的定义由两部分组成：函数的首部和函数体。

函数定义中的第一行就是函数的首部。其中，第一个关键字 int 表明 sum 函数的返回值是一个整数，即函数的执行结果是一个整数。sum 是函数的名字，其后的一对圆括号是函数的标志。圆括号中 int x,int y 定义了两个整型变量，用于存放输入数据，变量 x 和 y 可称作 sum 函数的两个参数。函数首部中的参数是形式参数，简称形参。需几个输入数据，函数就要定义几个形参，形参之间用逗号分隔。函数的首部清晰地表明了函数的名称（sum），函数输入值（待加工数据）的个数、类型和函数输出值（处理结果）的类型。

函数定义中用一对花括号界定的部分是函数体。函数体将控制计算机由输入得到输出。使用函数时，具体的输入值会自动存储到对应的形参中（如有 sum(5,6)，则形参 x 的值会自动变成 5，形参 y 的值会自动变成 6），因此函数体中只需控制计算机由函数的形参得到函数的输出即可。

函数体中语句 int z; 定义了一个整型变量 z，用于存储和。定义变量后，可以认为已有类型匹配的存储单元与该变量相关联了。虽然使用变量就是使用与之相关的存储单元，但通常不关心一个变量究竟关联了计算机的哪个存储单元。

变量定义的一般形式：数据类型　变量列表；

变量分类型，数据类型就是要定义变量的类型，也是向计算机申请的存储单元的类型。数据类型可以是关键字 int、float 或 char，定义整型变量时用 int，定义浮点型变量时用 float，定义字符型变量时用 char。一种类型的变量只能存放一类数据，如整型变量只能存储整数，不能存储小数。

"变量列表"由一个变量名称或由逗号分开的多个变量名称构成，如变量名 1，变量名 2，…，变量名 n。变量名是 C 语言标识符。在 C 语言中，变量、函数等对象用名字互相区别，这些名字称为标识符。标识符是一个由大写或小写（英文）字母、数字或下画线组成的字符串，但不能以数字开头。如：a、B2、_cd、2b、a#s 中只有前三个是合法的标识符。

语句 float fm,fn;定义了两个可用于存储小数的浮点型变量 fm 和 fn。语句 fm = 2.3; 让计算机把小数 2.3 存入与变量 fm 相关联的存储单元中，这条语句使变量 fm 的值变成了 2.3，可读做变量 fm 赋值为 2.3。

语句 z = x + y;中，+ 号使运算器求出形参 x 与形参 y 的和，= 号（赋值号）让计算机把和存储入整型变量 z 中，即整型变量 z 赋值为 x 与 y 的和。

语句 return z;中，return 是 C 语言关键字，用于结束函数执行并返回函数值。这条语句执行时，无论后面是否还有 C 语言语句，函数都将立即结束执行，并把整型变量 z 的值作为函数的返回值（即函数的执行结果）。

函数体中的 C 语言语句详细地安排了计算机求和的每一步。

定义了 sum 函数之后，C 语言中就多了一个 sum 命令——一个可以让计算机求两个整数的和的命令。

讨论：

sum 函数体中为何只需求出形参 x 与 y 的和就可以了？

C 语言中函数的输出并非一定要表现为一个数，即"函数值"，如 printf 函数的输出就主要表现为在输出设备上显示信息。C 语言中函数可以没有返回值。函数首部的返回值类型是关键字 void 时，函数没有返回值。没有返回值的函数在函数体中不能用关键字命令 return 返回数据，如不能使用语句 return 3;，但可以使用语句 return;。return;语句执行时只会立即结束函数的执行，不会返回函数值。没有 return 语句时，函数体中的每条语句会自上而下依次执行，在界定函数体的封闭花括号"}"处，函数结束执行。

C 语言函数也可以没有输入值。没有输入值的函数自然也不需要形参，函数首部的一对圆括号中不定义变量或用关键字 void 代替形参。

最简单的 C 语言函数没有输入值，没有返回值，什么也不做，可定义成 void nothing() { } 或 void nothing(void) { }。

1.3.3　函数调用

在 C 语言中使用函数又称作调用函数。调用函数时需向函数提供具体的输入值，即待加工数据。函数调用 printf("请输入两个整数:\n")中，圆括号里面的就是输入值，printf 函数命令计算机把输入值显示在输出设备上。函数调用 scanf("%d%d",&a,&b)中，圆括号里面的都是输入值，输入值 "%d%d" 表示让计算机获得用户输入的两个整数，输入值 &a(&b)表示把获得的一个整数存入变量 a（变量 b）标示的存储单元中。函数调用 abs(-3)中，圆括号里面的 -3 是输入值，abs 函数命令计算机求出输入值 -3 的绝对值。

函数被调用执行时，形参会先获得具体的输入值，然后函数体中的语句依次执行。函数调用 sum(3,2)执行时，输入值 3 会存入形参 x 中，输入值 2 会存入形参 y 中，然后 sum 函数体的语句依次执行。语句 z = x + y;命令计算机先求出形参 x 与形参 y 的和，也就是整数 3 与 2 的和，再把和存入变量 z 中。语句 return z;执行时，变量 z 的值（整数 5）就成了函数调用 sum(3,2)的函数值，因此函数调用 sum(3,2)的执行结果就是整数 5。如 sum(3,2) + 3 就是 5 + 3，值为 8，函数调用 printf("%d",sum(3,2))就是 printf("%d",5)。

调用函数时向函数提供的具体的输入值又称作函数的实际参数，简称实参，区别于函数定义首部圆括号中的形参。实参是函数调用时函数使用者提供的具体的输入值，即待加工数据，形参是函数定义中用于存储实参的变量。

函数调用的形式:函数名(实参列表)

实参列表为由逗号分隔的多个实参，但实参的个数与类型必须和函数定义中的形参匹配。函数没有形参时，实参列表为空，但一对圆括号不能省略。变量、代数式等都可以作为实参。实参中如含有 C 语言命令，实参向形参赋值之前，相关命令会被计算机执行，实参最终是一个具体的值。函数调用 sum(3 + 2,2)中，实参 3 + 2 有加号 + 命令，函数调用执行时，计算机会执行加号 + 命令求出 3 + 2 的和，即实参的最终值是 5，相当于函数调用 sum(5,2)。整型变量 a 的值为 3 时，函数调用 sum(a + 2,a)相当于函数调用 sum(5,3)。

讨论:

(1) C 语言中圆括号在什么情况下与函数相关?

　　　3 + (2 + 8) add(5,6) int sum(int x,int y) add((2 + a),3)

(2) 函数调用 sum(sum(2,3),5)合法吗? 它会怎样执行?

(3) 总结函数调用执行的过程。

提示:

(1) 当一个标识符与一对圆括号相连时，这个标识符多为函数名。

(2) 函数调用 sum(sum(2,3),5)中，一个实参为 sum(2,3)，另一个实参为 5。实参 sum(2,3)中有函数命令 sum，计算机会执行函数调用 sum(2,3)，它的返回值是整数 5，因此原函数调用相当于sum(5,5)。

(3) 函数调用时，首先对实参求值;接着，用实参的值对形参赋值;最后，自上而下依次执行被调用函数的函数体，直到遇到 return 语句或界定函数体的封闭花括号 "}" 处才结束。函数调用执行完毕，程序会继续执行。

1.3.4　main 函数

C 语言程序由函数构成，函数是 C 语言程序的基本组成单位。C 语言规定，程序中必须有且仅有一个函数名为 main 的函数。程序运行时，main 函数会被自动调用执行，main 函数执行完毕，程序运行结束。没有 main 函数,函数再多也不能称为程序。再简单的 main 函数也是一个程序。从形式上看,编写 C 语言程序就是定义一个函数名为 main 的 C 语言函数。

例 1-1　求两个整数的和的程序。

```
void main()
{
    int a,b,c;
    printf("请输入两个整数:\n");
    scanf("%d%d",&a,&b);
    c = a + b;
    printf("和为%d",c);
}
```

分析:

从 main 函数的定义可知,main 函数不需要输入值也没有返回值。由于定义了 main 函数,这就是一个程序。计算机会怎样执行这个程序呢?

程序运行的过程就是 main 函数被调用执行的过程。函数被调用时,函数体中每条语句自上而下依次执行,遇到 return 语句或界定函数体的封闭花括号“}”处结束执行。main 函数执行完毕,程序也就运行结束了。

以说出 main 函数体中每条语句作用的方式执行这个程序。

讨论:

(1) 在 C 语言中,程序和函数有什么关系?

(2) main 函数为什么可以既不需要输入值也不需要返回值?

(3) 都是求两个整数的和,这个程序与 sum 函数有何不同?

(4)“main 函数执行完毕,程序运行结束”和“C 语言程序由多个函数构成”矛盾吗?

提示:

(1) 程序由函数组成,但函数不一定是程序。

(2) main 函数就是用户使用的程序,输入(待加工数据)通常由用户通过键盘输入,而输出(处理结果)通常出现在显示器上。

(3) 程序的使用者是计算机的用户,而 sum 函数是程序员编程时使用的 C 语言自定义命令。

(4) 并不矛盾,这个程序就由三个函数组成,并且程序运行时这三个函数都执行了。

1.4　“懂”C 语言的计算机

计算机实际上不“懂”C 语言,因为 C 语言不是计算机的“母语”。用 C 语言同计算机沟通必须借助“翻译”。

1.4.1　虚拟的 C 计算机

机器语言使用二进制代码表示指令和数据。计算机能直接执行用机器语言编写的程序,但机器语言程序难以编写,可读性也非常差。

C 语言是高级语言,表达方式接近于人类的自然语言。命令计算机求两个变量的和时,使用 a + b 的形式非常自然,但计算机却不能识别这样的命令。用高级语言编写的程序称为源程序。C 语言源程序只有在翻译成可执行程序之后计算机才能理解执行,而这个“翻译”的任务通常由编译程序(又称为编译器)完成。

如果把编译程序及其依赖的操作系统也看成计算机的组成部分,就可以说“计算机”能够理解和运行 C 语言程序了。一个装有 C 语言编译器和相关操作系统的计算机就是一个虚拟的 C 语言计算机,它可以“执行”用 C 语言编写的源程序,能“听懂”C 语言命令。借助于其他编译器,计算机还可以变成了"懂"其他语言的虚拟计算机。图 1-6 显示了计算机的这种抽象。

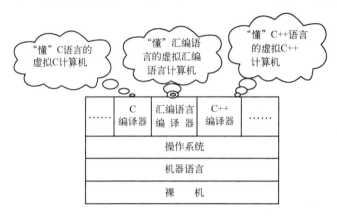

图 1-6 "懂"各种语言的虚拟计算机

讨论：

加法命令在 C 语言中用 + 表示，在机器语言中又该怎样表示呢?

1.4.2 用 VC 6.0 编译程序

本书采用 VC 6.0 编译 C 语言程序。VC 6.0 是 Visual C++ 6.0 的简称，是微软公司提供的在 Windows 环境下进行应用程序开发的 C/C++ 编译系统。VC 6.0 是一个集成开发环境，包含了许多独立的组件，如编辑器、编译器、调试器以及各种各样为开发 Windows 下的 C/C++ 程序而设计的工具。VC 6.0 是一个典型的"Windows 风格"的程序，图 1-7 显示了 VC 6.0 集成开发环境界面。

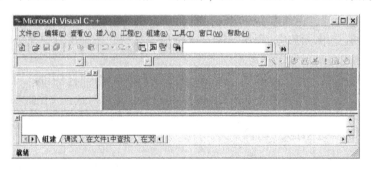

图 1-7 VC 6.0 集成开发环境界面

用 VC 6.0 编译程序的步骤如下：

(1) 运行 VC 6.0，选择【文件 (File)】|【新建 (New)】菜单命令或按下快捷键 (Ctrl + N)，会弹出新建 (New) 对话框，其中的工程 (Project 有时也称为项目) 选项卡默认被选定，如图 1-8 所示。

在 VC 6.0 中源程序作为工程的一部分来管理，因此编程时通常要先建一个工程。

工程类型选择 Win32 Console Application (Win32 控制台应用程序)。控制台应用程序的外观类似 DOS 界面，它用命令行方式与用户交互，用户多以通过键盘输入命令或数据的方式与程序交互。

小知识：

① 图形用户接口 GUI (Graphical User Interface，图形用户界面) 是最流行的人机交互方式，特点是利用鼠标借助窗口、菜单等对象方便快捷地实现用户与计算机的交互。支持 GUI 的程序稍显复杂，因此初学者常从控制台应用程序学起。

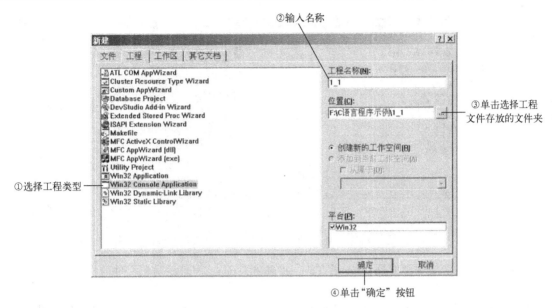

图 1-8　新建（New）对话框中的工程（Project）选项卡

② 控制台应用程序多用命令行模式用户接口 CLI（Command Line User Interface）。命令行模式的人机交互方式有时也称为字符用户接口 CUI（Character User Interface），特点是通过键盘输入字符。

在接下来弹出的如图 1-9 和图 1-10 对话框中，分别单击"完成"和"确定"按钮，VC 6.0 会呈现如图 1-11 所示的界面。

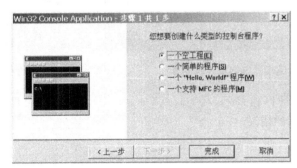

图 1-9　控制台程序的类型

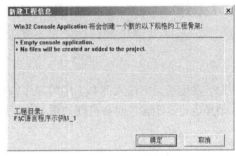

图 1-10　新建工程信息汇总

图 1-11　新建一个名为 1_1 的工程后 VC 6.0 的界面

（2）选择【文件（File）】|【新建（New）】命令或按下快捷键（Ctrl + N），第二次弹出新建（New）对话框，文件（Files）选项卡默认被选定，如图 1-12 所示。

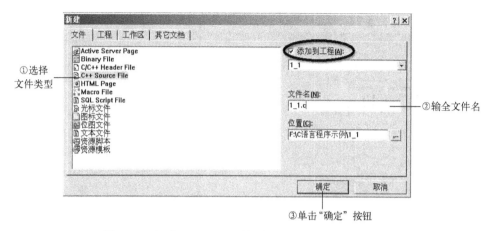

图 1-12　新建（New）对话框中的文件（Files）选项卡

VC 6.0 默认的源文件类型是 C++语言的，扩展名为 cpp，而 C 语言源文件的扩展名是 c，因此在输入文件名时也可带上扩展名。

单击"确定"按钮后，VC 6.0 的编辑器就自动打开了新建的 C 语言源文件，等待输入，如图 1-13 所示。

图 1-13　VC 6.0 中编辑器等待输入时的界面

（3）在编辑器中输入例 1-1 中的程序，如图 1-14 所示。

编译运行这个程序时会出现如图 1-15 所示的错误。

```
void main( )
{
    int a, b, c;
    printf("请输入两个整数: \n");
    scanf("%d%d", &a, &b);
    c = a + b;
    printf("和为%d", c);
}
```

```
error C2065: 'printf' : undeclared identifier
error C2065: 'scanf' : undeclared identifier
```

图 1-14　在编辑器中输入例 1-1 中的程序　　　　图 1-15　编译运行例 1-1 中的程序时出现的错误

错误信息：printf 和 scanf 是没有定义的标识符。

与变量类似，函数也必须先定义后使用。printf 函数和 scanf 函数是 C 语言的命令，编译运行例 1-1 中的程序时怎么会出现这两个函数没有定义的错误呢？

作为 C 语言自定义命令的函数需由程序员自己定义，但 printf 函数和 scanf 函数是库函数，已经定义好了。库函数是由 C 语言编译程序根据编程需要或 C 语言标准的规定而定义的函数。库函数由 C 语言编译程序提供定义，可以在程序中直接使用，但使用时需把它们的定义包含到源文件中，只有如此才符合"先定义后使用"的规定。库函数在文件中定义，编程时需知道含有库函数定义的文件，并用"#include <文件名>"的方式把文件的内容复制到源文件中。"#include <文件名>"

的作用是把指定文件的内容插入到该语句所在位置并取代该语句，从而把指定文件的内容合并到当前的源程序文件中。

C 语言编译程序提供了许多库函数，且同类功能库函数在一个文件中定义。C 语言常用库函数的首部及功能说明见附录 D。printf 函数和 scanf 函数在 stdio. h（标准输入/输出）文件中定义，因此例 1-1 程序中需用#include < stdio. h >把它们的定义复制到源文件中。#include < stdio. h >没有分号，且常出现在首行。

小知识：

① 为了便于使用并避免库函数被恶意篡改，库函数的定义文件被拆成了两个：函数声明文件和函数定义文件。函数声明文件包含库函数的首部信息，又由于其常需放在程序的开始部分，故又称头文件，以 . h 为扩展名。库函数定义文件的内容是编译后的二进制形式，难以阅读和修改。使用库函数时，编译系统会自动查找相关库函数的定义文件，因此只需把头文件复制到源文件中即可。

经常用到的库函数会陆续出现在后面的章节中，没有必要现在就记住每个常用的库函数，只需了解一下库函数的分类即可。

（4）完整的程序输入完成后，选择【组建（Build）】|【执行（Execute）】命令或按下快捷键（Ctrl + F5），编译并执行程序，如图 1-16 和图 1-17 所示。

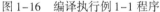

图 1-16　编译执行例 1-1 程序　　　　　　　图 1-17　例 1-1 程序正在运行

由图 1-17 可知，当选择【组建（Build）】|【执行（Execute）】命令时，VC 6.0 不仅把例 1-1 程序（名为 1_1. c 的源文件）编译链接成了可执行程序（名为 1_1. exe 的文件），而且还自动执行了编译后的可执行程序。可执行程序也是一个文件，在 Windows 操作系统中通常以 . exe 为文件的扩展名。

程序运行时，main 函数体的语句自上而下依次执行。先向计算机申请了三个整型存储单元；然后，printf 函数在运行窗口中输出了一行提示信息；接着 scanf 函数命令计算机获得用户输入的两个整数，此时，程序暂停执行，等待用户输入，如图 1-17 所示。

如果此时用户输入 23 32 ✓（本书中用✓表示按 Enter 键），则变量 a 和 b 的值就变成了 23 和 32。语句 c = a + b；继续执行，命令计算机求出 a 与 b 的和 55，并将 55 存入变量 c 中。最后，printf 函数在运行窗口中输出"和为 55"。main 函数体中语句执行完毕，程序结束运行。

程序结束运行后，VC 6.0 会呈现程序运行窗口最终的情况，如图 1-18 所示。

图 1-18　例 1-1 程序运行窗口最终的情况

小知识：

① 用户输入数据时通常需用按 Enter 键的方式表明输入结束，否则程序会一直等待用户完成输入。空格把输入的 23 和 32 分隔成了两个数据，即用户一次输入了两个数据。如果用户输入 23 ↙，程序将暂停运行等待用户输入另一个整数，如图 1-19 所示。

当用户再次输入 -32 ↙ 后，程序继续执行，如图 1-20 所示。

图 1-19 　等待输入另一个整数　　　　图 1-20 　输入第二个整数后运行

图 1-21 　"关闭工作空间"命令

② 程序运行窗口中最后一行多的 "Press any key to continue" 是 VC 6.0 加上的。只有在 VC 6.0 中且以 "执行" 方式运行程序时，才会如此。

③ 继续编写程序时，应先关闭当前的程序（工程），然后再重复上述过程。选择【文件（File）】|【关闭工作空间（Close Workspace）】命令即可关闭当前程序（工程），如图 1-21 所示。

现在，借助 VC 6.0 就可以用 C 语言与虚拟 C 语言计算机交流了。

讨论：

（1）程序运行过程中，用户在什么情况下可以看到程序的运行窗口？

（2）找到可执行文件 1_1. exe，鼠标左键双击，程序又会怎样执行？

1.5 　编写程序代码

编程时需特别注意代码风格，即源代码的书写风格。良好的代码书写风格能提高程序的可读性，而可读性是程序的一个重要属性。养成以说出每条语句作用的方式执行源程序的习惯，可以迅速提高编程能力。可读性好的程序容易理解，不易出错。多上机编程是初学者学习编程的必由之路，只有实践才能出真知，但理论指导下的实践才是最有效的实践，一定要养成人工执行源程序的习惯。

对齐和缩进可以使代码整洁、层次清晰。输入代码时，VC 6.0 会自动判断对齐和缩进的位置，因此多数情况下只需在 VC 6.0 提示的位置输入即可。

1.5.1 　C 语言语法规则

C 语言书写代码规则如下：

（1）C 程序书写格式自由，一行内可以写几条语句，一条语句可以分写在多行上，但是通常一行写一条语句。

（2）每条语句或变量定义的最后必须有一个分号 "；"，可以把分号看成 C 语言语句的结束标志。只有一个分号的语句也是一条语句，称为空语句，不表示任何命令，仅用于构造程序。include 命令不是 C 语言语句，不以分号结尾。

（3）关键字是 C 语言命令，虽然是标识符，但不能作为变量或函数的名字。

（4）在 C 语言中，包括在/＊和＊/之间的内容是注释。注释用于对程序中的代码提供解释说明，方便程序的阅读和理解。编译程序在翻译源程序的语句时会忽略注释。下面是一些注释的例子：

```
/*这是一个单行注释的示例*/
/*
    这是一个
    多行注释的示例
*/
```

VC 6.0 中单行注释也可用//，如

```
//VC 6.0 中单行注释也可如此
```

（5）C 语言中使用英文符号（半角符号）。VC 6.0 中汉字（全角符号）只可以出现一对双撇号（""）或注释中。

（6）用 scanf 函数把用户输入的数据存储到变量中时，变量前面通常需加一个 & 操作符。语句 scanf("%d%d",&a,&b); 会获得用户输入的两个整数，当两个%d 相连时，用户一次输入的多个数据之间可用空格分隔。

1.5.2　printf 函数的用法

printf 函数用来控制输出设备，调用 printf 函数可以把一串字符显示在输出设备上，使用时只需把欲显示的字符用一对双撇号（""）括起来作为实参调用 printf 函数即可。printf 函数从输出设备上的什么位置开始输出呢？

程序运行窗口中闪烁的光标用于指示输入或输出的起始位置，可称作输入/输出光标，程序开始运行时，该光标位于窗口中的第一行第一列，如图 1-22 所示。

当用户输入数据或程序中使用 printf 函数输出数据时，光标会自动调整位置，它始终指示下一次输入或输出的起始位置。printf 函数从输入/输出光标指示的位置开始输出。

语句 printf("Welcome to C!"); 的输出结果如图 1-23 所示。

图 1-22　输入/输出光标　　　图 1-23　printf("Welcome to C!"); 的输出结果

例 1-2　printf 函数的输出。

```
#include <stdio.h>
void main()
{
  printf("Welcome ");        /*注意空格字符*/
  printf("to C!");
}
```

例 1-2 的程序中第 2 个 printf 函数的输出会紧接着第 1 个 printf 函数的，故程序的输出结果也如图 1-23 所示。

printf 函数的用法虽然简单，但有一些问题需要讨论。

（1）如何用一条 printf 函数调用语句输出如图 1-24 所示的两行字符？

（2）如何用 printf 函数输出双撇号 ""？

第一个问题其实与 Enter 键有关。键盘上的每个键都对应一个"字符"，字符又可分为普通字符和控制字符。z 字母键对应的字母 z 就是普通字符，按下该键后，显示器上通常就会出现字母 z。Enter 键对应的字

图 1-24　用一条 printf 函数调用语句输出两行字符

符就是控制字符，按 Enter 键，显示器上不会显示任何字符，但输入/输出光标会移到下一行的第一列。输出控制字符时，计算机只是执行相关的操作。

一条 printf 函数调用语句只能输出一串字符，因此需将图 1-24 所示的两行字符看成一串字符。所谓两行字符，实际上是把输入/输出光标移动到下一行的第一列后接着输出，如果用与 Enter 键对应的字符把两行字符连接在一起，则两行字符就变成了一串字符。语句 printf("Hi,"与 Enter 键对应的字符"Welcome to C!");的输出结果就如图 1-24 所示，但问题是与 Enter 键对应的字符什么样子呢？

第二个问题看似简单，双撇号 """ 原本是一个普通字符，只需把它包含在一对双撇号(" ")中即可输出。但不能用 printf(""")输出双撇号，因为"""这种书写形式在 C 语言中会被解释为一对双撇号""（其中什么也没有）和一个双撇号，函数调用会因多一个双撇号而出现语法错误。

C 语言中用两个普通字符构成一个规定的字符组合来表示那些特殊的字符。VC 6.0 中用"\n"表示与 Enter 键对应的字符。按 Enter 键，用户输入了一个称为"\n"的字符；遇到字符组合\n，printf 函数会把输入/输出光标移动到下一行的第一列（相当于按下了键盘上的Enter 键）。

反斜杠 \ 和下一个字符的组合称为"转义序列"（2.4.2 中表 2-3 详细介绍），有着特殊的含义。输出时如遇到"转义序列"，printf 函数会按照事先的约定输出而不会"原样"输出。转义序列\"表示字符";转义序列\\表示字符\。

利用转义序列，上面两个问题很容易解决。

（1）printf("Hi,\nWelcome to C!");

（2）printf("\"");

提示：

（1）基于 Windows 操作系统的编译程序中，"Enter 键"常用"\n"表示，而基于 UNIX 操作系统的编译程序中，"Enter 键"常用"\r"表示。

（2）一对双撇号中的 \n 就是 Enter 键字符，\" 就是一个双撇号。语句 printf("\\n");会如何输出？

用 printf 函数输出变量的值时需用"占位序列"。"占位序列"是 printf 函数中另一种特殊的符号组合，由百分号%及与之相邻的字符组成。输出时，占位序列会替换成与之对应的数据。语句 printf("和为%d!",z);中的%d 就是占位序列，语句执行时，双撇号中的其他字符会原样输出，但占位序列%d 会被变量 z 的值代替。当变量 z 的值为 10 时，输出结果为：和为10!。"占位序列"也称"格式字符串"，因为不同类型的数据需用不同的占位序列：整数用%d，浮点数用%f，字符用%c。

例 1-3 printf 函数中的占位序列。

```
#include <stdio.h>
void main()
{
    int a =3;
    int b =5;
    printf("%d + %d = %d",a,b,3 +5);          /*注意空格字符*/
}
```

程序的输出结果如图 1-25 所示。

图 1-25　例 1-3 程序的输出结果

分析：

语句 int a =3;将定义一个整型变量 a，并且整数 3 会存入变量 a 中，变量 a 的值变成了 3。在变量定义语句中对变量进行赋值称为变量的初始化。

代数式 3 +5 是 printf 函数的实参，实参需求值，因此 printf 函数调用执行时 3 +5 会被替换成8。由于占位序列的存在，printf 函数的实参可以有多个。

讨论：

（1）Enter 键与 z 字母键有何异同？

（2）输出语句换成 printf("a + b = % d\n",a + b);后，程序会如何输出？

（3）printf 函数和 scanf 函数的实参的个数与什么有关？

1.5.3　用 VC 6.0 观察程序运行的过程

例 1-4　分析下面程序运行的过程。

```
#include <stdio.h>
int sum(int x,int y)
{
    int z;
    z = x + y;
    return z;
}
void main()
{
    int a,b,c;
    a = 23;
    b = -5;
    c = sum(a,b);
    printf("%d + %d = %d\n",a,b,c);
}
```

分析：

程序中先定义了一个可以求两个整数的和的 sum 函数。运行过程就是 main 函数的执行过程，main 函数体中的语句将依次执行。程序运行时先向计算机申请三个整型变量，并分别标记为 a、b 和 c；再把整数 23 存入变量 a 中，即变量 a 的值变成了 23；接着又把整数 -5 存入变量 b 中。语句 c = sum(a,b);中，标识符 sum 与圆括号相连说明 sum 是一个函数名，即程序中定义的 sum 函数。由 sum 函数的定义可知，sum 函数命令计算机求出变量 a 与变量 b 的和。函数调用中的实参表现为值，故 sum 函数实际上命令计算机求 23 与 -5 的和。

计算机执行函数命令，实则是执行函数体中的语句。当计算机执行 sum 函数命令时，main 函数将暂停执行，sum 函数开始执行。实参会向形参赋值，因此 sum 函数执行时，形参 x 的值变成了 23，形参 y 的值变成了 -5。

sum 函数中先向计算机申请了一个整型存储单元并标记为 z。语句 z = x + y;中，操作符 + 命令计算机求出变量 x 与变量 y 的和，即 23 与 -5 的和 18；操作符 = 命令计算机把 18 赋值给变量 z，即变量 z 的值变成了 18。语句 return z;中，关键字 return 命令会结束 sum 函数的执行，并将变量 z 的值作为函数的输出值，即整数 18 就是此次 sum 函数执行的最终结果。

sum 函数结束执行后，main 函数将从暂停处恢复执行。继续执行时，语句 c = sum(a,b);就变成了语句 c = 18;。操作符 = 命令计算机把 18 赋值给变量 c，变量 c 的值变成了 18。占位序列被对应的变量值替换后，最后一条语句就变成了 printf("23 + -5 = 18\n");。程序的运行情况如图 1-26 所示。

图 1-26　例 1-4 程序的
输出结果

小知识：

语句 c = sum(a,b);执行时，sum 函数开始执行，main 函数暂停执行；sum 函数执行完毕，main 函数继续执行。main 函数中使用了 sum 函数，故 main 函数可称为主调函数，sum 函数可称为被调函数。

下面借助 VC 6.0 的调试功能观察这个程序运行的过程。

（1）打开 VC 6.0，创建一个名为 1_4 的工程。在编辑器窗口输入程序，把光标定位在第 11 行，单击编译工具栏上的手形图标（或按快捷键 F9），插入断点，如图 1-27 所示。

（2）选择【组建（Build）】|【开始调试（Debug）】|【Go】命令（或按快捷键 F5），进入调试执行模式，如图 1-28 所示。在调试执行模式，程序执行到断点所在的语句时会自动停下，此时可以观察程序当前的状态，如变量的值。

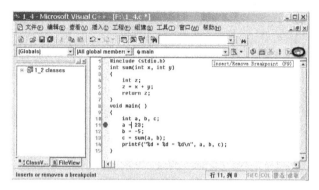

图 1-27 程序中插入断点   图 1-28 调试执行例 1-4 程序

程序暂停执行后可以用调试命令控制程序执行的过程，单步执行是最常用的调试命令。单步执行程序时，每次只执行一条语句，执行完一条语句后程序会暂停执行。

图 1-28 中，程序暂停在断点处，即第 11 行的语句处。观察 "Auto" 窗口可知，程序中整型变量 a,b,c 此时的值均为 –858993460。

小知识：

① 在 VC 6.0 中程序有两种执行方式：执行（快捷键 Ctrl + F5）和调试执行（快捷键 F5）。遇到含有断点的语句时，如果是 "调试执行"，程序会在断点处暂停执行；如果是 "执行"，程序会忽略断点自上而下依次执行语句。

② 定义后没有赋值的变量的值通常不确定，与编译程序有关，VC 6.0 中定义后没有赋值的整型变量的值常为 –858993460，如图 1-28 所示。

（3）单击调试工具栏上的单步执行命令（或按快捷键 F11），执行当前的语句，即第 11 行语句。语句执行后，程序暂停在了下一条语句处，如图 1-29 所示。

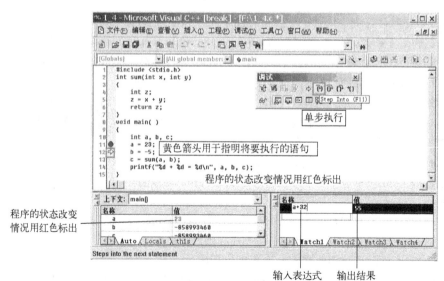

图 1-29 单步执行

由图 1-29 可知，语句 a = 23; 执行后，整型变量 a 的值变成了 23，并用红色醒目标出。

（4）再次按快捷键 F11 单步执行程序，观察每条语句的作用。当执行到第 13 行语句时，sum 函数被调用执行，程序会暂停在 sum 函数体的开始花括号处，如图 1-30 所示。

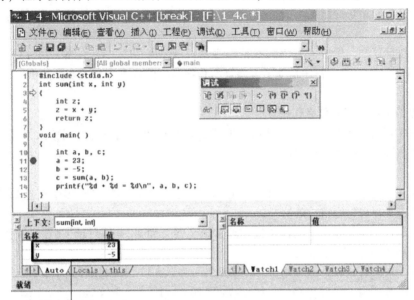

可以看出参数 x 和 y 自动获得了相应的输入值

图 1-30 调用执行 sum 函数

由图 1-30 可知，此时形参获得了实参的值。形参 x 的值变成了 23，形参 y 的值变成了 -5。

（5）sum 函数执行完成并返回到 main 函数后，sum 函数调用最终表现为其返回值 18，整型变量 c 赋值为 18，如图 1-31 所示。

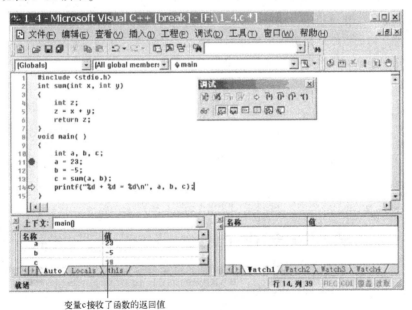

变量 c 接收了函数的返回值

图 1-31 整型变量 c 赋值为 18

（6）第 14 行语句中有 printf 函数，如果按快捷键 F11，程序将暂停在 printf 函数体处。printf 函数的算法非常复杂，现在没有必要查看它每条语句的执行过程。此时可以使用快捷键 F10。

如果即将执行的语句中有函数调用，按下快捷键 F10，也可以单击"调试"工具栏中的"Step Over"按钮，如图 1-32 所示。程序不会调试执行被调函数，当被调函数执行完成主调函数继续执行时，程序才暂停执行。如果没有函数调用，按下快捷键 F10，程序在执行完这条语句后会暂停在下一条语句处，与使用快捷键 F11 的情况相同。需要单步执行被调函数时使用快捷键 F11，否则使用快捷键 F10。

通过调试执行可知，例 1-4 程序的执行顺序是：11、12、13、3、5、6、7、13、14、15，其中在第 3、7、15 行处暂停执行程序是为了方便查看程序当时的状态（相关变量的值）。

讨论：

（1）程序的调试执行有什么作用？

（2）程序中没有断点时可以用调试执行方式运行程序吗？此时会出现什么情况？什么语句可以暂停程序的执行让程序的运行窗口"定屏"？

提示：

（1）调试执行时，如果程序中需要用户输入数据，则可以切换到程序运行窗口输入数据。程序暂停时也可查看程序运行窗口的情况。

（2）结束程序的调试执行，可以用快捷键 Shift + F5，如图 1-33 所示。（在调试执行状态，【组建】菜单会自动变为【调试】菜单。）

图 1-32　"调试"工具栏　　　　　　　　　　图 1-33　结束调试

（3）程序暂停执行时，除了以单步执行的方式继续执行程序外，也可用快捷键 F5 以调试执行的方式继续执行程序（调试执行时只有遇到断点程序才会暂停执行；程序中可以设置多个断点）。

（4）上机编程时，常常会遇到错误，此时应耐心查明原因改正错误。遇到错误时，首先在信息输出窗口找到第一个错误提示，接着用鼠标双击该提示，此时编译器会自动定位到可能出现错误的位置，最后结合错误提示信息分析出错原因。修正一个错误后通常要再次尝试运行程序，不要急着修改下一个错误。在编译例 1-1 程序时，出现了如图 1-34 所示的错误。

图 1-34　编译例 1-1 程序时出现的错误

1.6　C 语言语句简析

C 语言程序由 C 语言语句组成。本章出现的 C 语言语句有：int a = 3;、c = a + b;、return z;、c = sum(a,b);、printf("a + b = % d\n",3 + 5);等。下面简单分析 C 语言语句的组成。

C 语言语句中有字符（串）如 int、a、return、sum、a + b = % d\n 等；有符号如 = 、+ 、& 等；有数字如 3。需从 C 语言的角度理解 C 语言语句中出现的字符（串）：可能是 C 语言关键字如 int、return，有规定的作用；可能是一个变量如 a、b、c、z，用于标示计算机中的一个存储单元；也可能是一个函数如 sum、printf，具有特定功能。语句中的符号通常表示需由计算机执行的某种操作。C 语言是高级语言，因此常见的操作使用了熟悉的符号，如用 + 号表示加法运算，用 a + b 就可以命令计算机求变量 a 与变量 b 的和。最容易理解错误的是那些熟悉的但在 C 语言中却有特定含义的符号，如在数学中 = 是等号，但在 C 语言中却用于表示赋值是赋值号，用于控制计算机给某个变量赋值。a = 3 应读做变量 a 赋值为 3，C 语言语句中的数字 3 就表示整数 3。

当字符（串）位于一对双撇号中时，它（们）只是普通意义上的字符，不能从 C 语言的角度分析它们。虽然双撇号中的占位序列（如% d）和转义序列（如\n）有特殊的作用，但它们最终仍将转化为普通字符。"a + b = % d\n"中的 a 不表示变量是字符 a，+ 不是 C 语言命令只是一个加号，= 不是赋值号就是数学上的等号。在显示器上出现的字符通常需从普通用户的角度去理解。

可简单地认为 C 语言语句由两部分组成：命令与操作对象。命令通常表示让计算机进行某种操作，而操作对象多为变量、数字或一次操作的结果。

语句 int a = 3;中，关键字 int 命令计算机为变量 a 分配一个整型存储单元，赋值号 = 命令计算机把整数 3 存储到变量 a 中。语句 printf("a + b = % d\n",3 + 5);中，printf 函数命令计算机显示一串字符，而 3 + 5 中的加号命令使计算机求出 3 + 5 的和，即 8，因此占位序列% d 将被替换为 8，最终在显示器上呈现的字符串为：a + b = 8\n。语句 c = a + b;中，符号 + 命令计算机求出变量 a 与 b 的和，赋值号 = 命令计算机把得到的和存入变量 c 中。语句 c = sum(a,b);中，sum 函数命令计算机通过执行函数体中的语句求出变量 a 与 b 的和，赋值号 = 命令计算机把得到的和存入变量 c 中。

讨论：

怎样理解"应从 C 语言的角度分析 C 语言语句"？

练习 1

1. 写出最简单的 C 程序。

2. 根据要求写出 C 语句。

（1）向计算机申请四个整型存储单元，并命名为 x，y，z 和 result。

（2）在计算机的屏幕上呈现信息"请输入三个整数"。

（3）让计算机获得用户输入的三个整数，并把它们存储在变量 x，y，z 中。

（4）命令计算机求出变量 x，y 与 z 的和，并把和保存在变量 result 中。

（5）在计算机的屏幕上显示变量 result 的值。

3. 编写一个程序求出用户输入的三个整数的和。

4. 指出并改正下列语句中的错误（一条语句中可能有多个错误）。

（1）scanf("% d,value");

（2）printf("The sum of % d and % d is % d" \n,x,y);

（3）　* /Program to determine the largest of three in integers/ *

（4）printf("The value you entered is % d" \n,&value);

（5）int return = 10;

5. 在 VC 6.0 中编译运行例 1-1，例 1-4 和练习 3 中的程序。

6. 下面的标识符合法吗？

aBc，-245，_245，+3a，4E2，__，2n，n2，account_total

7. 标识符的第一个字符为何不能是数字？

8. C 语言标识符区分大小写吗？n1 和 N1 是同一个标识符吗？利用下面的程序验证。

```
#include <stdio.h>
void main()
{
    int n1 = 3;
    printf("n1 = %d", N1);
}
```

如果 n1 和 N1 是同一个标识符，程序会怎样？否则呢？

9. 写出输出结果或输出语句（变量 x 为 int 型且值为 2）。

(1) printf("x=");

(2) printf("x=%d%d", x, x);

(3) /* printf("x+y=%d", x+y); */

(4) printf("\% and %%");

(5) printf("Welcome to \\n C! and x=%z");

(6) 输出 100%。

(7) 把 "This is a C program." 输出在两行上，第一行最后一个字母是 C。

10. 编程输出以下信息。

```
* * * * * * * * * *
* * * * * * * * * *
    Very Good!
* * * * * * * * * *
* * * * * * * * * *
```

11. 分析下面程序的执行顺序，写出程序的运行结果。

```
#include <stdio.h>
void print()
{
    printf("* * * * * * * * * *\n");
}
void main()
{
    print();
    print();
    printf("  Very Good!\n");
    print();
    print();
}
```

12. 找到工程目录，查看 VC 6.0 为一个工程所生成的文件。找到 C 语言源文件（扩展名为 .c 的文件），把它复制到某个文件夹中。打开 VC 6.0，选择【文件（File）】|【打开（Open）】命令，找到并打开复制到其他文件夹中的源文件。选择【组建（Build）】|【执行（Execute）】命令（或按快捷键 Ctrl+F5），程序能编译执行吗？

13. 在 VC 6.0 中编译 C 语言程序时可以从新建一个 C 语言源文件开始吗？

14. C 语言源文件能用 Windows 中的记事本程序打开吗？

15. 讨论下面程序的输出。

```
#include <stdio.h>
#include <stdlib.h>
void main()
{
    int a,b,sum;
```

```
       a = rand();
       b = rand();
       sum = a + b;
       printf("%d + %d = %d\n",a,b,sum);
    }
```

提示：

（1）程序中标识符 rand 是函数还是变量，为什么？

（2）查看附录 D 中库函数 rand 的功能。什么是随机数？怎样使用库函数 rand？

（3）讨论库函数的使用步骤。

16．编程求出用户输入的整数的绝对值。

17．重用可以简单地理解为使用别人写的代码。重用库函数，除了可以提高编码效率外，还有其他方面的作用吗？

18．分析下面 C 语言语句的作用和组成。

$3+2$；　$z=x+y$；　return $2.3+f$；　sum(x,3) * 5；　printf("sum(3,2)\n")；　8；

19．查找资料了解 C 语言的历史、C 语言标准、C 语言编译器 TC 2.0 和 C 语言编译器 GCC。

本章讨论提示

（1）例 1-1 中的程序利用加号命令求出了变量 a 与 b 的和，而这个程序利用 sum 函数命令求和。计算机可以直接执行加号命令，求出两个整数的和；计算机不会直接执行函数命令，只会按照规定的流程执行 sum 函数命令。由于计算机会直接求和，因此根本没有必要定义 sum 函数。sum 函数的作用实际上仅限于演示如何在 C 语言中定义函数。

（2）有返回值的函数最终表现为一个具体的数，通常需要使用这个数以反映函数的执行结果。sum(3,5)的执行结果是 8，通常需把它保存在一个变量中，如 c = sum(3,5)，这样一来变量 c 中就保存了 3 与 5 的和；或用 printf("%d",sum(3,5))把函数的处理结果输出到屏幕上。如果仅有语句 sum(3,5)；函数执行完毕，原语句就相当于语句 8；，此语句中没有命令，计算机不会进行任何操作，sum(3,5)的执行结果对程序没有产生任何影响，换句话说，不执行 sum(3,5);语句也不会影响程序，它是"多余的"。

（3）用户输入的整数需存入存储单元中，计算机中有可以存放"任意大"整数的存储单元吗？

（4）计算机中有可以存放一个数的存储单元吗？

（5）C 语言初学者更应关注学习中的核心问题：计算机是一台什么样的机器？怎样设计算法？思考 C 语言语句的实际作用比"研究"那些仅符合"语法"的 C 语言语句更有意义。

第 2 章　基本数据类型

章节导学

现实中的数据可以根据形态分类，如 3、−5 是整数，且一个是正数，另一个是负数；2.3、1.23×10^{-5} 是小数；a、+ 是字符。计算机采用"纯粹"的二进制，只能识别由 0 和 1 组成的数据。无论整数、小数或字符，只有编码成由 0 和 1 组成的二进制串，计算机才能处理。类型不同的数据采用了不同的编码规则，因此两个类型不同数据的编码可能是同样的二进制串。因为同类型的数据采用相同的编码规则，所以两个同类型数据的编码肯定不同。假设内存中某存储单元存储的数据是 01011010，则这个存储单元的值（此二进制串对应的数据）可能是一个整数，可能是一个小数，也可能是一个字符；但当这个存储单元是字符型存储单元时，它的值就是 90 号字符，即字符 Z，不可能是其他数据了。只有存储单元的类型确定了，其值才可以确定，因此内存中的存储单元要分类型。

变量是存储单元在 C 语言中的标识，其类型在定义时确定，所以变量的值是确定的。输出变量的值时，printf 函数会根据格式字符解码变量的存储单元，因此输出的值不一定就是变量的实际值。输出值的"多样性"与变量实际值的"确定性"并不矛盾。

相同的编码形态也导致了不同类型变量之间可以相互赋值，如可以用整数给字符型变量赋值。甚至还有一些"矛盾"的赋值，如某变量只能取（存放）非负值，但程序中却用 −1 给它赋值。整数和小数相互赋值时，尽管编码后的数据都是 01 串，可还需在编码转换之后才能赋值，因为两者的编码规则不同，简单的复制操作会让赋值变得没有意义。

同类型存储单元的长度通常是固定的。虽然这样便于计算机存取数据，但限制了计算机的数据处理能力。当用 4 个字节存储整数时，计算机就只能存储编码长度是 32 位的整数了。实际长度小于 32 位的编码可以凑成 32 位，但实际长度超过 32 位的编码就不可能出现在计算机中了，即计算机的"整数处理能力"仅限于 4 个字节所能编码的整数。

有 int 型变量 j，从 C 语言的角度看赋值语句 j = 8637530753；没有问题。整数 8637530753 编码成二进制串时，其编码的长度超过了 32 位，可变量 j 的存储单元只有 4 个字节，只能存储 32 位长的编码。语句执行时，计算机只把编码中的 32 位存入存储单元，超出的部分被丢弃，因此语句执行后，变量 j 的实际值不是 8637530753。计算机可以执行这条赋值语句，但执行结果与程序员预期的不一致，这将导致程序出现错误。

当存储小数的存储单元有 4 字节时，只能存储编码长度 32 位的小数。32 位的二进制串只有 2^{32} 种状态，只能表示 2^{32} 个小数，但在 0.1 ~ 0.2 之间就有无数个小数。如果一个小数不是计算机能表示的 2^{32} 个小数中的一个，那么计算机中就不会有这个小数。有 float 型变量 fm，语句 fm = 0.1；执行时，0.1 会编码成二进制串，但 0.1 不属于计算机可识别的 2^{32} 个小数，因此计算机中存储的 0.1 的编码只是可识别的小数中与之接近的小数的编码。赋值之后，变量 fm 的实际值与 0.1 接近但不是 0.1。语句 j = 8637530753；中，程序员用超出变量取值范围的整数给整型变量赋值，程序员出现了错误，程序中不能出现类似的语句。程序员需要使用小数 0.1 时，只能使用 0.1 的近似值，因为计算机就是这样的机器，它不能准确地表示 0.1。也就是说，语句 fm = 0.1；没有问题，语句执行后，程序员必须预期变量 fm 的值是 0.1（至少精确到小数点后 6 ~ 7）的近似值。

只有了解了计算机，才能正确地使用计算机。程序员需明白计算机是一台"整数认不全，小数算不准"的机器。有疑问时，编程验证是个不错的选择。

尽管本章分析讨论了许多，但只需记住正确的做法及能识别出有问题的做法即可。如输入/输出数据时使用类型匹配的格式字符；用变量取值范围内的数据给变量赋值等。

本章讨论

（1）分析整型变量的所赋值、存储状态、实际值和输出值。

（2）分析浮点型变量的所赋值、实际值和输出值。

（3）整型变量的实际值与输出值有何关系？浮点型变量的实际值与输出值有何关系？

（4）如有 unsigned long j = −2;，则 j / −1 的值会是多少呢？j% −1 的值呢？

C 语言基本的数据类型有整型、浮点型和字符型。数据类型常用于定义变量。程序中定义一个变量，计算机中将有一块存储单元与之关联，因此变量用于标识内存中具体的存储单元。

2.1　计算机中的数据

计算机中采用二进制形式表示数据。二进制只有 0 和 1 两个基本字符，很容易在物理上模拟，如用开关的接通和断开表示 1 和 0。现实世界中的数据必须转换成由 0 和 1 组成的二进制串，计算机才能存储和处理。由数据得到 01 串称为编码；由 01 串得到数据称为解码。

同类型存储单元的长度通常是固定的，当用长度 8 位（由 8 个开关组成）的整型存储单元存储整数时，无论整数大小，计算机只存储其 8 位长的二进制编码，把整数 90 存入计算机时，90 的二进制形式为 1011010，可把它编码成 1011010。其在内存中的存储状态可用图 2-1 简单模拟。

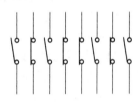

图 2-1 所示的存储单元在 C 语言中用变量 i 表示，则变量 i 的存储　图 2-1　整数 90 编码在内存中的存储状态为 01011010，值为 90。变量的存储状态是从计算机的角度分析的，中的存储状态是存储单元实际存储的编码后的数据（01 串）；变量的值是从 C 语言的角度分析的，是存储状态解码后的数据。

内存中有成千上万类似的开关，因此计算机可以"存储"大量由 0 和 1 组成的"二进制串"。一个类似的开关称为一位（bit），8 位一个字节（Byte）。字节可用 B 表示，位可用 b 表示，如 4B 就表示 4 字节，32 位（32b）。

同类型存储单元的长度相对固定，便于计算机存取数据，但也限制了计算机处理数据的能力。以 C 语言语句 i = 346;为例，这条语句让计算机把整数 346 存入变量 i 中。整型变量 i 可以存储整数，从 C 语言的角度分析这条语句没有问题。这条语句执行时，346 会编码成二进制串，它的二进制形式为 101011010，也就是说存储这个整数至少需要一个长度为 9 位的存储单元，但与变量 i 相关的存储单元只有一个字节，即 8 位。计算机会舍弃最高位的 1，把余下的 8 位存储到变量 i 中。语句执行完毕，变量 i 的存储状态为 01011010，变量 i 的值为 90，而不是 346。程序员会认为变量 i 的值是 346，但实际上它的值为 90，这种认识上的误差将导致程序出现错误，因此这条语句有问题。当计算机用长度一个字节的存储单元存储整数时，计算机可以处理的整数就是 8 位的二进制串所能编码的整数。正如见到一个算盘时，它的"计算能力"早已确定。

小知识：

计算机不能执行的 C 语言语句中存在语法错误。因语句实际的执行结果与预期的结果不一致而出现的错误常称为逻辑错误。

由图 2-1 可知，计算机只能存储由 0 和 1 组成的二进制串。与数学中的二进制不同，计算机中没有正负号，没有小数点，只有"0"和"1"，计算机采用了"纯粹"的二进制。本书第 13 章详细分析了整数、小数和字符型数据的编码规则，但 C 语言的学习者不一定要知道这些编码知识，甚至也不必关心变量的存储状态，工具的原理不应（也不会）成为使用工具的障碍。

为便于更好地理解本章的部分概念，降低"死记硬背"的强度，下面介绍一点编码知识。

1. 一个字节的编码有 2^8 种状态，可以编码 256 个数。

2. 数学中，整数由符号位和数值位组成，计算机中整数的编码也由符号位和数值位组成。整数编码数据的左边第一位就是符号位，0 表示正，1 表示负。

3. 编码正整数时，先把整数转换成二进制数，再确定编码的符号位是 0，最后根据需要在符号位和数值位之间补 0 以凑成规定的位数。编码负整数时，编码的符号位上是 1，但数值位上却并非与整数绝对值相对应的二进制数。整数的编码长度为 2 字节时，90 的编码为 0000000001011010，但 −90 的编码不是 1000000001011010。编码规则决定计算规则，为提高计算效率，计算机中采用补码编码整数。

4. 无须理解补码，只需记住整数 −1 的补码全为 1，即一个字节时，−1 的补码是 8 个 1；2 字节时，是 16 个 1；4 字节时，是 32 个 1。

5. 整数和小数采用了不同的编码规则，这就使得一个整数和一个小数可能对应于同一个编码，如 90 和 0.703125 的编码可能都是 01011010。不能仅凭存储状态（如 01011010）确定存储单元的值，只有确定了存储单元的类型才能确定它的值，因为同类型数据的编码规则相同，编码具有唯一性，即整数 3 和整数 5 的编码肯定不同。

讨论：

（1）赋值语句（i = 346;）执行之后，如果变量的实际值与预期的不一致（不是 346），程序员需要知道变量的实际值吗？

（2）4 字节的编码能对应几个小数？

（3）用 2 字节的存储单元存储整数，何种存储状态时其值最大？

提示：

（1）程序员无须知道变量的实际值究竟是几，因为程序中不应出现类似的语句。每种类型的变量都有取值范围，程序员应根据需要选择合适类型的变量存储数据，不能用变量存储超出其取值范围的数据。

（2）4 字节的编码只有 2^{32} 种状态，只能编码 2^{32} 个数据。

（3）当编码有符号位时，值最大的存储状态为 0111111111111111，符号位上的 0 表示正号。当编码没有符号位时，值最大的存储状态为 1111111111111111，其中最左边的 1 不表示负号。

2.2 整型

整型用于定义整型变量，与整型变量相关的整型存储单元用于存储整数。根据编码长度和编码方式，整型又分为不同的类型。

2.2.1 整型的类别

整型按编码长度分为短整型和长整型；按编码中有无符号位分为（有符号）整型和无符号整型。综合起来，整型共有四种类型，它们的取值范围不同。

关键字 int 可用于定义整型变量，如语句 int i; 就定义一个整型变量 i。用 int 定义的整型变量标识计算机中何种整型存储单元通常与编译程序相关。在 TC 中，会用一个 2 字节的整型存储单元

与变量 i 关联。2 字节的 int 型变量的取值范围为 $-2^{15} \sim 2^{15}-1$，即 $-32768 \sim 32767$；而在 VC 6.0 中，会用一个 4 字节的整型存储单元与变量 i 关联。4 字节的 int 型变量 i 的取值范围为 $-2^{31} \sim 2^{31}-1$，即 $-2147483648 \sim 2147483647$。

小知识：

TC 为 Turbo C 的简写，是一种基于 DOS（磁盘操作系统）的早期的 C 语言编译程序。

讨论：

（1）变量为什么有取值范围？

（2）C 语言变量 x 与数学中未知数 x 有何异同？

还有两类编码长度固定的整型：

short int 类型（短整型），常简写为 short，编码长度为 2 字节，取值范围为 $-32768 \sim 32767$。

long int 类型（长整型），常简写为 long，编码长度为 4 字节，取值范围为 $-2147483648 \sim 2147483647$。

int 型变量的编码长度与编译系统相关，实际编程时应尽量选用 short 型或 long 型定义整型变量。

有 short 型变量 i，语句 i = 50000；合法吗？

从 C 语言角度分析，整型变量 i 用于存储整数，用整数 50000 给它赋值合法，但 short 型变量的取值范围是 -32768 至 32767，short 型变量 i 的值不可能是 50000，这条语句有逻辑错误。编程时不要用超出变量取值范围的数据给变量赋值。

小知识：

（1）不管给 short 型变量 i 赋值的整数是几，赋值后它的实际值必在 $-32768 \sim 32767$ 之间。如赋值所用的整数不在 $-32768 \sim 32767$ 之间，赋值语句有逻辑错误。

（2）short 型整数的编码由符号位和数值位组成，50000 转换成二进制数后为 1100001101010000，长度正好是 16 位，但加上符号位后，编码长度至少 17 位（01100001101010000），显然不能用 2 个字节的短整型变量 i 存储。语句执行时，short 型变量 i 只保存编码中的后 16 位，其存储状态为 1100001101010000，此编码的符号位上是 1，因此变量 i 的实际值是负数。

在实际应用中，某些数据（如产量）不可能是负值。为了充分利用存储空间，可以用修饰符 unsigned（关键字）把"整型"变为"无符号"整型。无符号整型的编码没有符号位，全是数值位。没有符号位就无法确定正负，只能规定其为正的，因此"无符号"整型的取值不会小于 0。

编码中既有符号位又有数值位的整型称为"有符号"整型，其修饰符为 signed，不过此修饰符可省略。如语句 short i；实为语句 signed short i；。习惯上将"整型"特指为"有符号"整型。

unsigned short int（无符号短整型），可简写为 unsigned short，编码长度为 2 字节，取值范围为 $0 \sim 2^{16}-1$（65535）。

unsigned long int（无符号长整型），可简写为 unsigned long，编码长度为 4 字节，取值范围为 $0 \sim 2^{32}-1$（4294967295）。

unsigned int（无符号整型），与 int 型类似，长度与编译程序有关，等价于上面两个中的一个。

尽管无符号整型变量不能取负值了（存储负数了），但同样长度的无符号整型变量可以取正整数值的范围却是（有符号）整型的 2 倍。如果变量 i 是 unsigned short 型，语句 i = 50000；执行后，变量 i 的值就是 50000。

讨论：

（1）整型为什么又分成了不同的类型？编程时需要用变量存储整型数据时，如何选择变量的类型呢？

（2）怎样理解"存储单元的类型影响了计算机的计算能力"？

提示：

（1）各种整型的取值范围与存储空间成正比。选用何种类型的整型变量应根据编程时确定的数据的取值范围决定。如需用一个整型变量存放某个学生某次数学考试的成绩时，可以确定变量取值范围为 0～100，因此程序中任选一种整型都可以满足要求，但用 long 型有点"浪费"存储空间。

（2）有 short i = 32767,j;，那么语句 j = i + 1;有问题吗？

有 long m = 32767,n;，那么语句 n = m + 1;有问题吗？

2.2.2　整型字面量

字面量是一种表示值的记法，其值通常由"文本"所表示，如 printf("% d" ,23);中的 23 就是一个整型字面量。整型字面量也有类型。值在 −32768～32767 之间的整型字面量为 int 型；超过上述范围而在 −2147483648～2147483647 之间的为 long 型。

在 TC 编译程序中，整型字面量 23 为 int 型，在 2 字节的整型存储单元中存放。整型字面量可以用后缀改变类型。有后缀 l 或 L 的整型字面量是 long 型的。字面量 23L 在 TC 和 VC 中均为 long 型，在 4 字节的整型存储单元中存放。有后缀 u 或 U 的整型字面量是无符号型的。整型字面量可以同时加上 u 和 l 两个后缀（次序、大小写不限），表示字面量为无符号长整型。

例 2-1　C 语言中，−1U 大于 0 吗？

分析：

从 C 语言的角度分析，字面量 −1U 有问题。后缀 U 表示它为无符号整型，不可能是负数，但它的值看上去却是 −1。

从计算机的角度分析，字面量 −1U 没有问题。在 VC 6.0 中，−1U 是一个无符号长整型字面量，计算机将用一个 4 字节的无符号整型存储单元存放这个字面量。计算机中没有 −1，只有它的编码（32 个 1），这个字面量的值就是存储状态为 32 个 1 的无符号长整型存储单元的值。−1U 不等于 0，故它大于 0（其值为 $2^{32}-1$,4294967295）。

C 语言语句由计算机执行，在计算机中 −1U 大于 0，C 语言中 −1U 显然也大于 0。

讨论：

（1）应怎样理解字面量 −1 的值是 −1 呢？

（2）怎样理解语句 unsigned long i = − 1;？

（3）怎样理解语句 unsigned short j = − 1;？

（4）怎样评价上面的两条语句？

提示：

（1）在 VC 6.0 中，整型字面量 −1 是 int 型（long 型），在计算机中会用一个 long 型存储单元存储 −1 的编码（32 个 1），因此其值为 −1。

（2）字面量 −1 为 long 型，但变量 i 为无符号长整型，两者类型不匹配。长度相同的整型赋值时，不考虑类型直接复制存储状态。赋值后变量 i 的存储状态将变为 32 个 1，实际值为 $2^{32}-1$ （4294967295）。

（3）字面量 −1 为 long 型，但变量 j 为无符号短整型，两者类型不匹配。用长整型给短整型变量赋值时，不考虑类型只复制部分存储状态。赋值后变量 j 只能存储 −1 的编码中的低 16 位，存储状态为 16 个 1，实际值为 $2^{16}-1$ （65535）。

（4）严格地说这两条语句有逻辑错误，但编程时常借助类似的语句简洁地把无符号整型变量赋值为最大的整数。

C 语言中也可以使用八进制形式和十六进制形式的整型字面量。整型字面量的进制用前缀表示。前缀为"0"的整数是八进制数；前缀为"0x"或"0X"的整数是十六进制数。十进制整数的前缀为空，即无前缀。如：语句 int i = 027, j = 0x17, k = 0X17; 定义了三个整型变量 i、j、k，且它们的值都被初始化成了 23。

小知识：

$027 = 2 \times 8^1 + 7 \times 8^0 = 23$；

$0x17 = 1 \times 16^1 + 7 \times 16^0 = 23$

2.2.3　整型数据的输入/输出

1. 给整型变量赋值

程序中可以用三种方法给一个整型变量赋值：

（1）定义变量时赋值，又称初始化。如语句 short i = 23, j; 定义了两个短整型变量 i 和 j，其中变量 i 的值被初始化为 23，变量 j 的值不确定。

（2）使用赋值语句。如语句 j = 32; 可将变量 j 的值变为 32。

（3）通过 scanf 函数把用户输入的整数赋值给整型变量。

讨论：

可以通过 scanf 函数使 short 型变量 j 的值变为 32768 吗？

下面重点分析第三种方法。

使用 scanf 函数给变量赋值时，每个变量需对应一个格式字符，整型变量常用格式字符 d。实际上类型不同的整型变量所对应的格式字符是不同的，而格式字符 d 只能用于有符号 int 型变量。对于长整型变量，格式字符前应加一个附加格式说明符 l，而对于短整型变量，格式字符前应加一个附加格式说明符 h。附加格式说明符 l 和 h 又称为长度修饰符。一般情况下，int 型变量对应 d，short 型变量对应 hd，long 型变量对应 ld。无符号整型变量对应的格式字符为 u。unsigned int 型变量用 u，unsigned short 型变量用 hu，unsigned long 型变量用 lu。

通过 scanf 函数给整型变量赋值时，整型变量与其对应的格式字符应匹配，如下所示：

```
short i;long j;unsigned short ui;unsigned long uj;
scanf("%hd%ld%hu%lu",&i,&j,&ui,&uj);
```

例 2-2　如有 unsigned short j;scanf("%hd",&j);，当用户输入 −1 时，变量 j 的值是多少？

分析：

变量 j 是无符号短整型，取值只能是非负，尽管用户输入了一个负数且格式字符也不匹配，但语句还是能执行，这与语句 unsigned short j = −1; 可以执行的道理类似。

在 VC 6.0 中，字面量 −1 是 long 型，其编码（32 个 1）会存储在一个 long 型的存储单元中。但 scanf 函数只会根据格式字符来确定用户输入整数的类型，因此当格式字符串为 hd 时，用户输入的整数 −1 将会是有符号短整型。用 short 型 −1 给变量 j 赋值，两者类型不匹配。长度相同的整型赋值，不考虑类型直接复制存储状态。赋值后无符号短整型变量 j 的存储状态为 16 个 1，实际值为 65535。

提示：

（1）尽管例 2-2 中 scanf 函数"正常"地执行了，但格式字符与变量的类型不匹配时，scanf 函数的赋值操作通常会出现问题，因为 scanf 函数也会根据格式字符确定需赋值的存储单元的类型。

（2）语句 scanf("%hd",&j); 中使用了与变量不匹配的格式字符，因此这条语句有问题。本例中通过问题语句分析了 scanf 函数的执行，实际编程时不应出现这种情况。

C 语言中可以使用八进制形式和十六进制形式的整型字面量，如 short i = 027, j = 0x17;。

利用 scanf 函数给整型变量赋值时，用户能否输入八进制整数和十六进制整数，可以编程验证。

例2-3 利用下面的程序验证用户是否可以输入八（十六）进制形式的整数。

```c
#include <stdio.h>
void main()
{
    short i,j;
    scanf("%hd%hd",&i,&j);
    printf("%hd,%hd\n",i,j);
}
```

分析：

程序运行时，用户输入 027   0x17 ↙。在 C 语言中 027 为八进制数，而 0x17 为十六进制数，如

图 2-2 程序的运行情况

果能识别用户输入整数中的前缀，scanf 函数就会把变量 i 和变量 j 赋值为 23，程序的输出结果应为 23,23 ↙。因此根据程序的实际输出结果就可以验证用户是否可以输入八（十六）进制形式的整数了。程序的运行情况如图 2-2 所示。

由程序的输出可知，变量 i 的值为 27，而变量 j 的值为 0，scanf 函数好像不能识别用户输入整数中的前缀。scanf 函数把 027 识别成了十进制数 27，并没有把前缀 0 当作八进制的标志。scanf 把 0x17 识别成了 0，因为 scanf 函数认为 0x17 是十进制整数，不是十六进制整数，那么十进制整数中显然不应该含有 x，相对于十进制而言，x 是个非法（不匹配）的字符。在识别用户的输入数据时如果遇到非法的字符，scanf 函数将结束本次识别并将之前识别的结果作为本次识别的结果，因此 scanf 函数把 0x17 识别成了整数 0。

根据例 2-3 中程序的执行情况，能否给这个问题下个结论？不能！

例 2-3 仅能表明使用格式字符 d 时用户不能输入八（十六）进制形式的整数，实际上格式字符 d 仅能用于有符号十进制整数的输入/输出。

使用格式字符 o 时，scanf 函数将把用户的输入"看成"八进制整数。格式字符 x 或 X 则对应于十六进制整数。

例2-4 使用格式字符 o 和 x(X)获得用户输入的整数。

```c
#include <stdio.h>
void main()
{
    short i,j,k;
    scanf("%ho%hx%hX",&i,&j,&k);
    printf("%hd,%hd,%hd\n",i,j,k);
}
```

分析：

程序运行时，用户输入 027 0x17 0X17 ↙，程序的运行情况如图 2-3 所示。

由程序的输出可知，使用格式字符 o 时，scanf 函数正确地识别出了八进制数 027，从而把变量 i 赋值为 23；使用格式字符 x 和 X 时，scanf 函数正确地识别出了十六进制数 0x17 和 0X17，从而把变量 j 和变量 k 赋值为 23。

若用户输入八进制数时不加前缀 0，十六进制时不加前缀 0x，输入 27 17 17 ↙测试，程序的运行情况如图 2-4 所示。

图 2-3 例 2-4 程序的运行情况

图 2-4 输入测试数据程序的运行情况

由程序的输出可知，即使没有前缀，scanf 函数也会认为用户输入的是八进制整数或十六进制整数。再次表明，scanf 函数只根据格式字符来确定用户输入数据的类型。

若用户输入负整数如 – 27 – 17 – 17 ✓时，例 2–4 程序的运行结果如何？

经测试与语句 i = –027;j = –0x17;k = –0X17;的赋值结果相同，变量 i、j 和 k 的值均变成了 –23。

小知识：

（1）输入数据时，格式字符 d 与格式字符 o 和格式字符 x(X) 的区别仅在于用户输入数据的进制不同。用户输入 17 ✓，当格式字符为 d 时，scanf 函数认为用户输入的是十进制整数 17；当格式字符为 o 时，scanf 函数认为用户输入的是八进制整数 17；当格式字符为 x(X) 时，scanf 函数认为用户输入的是十六进制整数 17。

（2）格式字符 o 或 x(X) 也可加长度修饰符 l 和 h。

此外，与整型变量相关的格式字符中还有一个格式字符 i，它的作用与格式字符 d 相同。

讨论：

将用户输入的数据赋值给一个变量时，scanf 函数会依次识别用户输入的每个字符，什么情况下结束识别？

提示：

（1）区分正常情况和非正常情况。遇到"非法"字符时，scanf 函数也会结束识别并认为识别失败。识别失败时 scanf 函数会对相关变量赋值吗？识别时什么样的字符才是"非法"字符呢？

（2）如有 scanf("% d% d",&a,&b);，当用户输入 0x17 027 ✓时，int 型变量 a 和 b 的值会是多少？非正常情况下结束识别会影响到 scanf 函数的继续识别吗？如有 scanf("% ho% hx% hX",&i, &j, &k);，当用户输入 789 15 26 ✓时，int 型变量 i、j 和 k 的值是多少呢？

2. 输出整型变量的值

一个短整型存储单元的存储状态为 16 个 1，如果这个存储单元的类型是无符号整型（unsigned short），则实际值为 65535；如果它的类型是有符号整型（short），则实际值为 – 1。

C 语言中变量必须先定义再使用，因此程序中出现的每个变量都有确定的类型，只要类型确定了，它的实际值也就确定了。只有使用与变量类型相匹配的格式字符，printf 函数的输出值和变量的实际值才会一致。与 scanf 函数中相同，printf 函数中 int 型用 d，short 型用 hd，long 型用 ld；unsigned int 型用 u，unsigned short 型用 hu，unsigned long 型用 lu。

当数据类型与格式字符不匹配时，printf 函数输出情况可以用下面的程序分析。

例 2–5 分析数据类型与格式字符不匹配时程序的输出。

```
#include <stdio.h>
void main()
{
    short i = -1;
    printf("%hd,%hu\n",i,i);
}
```

`-1,65535`

图 2–5 例 2–5 程序的输出结果

分析：

程序的输出结果如图 2–5 所示。

程序中 short 型变量 i 的值为 – 1，当用格式字符串 hd 输出时，printf 函数正确地输出了它的实际值；当用格式字符串 hu 输出时，printf 函数输出的值为 65535。变量 i 的存储状态为 16 个 1，当以 hd 格式（有符号短整型）解码时，值是 – 1；当以 hu 格式（无符号短整型）解码时，值是 65535。

由此可见，printf 函数不考虑变量的类型，只会根据格式字符解码变量的存储状态，因此 printf 函数的输出值不一定就是变量的实际值。本例中以格式字符 hu 输出 short 型变量 i 的值没有意义，使用 printf 函数时不要出现格式字符与数据类型不匹配的情况。

讨论：

变量（存储单元）的存储状态、实际值和输出值之间有何关系？

2.2.4　查看整数的存储状态

语句 short i = −1；中变量 i 的实际值为 −1，存储状态为 16 个 1。只有熟悉编码知识才能求出存储状态，但可以利用 printf 函数输出整型数据的存储状态。二进制形式的存储状态较长难以读/写，因此 printf 函数的输出为八进制形式的或十六进制形式的存储状态。有关二进制、八进制和十六进制的知识可参见第 13 章。

使用格式字符 o 可以输出整型数据八进制形式的存储状态；使用格式字符 x 和 X 可以输出整型数据十六进制形式的存储状态，x 和 X 的区别在于十六进制中的字母（a ~ f 或 A ~ F）是小写（x 时）还是大写（X 时）。

例 2-6　输出整型数据的存储状态。

```
#include <stdio.h>
void main()
{
    short i = -1;
    long j = -1;
    printf("%ho,%hx,%hX\n",i,i,i);
    printf("%lo,%lx,%lX\n",j,j,j);
}
```

分析：

程序的输出结果如图 2-6 所示。

图 2-6　例 2-6 程序的输出结果

short 型变量 i 的值为 −1，存储状态为 16 个 1，用八进制表示就是 0177777，用十六进制表示就是 0xffff。long 型变量 j 的值为 −1，存储状态为 32 个 1，用八进制表示就是 037777777777，用十六进制表示就是 0xffffffff。printf 的输出结果中并没有表示进制的前缀。

使用 printf 函数也可输出整型字面量的存储状态，如语句 printf("%lx,%lx\n",65537, −65537);的输出结果为：10001, fffeffff，由此可知 65537 和 −65537 十六进制形式的存储状态为 00010001 和 fffeffff。以八进制或十六进制形式输出数据时，printf 函数默认情况下也不输出高位上"多余"的 0。

某整数的编码（存储状态）是 0xcccccccc，如果此编码的类型为有符号长整型，可以用 printf("%ld",0xcccccccc)输出它的实际值。如果此编码的类型为无符号长整型，可以用 printf("%lu", 0xcccccccc)输出它的实际值。

例 2-7　分析下面程序的输出结果。

```
#include <stdio.h>
void main()
{
    long i = 65536;
    printf("%ld,%lu\n",i,i);
    printf("%hd,%hu\n",i,i);
}
```

分析：

程序的输出结果如图 2-7 所示。

图 2-7　例 2-7 程序的输出结果

printf 函数输出时不考虑变量的类型，只会根据格式字符解码变量的存储状态。可用语句 printf("%lx",i);查看变量 i 的存储状态。由语句输出 10000 可知，变量 i 的存储状态为 0x00010000。按长整型（ld）解码时，0x00010000 的值为 65536；按无符号长整型（lu）解码时，它的值仍为 65536。按短整型（hd）解码时，printf 函数只解码 0x00010000 中位于低位的 2 个字节即 0000，因此输出为 0；按无符号短整型（hu）解码时，输出同样为 0。

再次强调：类型与格式字符不匹配的输出语句通常没有实际意义，程序中不应出现。

讨论：

语句 printf("%hu,%lu", -1, -1);的输出。

2.2.5 整型的使用

设计程序时可根据数据的实际取值范围选择类型合适的变量存储数据。如需存储用户输入的一个三位正整数时，整数的取值范围应在 100 和 999 之间，因此程序中可用一个 short 型变量存储。

讨论：

（1）能否定义一个 long 型变量存储用户输入的一个三位正整数？

（2）如需存储某个整数的阶乘时，变量应定义成何种类型？

整型变量在使用时需特别注意取值范围，当用超出取值范围的整数为整型变量赋值时，它的实际值肯定不会是赋值时所用的整数，程序中就会出现逻辑错误。

整数参与乘法运算时，计算结果很容易超出某整型变量的取值范围，如 short 型变量 n 的值为 20000，变量 n 乘以 2 的积就不能再用变量 n 存放了。C 语言中用星号（*）代替乘号（×），变量 n 乘以 2 不能写成 2n 或 n2，只能写成 2*n 或 n*2。

C 语言中用斜杠/代替除号÷。两个整数进行除法运算时，虽不必担心计算结果超出取值范围，但需特别注意 C 语言中两个整数相除的商也是整数。由于整数和浮点数的编码格式不同，因此计算机只会进行同类型数据的计算。要么是两个整数进行运算，结果也是整数；要么是两个浮点数进行运算，结果也是浮点数。计算机中两个整数相除的商通常只取整数部分，截掉商的小数部分（即"向零取整"，正数变小，负数变大）。例如：3/2 的商为 1，2/3 的商为 0，3/-2 的商为 -1。

C 语言中用操作符%还能求出两个整数相除的余数。操作符（或运算符）%又称求余操作符。3%2 的值是 1，即 3 除以 2 的余数是 1。4%2 的值是 0。求余操作符%只能用于整数，不能用于浮点数。

讨论：

（1）3%-2 的值是多少呢？ -3%2 呢？ -3%-2 呢？

（2）C 语言中当两个整数不能整除且除数为正数时，余数的符号与被除数的符号有何关系？

（3）分析 C 语言语句 j=2n/2;、j=n2/2;和 j=2*n/2;。

提示：

（1）余数与商有关，余数 = 被除数 - 商×除数。

输入/输出整数时应使用与数据类型相匹配的格式字符。两者不匹配的输入/输出语句通常有问题，不应出现在程序中。

使用整型变量时有一些所谓的"编程技巧"，如常用语句 unsigned long ul = -1;把无符号长整型变量 ul 初始化为最大的整数，即 4294967295。

VC 6.0 中字面量 -1 是 long 型，其与变量 ul 的类型不匹配，但长度相同，赋值时直接复制存储状态。赋值后，变量 ul 的值为最大的整数。

分析问题的过程也就是能力培养的过程。虽然分析问题时可能会遇到一些"专业知识"，但只要分析，即使没有"专业知识"，最终也会有所收获。无符号长整型变量 ul 为最大值时其存储状态应为 32 个 1，显然，计算机中 -1 的存储状态（编码）为 32 个 1，只有如此，这条语句才可以将变量 ul 赋值成最大的整数。

2.3　浮点型

浮点型对应于浮点数，多用于定义可存放小数的变量。

2.3.1　浮点型的类别

常用的浮点型有两类：float 型和 double 型，如表 2-1 所示。

表 2-1　常用的浮点型

类　型	字　节	精　度	取 值 范 围
float（单精度）	4	6 ~ 7	$-3.4 \times 10^{-38} \sim 3.4 \times 10^{38}$
double（双精度）	8	15 ~ 16	$-1.7 \times 10^{-308} \sim 1.7 \times 10^{308}$

对比一下浮点型和整型。首先，浮点型的取值范围足够大，因此在使用浮点型变量时不必刻意关注变量的取值是否超出取值范围。其次，浮点型不再分为有符号型和无符号型，全部为有符号型。还有，浮点型也按存储单元的大小分成了两类。浮点型有单精度和双精度；整型有短整型和长整型。

图 2-8　单精度和双精度
变量的实际值

例 2-8　有 float f = 0.1；double lf = 0.1；，通过输出可知单精度变量 f 和双精度变量 lf 的实际值如图 2-8 所示。请分析浮点型变量的特点。

分析：

单精度变量 f 被初始化为 0.1，但变量 f 的实际值 0.10000000149011612 与所赋值 0.1 相比显然存在误差，变量 f 的实际值中小数点后面的第 9 位已经是不精确的数字了。单精度变量通常只能保证精确到小数点后面的 6 到 7 位。

双精度变量通常可以保证精确到小数点后面的 15 ~ 16 位。

讨论：

（1）同样是 4 字节，单精度的取值范围怎么就能比整型的大那么多呢？

（2）浮点型变量为何有误差呢？

（3）计算机中 10 个 0.1 相加的结果一定等于 1.0 吗？

提示：

（1）4 字节的编码只有 2^{32} 种状态，只能编码 2^{32} 个数。float 型变量的实际值仅限取值范围中的 2^{32} 个小数。用 0.1 给变量 f 赋值时，变量 f 的值仅为 2^{32} 个小数中与之接近的那个小数，float 型变量可保证精确到小数点后面的 6 ~ 7 位。

C 语言中还有一个不常用的 long double（长双精度）浮点型。C 语言标准规定 long double 的精度至少与 double 相同。VC 6.0 中 long double 型也是 8 字节，与 double 型相同。

2.3.2　浮点型字面量和浮点型数据的输入/输出

浮点型字面量分一般形式和指数形式。一般形式如 0.25、-3.0，指数形式如 -1.23×10^{-2}，0.023×10^3。指数形式中的 × 号和上标难以输入，因此 C 语言浮点型字面量的指数形式中省略 × 号，并用 e 或 E 代替底数 10，且指数也不写成上标的形式，如把 -1.23×10^{-2} 写成 -1.23e-2，其中 -1.23 可称作尾数，-2 可称作阶码；把 0.023×10^3 写成 0.023E3。浮点型字面量默认是双精度，可以在浮点型字面量的后面加字母 f 或 F 强制编译系统把它们按单精度处理。如 0.023E3 是双精度数需用 8 字节存储，而浮点数 0.023E3F 是单精度数用 4 字节存储。

scanf 函数中与单精度浮点型变量对应的格式字符有 f、e 和 E，前面加一个长度修饰符 l 后，这些格式字符才能对应于双精度浮点型变量。用户在输入小数时可用一般形式，也可用指数形式。

例 2-9 浮点型数据的输入。

```
#include <stdio.h>
void main()
{
  float fa,fb,fc;
  double lfd;
  scanf("%f%f%f",&fa,&fb,&fc);
  printf("%f,%f,%f\n",fa,fb,fc);
  scanf("%lf",&lfd);
  printf("%f\n",lfd);
}
```

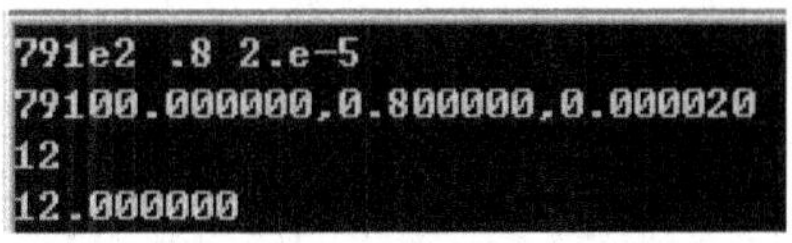

图 2-9 例 2-9 程序的运行情况

程序的运行情况如图 2-9 所示。

分析：

用户输入小数时不仅可以用指数形式或一般形式，而且格式也比较自由，如 .8，2.e-5 等。用户输入的整数会将被理解成小数部分为 0 的小数，如整数 12 会被认为是浮点数 12.0。

输出浮点数时，小数点后默认有 6 位。

讨论：

（1）把程序中 scanf 函数的格式字符 f 换成 e 或 E，用同样的输入数据，程序的输出相同吗？在输入浮点型数据时，格式字符 f 与 e 或 E 有无区别？

（2）把第二个 scanf 函数中的长度修饰符 l 去掉，双精度变量 lfd 还能正常获得数据吗？

（3）语句 float f = .8; 有语法错误吗？（怎么验证该语句有无语法错误？）

使用 printf 函数输出浮点型数据时，可以利用格式字符 f、e 或 E。格式字符 f 对应于浮点型数据的一般形式。格式字符 e 或 E 对应于浮点型数据的规范的指数形式。格式字符为 e（或 E）时，分隔尾数和阶码的字符就是 e（或 E）。在规范的指数形式中尾数部分通常大于 1 小于 10（即其整数部分仅有一位且通常不是 0），而阶码部分会因编译程序的不同而稍有差异，VC 6.0 中阶码 2 会输出成 +002。浮点数输出时小数点后默认有 6 位。与输入时不同，不加长度修饰符 l 只用格式字符 f、e 或 E 也可以正确地输出双精度变量的值。

例 2-10 浮点型数据的输出。

```
#include <stdio.h>
void main()
{
    float fa =123.789;
    double lfd =123.789;
    printf("%f,%e,%E\n",fa,fa,fa);
    printf("%f,%lf\n",lfd,lfd);
}
```

图 2-10 例 2-10 程序的运行情况

分析：

程序的运行情况如图 2-10 所示。

输出双精度变量 lfd 时，有无长度修饰符 l 修饰，都能得到正确的结果，这与输入时不同。

讨论：

（1）用格式字符 f 输出单精度变量 fa 时，输出结果为 123.789001，小数点后的第 6 位竟然是 1，这与单精度浮点型可以保证 6~7 的精度矛盾吗？

（2）分析 VC 6.0 中规范指数形式的格式。

在输出浮点型数据时可以指定小数点后面的位数。在 % 和格式字符 f、e 或 E 之间插入 . n 形式的修饰符（如%.2f），其中 n 应为正整数，就能指定小数点后面有 n 位。

例 2-11　控制浮点型数据输出值中小数点后面的位数。

```
#include <stdio.h>
void main()
{
  float fa =123.789;
  double lfd =123.789;
  printf("%.0f,%.1e,%.20E\n",fa,fa,fa);
  printf("%.0f,%.1e,%.20E\n",lfd,lfd,lfd);
}
```

图 2-11　例 2-11 程序的运行情况

分析：

程序的运行情况如图 2-11 所示。

使用修饰符控制浮点型数据输出值中小数点后面的位数时，printf 函数采用四舍五入的方法去掉多余的位数。

2.3.3　浮点型的误差

有 float f = 0.1;，程序中单精度变量 f 的实际值为 0.10000000149011612，显然实际值与赋值所用的小数有误差。

计算机中浮点型数据存在误差主要是因为把十进制小数转换成二进制小数时，结果往往是无限小数，也就是说，无论用多长的存储单元也不可能在计算机中精确地表示大多数的十进制小数。这种误差可称为转换误差。一些能转换成有限二进制小数的十进制小数在计算机中存储时就可能没有误差，如 0.5，－0.25 等。整数总能转换成有限的二进制数，因此小数部分为 . 0 的浮点数在计算机中也往往没有误差，如 12.0，23.0 等。

即使 65536 能精确地转换成有限的二进制数，short 型变量也不可能存储 65536。与之类似，能转换成有限的二进制形式的十进制小数的编码长度超过浮点型变量的存储单元的长度时同样会出现误差。这种误差可称为存储误差。

例 2-12　浮点型数据的误差。

```
#include <stdio.h>
void main()
{
  float fa,fb,fc;
  double lfd;
  fa =123789;
  fb = -12.3e3;
  fc =12.25;
  printf("%.20f\n%.20f\n%.20f\n",fa,fb,fc);
  fa =125125125.125e2;
  lfd =125125125.125E2;
  printf("\nfa =%.20f\nlfd =%.20f\n",fa,lfd);
}
```

图 2-12　例 2-12 程序的运行情况

分析：

程序的运行情况如图 2-12 所示。12.25 的小数部分 0.25 能转化成有限的二进制小数，整数部分也能，所以 12.25 在计算机中存储时没有误差。

125125125.125e2 虽然可以转化成有限的二进制小数，但由于其规范指数形式中小数点后有 11 位，超过了单精度浮点型的精度，故用单精度变量 fa 存储时会出现误差。双精度浮点型的精度有 15 至 16 位，用双精度变量 lfd 存储时就不会出现误差。

由例 2-10 可知，浮点型的精度是规范的指数形式尾数中小数点后面的有效位数。把整数写成规范的指数形式，当小数点后面的位数大于浮点型的精度时，出现误差的可能性就比较大。如"整数 1.23456789e8"用单精度变量保存时出现误差的可能性就非常大，因为这个整数的"小数部分"有 8 位，而单精度变量通常只能精确到小数点后的 6 ~ 7 位。

讨论：

（1）使用浮点型变量时需注意什么问题？

（2）单精度浮点数只能精确到小数点后的 6 ~ 7，但可以用 .n 形式的修饰符输出小数点后的许多位（最多可以输出多少位？），怎样理解这种输出？

（3）浮点型数据 1.5×10^{18} 与 1.32 的和是多少呢？浮点型相加时先统一阶码，再把尾数相加。统一阶码时，浮点型数据 1.32 的尾数会怎样变化？（提示：双精度小数也只能精确到小数点后的 15 至 16 位。）

2.4　字符型

字符型数据是非数值型数据，包括各种文字、数字与符号等。现实世界中，非数值型数据不能参加算术运算，如字符 a 减 32 的差是什么呢？计算机中字符 a 可以减 32 吗？这个问题与字符在计算机中的编码方式有关。

2.4.1　字符型数据的编码

C 语言中的字符多指英文字符，通常包括英文字母、标点符号以及运算符号（＋，－，＊，／）等。C 语言中用关键字 char 定义字符型变量。语句 char ca; 定义了一个字符型变量 ca。字符型变量用于存储字符，但字符型存储单元也只能存储 01 串，数据值型数据可以通过转化成二进制的形式变成 01 串，字符型数据怎样编码呢？

标准化是字符编码的原则，即规定每个字符对应的 01 串。编码字符时通常先把要编码的所有字符排序编号，再把字符编号的编码作为字符的编码。如字母 Z 排在 90 号，则整数 90 的编码 01011010 就是其编码。存储字母 Z 时，字符型变量存储的是其编号的编码，即整数 90。字符型变量 ca 的存储状态为 01011010 时，对应的值是整数 90，应理解为变量的值是 90 号字符，但也常说变量的值是字母 Z，因为 90 号字符就是字母 Z。

英文字符的编码常采用 ASCII 码。ASCII 码的码长为一个字节，且最高位为 0，因此 ASCII 码可以编码 128（2^7）个英文字符。与 ASCII 码相匹配，C 语言中字符型变量的长度也是一个字节。ASCII 码表见附录 C。

提示：

（1）从 0 ~ 31 号的字符是控制字符，它们的作用可参见附录 C。

（2）0 号字符（编号为 0 号的字符）是一个字符，表中的 NUL 仅表示其作用。

（3）0 号字符不是字符 0（数字 0），字符 0 是 48 号字符。

用字符型变量 ca 中存储字符 a 时，查表可知字符 a 是 97 号字符，字符型变量 ca 将存储整数 97。字符型变量存储了字符的编号，实际上存储了一个整数，因此 C 语言中字符型也是整型的一种，是编码长度 1 字节的整型。

2.4.2　字符型字面量

把字符 a 存入变量 ca 中时，用语句 ca = a；不行，因为语句中的 a 在 C 语言中是变量。为了与标识符或其他类型的字面量相区别，字符型字面量通常用一对单撇号括起来，如 9 是字符 9，而不是整数 9；'A' 是字符 A，而不是一个名为 A 的标识符；' * '是星号字符，而不是表示乘号的操作符 * 。语句 ca = 'a'；可以把字符 a 存储到变量 ca 中，赋值后变量 ca 的值就是字符 a。虽然不要求程序员记住字符的编号，但程序员应知道赋值后变量 ca 的值是一个整数，字符 a 的编号。

例 2-13　比较语句 short i = 9；和语句 char c = '9' ；。

分析：

语句 short i = 9;可理解成把整数 9 存入变量 i 中。执行时，整数 9 的编码将存入 short 型变量 i 的存储单元中，因此语句执行完毕，变量 i 的值将变为整数 9。

语句 char c = '9' ；可理解成把字符 9 存入变量 c 中。执行时，字符型字面量 9 将根据 ASCII 码表被转换成其编号（字符 9 是 57 号字符）的编码，然后存入到变量 c 的存储单元中，因此当语句执行完毕，变量 c 的值是字符 9，但实为字符 9 的编号（整数 57）。

讨论：

有 short i = 57;，变量 i 的值也为 57，变量 i 和字符型变量 c 有何异同？

提示：

虽然短整型变量 i 和字符型变量 c 的值都是 57，但字符型变量 c 的值应理解成 57 号字符，即字符 9。此外，变量 i 存储了整数 57 长度为 2 字节的编码，而变量 c 存储了整数 57 长度为 1 字节的编码。

ASCII 码表中的字符可分为控制字符与普通字符，多数控制字符在键盘上没有对应的键，如 0 号字符。用字符的编号表示字符更具普遍性，即一对单撇号中以反斜杠 \ 紧接字符编号的形式表示字符，但字符的编号需为八进制形式或以 x 开头的十六进制形式。如字符型字面量 \0 是 0 号字符，'\10' 是 8 号字符；'\x30' 是 48 号字符(3 × 16 + 0)，也就是字符 0，等同于 0 。虽然在 VC 6.0 中可用 \12 或 \xa 表示回车键，但这种表示方式的可读性不好，最好还是用转义序列表示。常用的转义序列见表 2-2。

表 2-2　常用的转义序列

序　列	含　　义	ASCII 码	等　价　形　式
\b	退格，将输入/输出光标移到本行的前一列	8	\10(\x8)
\t	相当于按下 Tab 键，将输入/输出光标移到下一个第 8 * n + 1 列	9	\11(\x9)
\n	换行，将输入/输出光标移到下一行的第一列	10	\12(\xa)
\r	按 Enter 键，将输入/输出光标移到本行的第一列	13	\15(\xd)
\'	单撇号(')	39	\47(\x27)
\"	双撇号(")	34	\42(\x22)
\\	反斜杠(\ )	92	\134(\x5c)

下面几条语句等价，都可以将字符型变量 c 赋值为控制字符"换行符"。

　　　　c = '\n' ； c = '\12' ； c = '\xd' ； c = '\xd' ；

不过可读性最好的语句是 c = '\n' ；。

字符串可简单地理解成一串字符，如 '9' 'A' '\'' '\12' 'b' '*' 是有七个字符的一串字符。C 语言中用一对双撇号界定字符串，位于其中的字符无须再用单撇号限定，如"9A\' \12b * "。位于字符串中

的单撇号 " " 不再是特殊字符，无须再用转义序列表示，因此上面的字符串常简写为 "9A \12b * "。printf("Hello,C! \n");中的字符串显然与 printf("Hello,C! \12");中的相同。

2.4.3 字符型数据的输入和输出

字符型数据输入/输出时使用格式字符 c。字符型变量 ca 的值是 9 时，语句 printf("%c",ca); 在显示器上的输出结果自然为 9，但 printf 函数输出字符 9 时执行了哪些操作呢？

用格式字符 c 输出变量 ca 的值时，printf 函数首先按一个字节的整型解码变量 ca 得到整数 57（字符 9 是 57 号字符），然后找到并输出 57 号字符的字形码，此时显示器上将呈现出字符 9 的形状，而用户就会认为输出结果是字符 9。

提示：

（1）按"整型"解码时，与格式字符 c 对应的数据"只有"一个字节，即使有多个字节，printf 函数也只解码其中位于低位的一个字节。

（2）用户在显示器上观察到的输出结果均为字符的字形码，有关字形码的知识请参见第 13 章。

int 型变量 i 的值是 57 时，语句 printf("%c",i);的输出结果为 9。

对于格式字符 c，printf 函数首先按一个字节的整型解码变量 i，得到整数 57，然后找到并输出 57 号字符的字形码，因此这条语句同样会在显示器上输出字符 9。语句可理解成输出了 57 号字符。

整型变量 i 的值是 57 时，语句 printf("%d",i);输出变量 i 的值 57。

对于格式字符 d，printf 函数首先按整型解码变量 i 得到一个整数 57，然后再得到整数 57 各位上的字符，即将其转换成字符串"57"，最后输出每个字符的字形码。当显示器上呈现出字符 5 和字符 7 的形状时，用户会认为输出结果是整数 57。

通常只是笼统地说语句 printf("%d",i);会在显示器上输出变量 i 的值 57。

讨论：

（1）字符型变量 ca 的值是 9 ，语句 printf("%d",ca);在显示器上会输出什么呢？

（2）字符型变量 ca 的值是字符\n，语句 printf("%c",ca);将如何输出呢？

（3）语句 printf("%c",0x5A5A5A5A);在显示器上会输出什么呢？

提示：

（1）先按整型解码变量 ca，得到整数 57（字符 9 是 57 号字符），再将其转换成字符串"57"，最后输出每个字符的字形码，显示器上会出字符 5 和字符 7 的形状。语句可理解成输出字符 9 的编号。

（2）字符型变量 ca 的值为最常用的控制字符：换行符。控制字符用于控制操作没有字形码。输出控制字符时，printf 函数会执行特定的"控制动作"，因此这条语句会把输入/输出光标定位到下一行的开始位置（相当于按下了键盘上的 Enter 键）。

多数控制字符不能通过键盘输入，不过换行符是个例外，换行符对应于 Enter 键。有语句 scanf("%c",&ca);，当用户直接按 Enter 键时，字符型变量 ca 的值就是换行符（Enter 键）。

小知识：

在基于 Windows 操作系统的编译程序中，"Enter 键"用"\n"表示；在基于 UNIX 操作系统的编译程序中，"Enter 键"用"\r"表示。

例 2-14 字符型数据的输入/输出。

```
#include <stdio.h>
void main()
{
    char ca,cb,cc,cd;
    scanf("%c%c%c%c",&ca,&cb,&cc,&cd);
```

```
printf("(ca)%c(cb)%c(cc)%c(cd)%c",ca,cb,cc,cd);
printf("(ca)%d(cb)%d(cc)%d(cd)%d\n",ca,cb,cc,cd);
ca = \b ;
printf("Hello!%c,C!\n",ca);
}
```

运行情况如图 2-13 所示。

分析：

图 2-13　例 2-14 运行情况

格式字符为 c 时，用户按下的每个键都是字符，如输入的 999 会被认为是三个字符 "9"。输入 "Z　e↙" 时，用户实际上输入了四个字符 "Z"、" "（空格）、"e" 和 "\n"，因此字符型变量 cd 的值为字符 "\n"。

第一条 printf 函数调用语句中把占位序列 %c 替换成相对应的字符后得到的字符串为 "(ca)Z(cb)(cc)e(cd)\n"。

转义序列 \b 是控制字符，用于 "退格"，可将输入/输出光标移到本行的前一列。

讨论：

（1）利用 scanf 函数给多个整型变量赋值时，空格字符有时可用于分隔一次输出的多个整数。给字符型变量赋值时，scanf 函数怎样处理空格字符？

（2）当字符变量 ca 的值为 \b 时，分析语句 printf("Hello!%c",ca);的输出结果。

在 C 语言标准输入/输出库（stdio.h）中，有两个专用于字符型数据输出和输入的函数：putchar 函数和 getchar 函数。

putchar 函数的功能是向输出设备输出一个字符。它可以输出字符型变量，也可直接输出字符型字面量。使用时，把欲输出的字符数据作为 putchar 函数的实参即可。

例 2-15　使用 putchar 函数。

```
#include <stdio.h>
void main()
{
    char ca = 'H' ,cb = 'i' ,cc = '\n' ;
    putchar(ca);putchar(cb);putchar(',');
    putchar(cc);putchar('C');putchar('!');
}
```

图 2-14　例 2-15 运行情况

运行情况如图 2-14 所示。

getchar 函数的功能是获得用户输入的一个字符，并把字符的 ASCII 码作为函数的返回值。

例 2-16　使用 getchar 函数。

```
#include <stdio.h>
void main()
{
    char c;
    c = getchar();
    putchar(c);
}
```

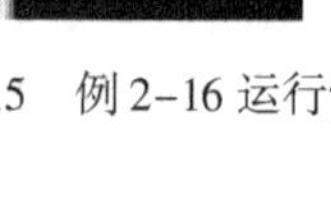

图 2-15　例 2-16 运行情况

运行情况如图 2-15 所示。

分析：程序执行到语句 c = getchar( );时，getchar 函数被调用，程序暂停运行等待用户输入数据。只有当用户按 Enter 键表示本次输入完成时，getchar 函数才返回。

提示：

（1）即使用户输入的是 zzj ↙，getchar 函数也只返回第一个字符 z。

（2）语句 printf("%c",ca)；可以用语句 putchar(ca)；代替，语句 scanf("%c",&ca)；可以用语句 ca = getchar()；代替。

2.5 printf 函数的使用

printf 函数常见的调用方式为：

printf(格式字符串,输出列表)；

printf 函数将格式字符串产生的"输出字符串"在指定的输出设备（通常为显示器）上显示。"输出字符串"中的普通字符以输出字形码的方式"显示"，控制字符以执行特定操作的方式"显示"。

格式字符串由三类字符（串）组成：普通字符、转义序列和占位序列。普通字符和转义序列的相关字符会直接作为输出字符串的一部分，而占位序列则需要把输出列表中的值转换为相应的字符串后才能作为输出字符串的一部分。有时也把占位序列称为格式字符串。

占位序列的组成：%[修饰标记][域宽][.精度][长度修饰符] 格式字符。

方括号中的部分可选，但可选项的次序是固定的。

长度修饰符有 l 和 h；．精度修饰符通常用 .n 形式表示。域宽修饰符通常用 m 表示，m 为一个正整数，限定了占位序列转换后的字符串的最小长度（字符个数），即最少有 m 列（个字符）。当长度不足 m 列时，需要在实际字符串的左端或右端添加填充字符以凑够 m 列。填充字符由修饰标记规定，默认为空格。填充字符出现在实际字符串的左端时，称右对齐；填充字符出现右端时，称左对齐。对齐方式由修饰标记规定，默认为右对齐，当修饰标记为负号（-）时，为左对齐。

有语句 printf("%d",23)；，与占位序列%d 对应的整数是 23，占位序列转换后的字符串是 "23"，长度为 2 列。原语句等同于 printf("23")；。

有语句 printf("%3d",23)；，占位序列%3d 中的整数 3 就是域宽。域宽为 3 要求占位序列转换后的字符串至少 3 列，因此需在实际字符串"23"中添加填充字符以凑够 3 列。占位序列中没有修饰标记时，对齐方式默认为右对齐且填充字符为空格（在强调空格字符时，本书用·字符代替空格），故需在实际字符串的左端添加空格。转换后的字符串为"·23"，原语句等同于 printf("·23")；。

例 2-17 有 float f = 123.0;int j = 123;，分析下面语句的输出结果。

（1）printf("%11.2e\n",f)；

（2）printf("%11.2f\n",f)；

（3）printf("%-11.2e\n",f)；

（4）printf("%-11.2f\n",f)；

（5）printf("%11d\n",j)；

（6）printf("%-11d\n",j)；

（7）printf("%-1d\n",j)；

分析：

（1）与占位序列%.2e 相对应的字符串为"1.23e+002"，长度为 9。原语句占位序列中的 11 为域宽，该字符串还需添加 2 个字符。没有修饰标记，右对齐，需要在左端添加 2 个空格字符，故占位序列转换后的字符串为"··1.23e+002"。原语句等同于 printf("··1.23e+002\n")；。

（2）原语句等同于 printf("·····123.00\n")；。

（3）修饰标记负号 - 规定对齐方式为左对齐，因此占位序列转换后的字符串为"1.23e+002··"。

（4）原语句等同于 printf("123.00·····\n")；。

（5）原语句等同于 printf("……123\n");。

（6）原语句等同于 printf("123……\n");。

（7）与占位序列 %d 对应的字符串为 "123"，长度为 3。占位序列中域宽为 1，要求转换后的字符串至少 1 列，而字符串 "123" 符合要求，因此转换后的字符串就是 "123"。由于不需要添加填充字符，故对齐方式对转换后的字符串没有产生影响。

上面语句的输出如图 2-16 所示。

提示：

（1）格式化输入/输出的详细介绍参见附录 B。

尽管分析了 printf 函数的 "执行过程"，但还需着重理解 printf 函数的作用。

图 2-16　例 2-17 语句的输出

语句 printf("%c"', å);输出了字符 a；

语句 printf("%d"', å);输出了字符 a 的编号；

语句 printf("%c", 90);输出了编号为 90 的字符（即 90 号字符）；

语句 printf("%d", 90);输出了整型字面量 90 的值。

2.6　典型例题

例 2-18　输入数据为 5 23 1.23 7.89e2↙时，分析下面程序的输出。

```c
#include <stdio.h>
void main()
{
    char c;
    short i;
    float f;
    double lf;
    scanf("%c%hd%f%lf",&c,&i,&f,&lf);
    printf("z%c%hd%11.2e% -5.0fz\n",c,i,f,lf);
}
```

图 2-17　例 2-18 运行情况

分析：

由格式字符可知，scanf 函数需要用户输入一个字符、一个 short 型整数、一个单精度数和一个双精度数，因此用户输入的数据 5 23 1.23 7.89e2↙将被理解成字符 5、整数 23、单精度小数 1.23 和双精度小数 7.89e2，其中的空格是数据间正常的分隔符，将被忽略。

分析输出结果时，须正确求出每个占位序列转换后的字符串。

运行情况如图 2-17 所示。

讨论：

（1）把语句 scanf("%c%hd%f%lf", &c, &i, &f, &lf);改为 scanf("%hd%c%f%lf", &i, &c, &f, &lf);后，当用户的输入为 23 5 1.23 7.89e2↙时，程序的输出有无改变？

（2）字符型数据与其他类型数据混合输入时应注意什么问题？

例 2-19　倒序输出用户输入的一个 3 位正整数，如用户输入 123，程序输出 321。

分析：

如表 2-3 所示。

可设计如下的处理步骤。

表 2-3　输出情况分析

	第一次	第二次	第三次	
用户可能的输入	123	789	523	n
程序预期的输出	321	987	325	?

① 提示用户输入一个 3 位的正整数；

② 用 short 型变量 i 保存用户的输入；

③ 求出变量 i 的倒序数；

④ 输出倒序数。

可以通过算术运算求出变量 i 的倒序数。还可以求出变量 i 各位上的数，然后在显示器上呈现出倒序数，如 printf("%d%d%d",3,2,1);；或者用算式求出倒序数，如 printf("%d",3*100+2*10+1);。

下面换一种思路解决这个问题。

看到提示信息后，若用户输入 123↙，当语句为 scanf("%hd",&i);时，用户输入了整数 123；当语句为 scanf("%f",&f);时，用户输入了小数 123.0；……

分析下面的程序。

```c
#include <stdio.h>
void main()
{
    char cb,cs,cg;
    printf("请输入一个三位正整数:\n");
    scanf("%c%c%c",&cb,&cs,&cg);
    printf("整数%c%c%c 倒序后是%c%c%c\n",cb,cs,cg,cg,cs,cb);
}
```

请输入一个三位正整数:
123
整数123倒序后是321

图 2-18　输入一个 3 位正整数后运行情况

程序的运行情况如图 2-18 所示。

讨论：

当用户输入 230，程序会怎样输出？

例 2-20　字符型变量能参与算术运算吗？

分析：

现实世界中字符是非数值型数据不能参与算术运算，字符 a 加 1 是没有意义的。在 C 语言中字符型又可看作整型，字符型变量显然可以参与算术运算。如有 char ca = 'a';，尽管字符型变量 ca 的值是一个整数，但通常只强调它的值是字符 a。

由于"不知道"变量 ca 的值是哪个整数，因此不能从数学的角度理解算式 ca+1，需从"字符"的角度理解 ca+1。变量 ca 的值为字符 a 时，算式 ca+1 表示与字符 a 相邻的下一个字符（字符 b），尽管查表可知算式的最终结果是 98。

可以用编程的方式验证字符型变量能否作为整型变量使用。只有整型数据才能参与求余数运算，如果 ca%2 不出错，就能证明在 C 语言中可以把字符型看成整型。程序中还分别从编号和字符两个角度输出了 ca+1 的值。

```c
#include <stdio.h>
void main()
{
    char ca = 'a';
    printf("%d\n",ca+1);
    printf("%c\n",ca+1);
    printf("%d\n",ca%2);
}
```

图 2-19　程序运行正常的输出情况

程序运行正常，输出情况如图 2-19 所示。

讨论：

（1）设字符型变量 ca 存储了一个小写字母，如何用算式表示与之对应的大写字母？怎样理解

算式 à ⊥ Á 的意义？

（2）作为整型的字符型有什么特点？（编码长度，取值范围。）

知识扩展

1. 输入缓冲区

有 short 型变量 j，用语句 scanf("%hd",&j);获得用户输入的一个整数，如果用户输入两个整数之后才按 Enter 键（如用户输入 5 23 ↙），会发生什么情况？

可以编程验证。

```
#include <stdio.h>
void main()
{
    short j;
    scanf("%hd",&j);
    printf("%hd\n",j);
}
```

图 2-20　程序的运行情况

程序的运行情况如图 2-20 所示。

由程序的输出可知，变量 j 的值为用户输入的第一个整数 5，也就是说，如果用户输入了多于 scanf "所需要" 的数据，scanf 函数会获得用户先输入的数据。

接下来的问题：用户输入中多余的数据会丢失吗？继续编程验证。

```
#include <stdio.h>
void main()
{
    short j,k;
    scanf("%hd",&j);
    printf("%hd\n",j);
    scanf("%hd",&k);
    printf("%hd\n",k);
}
```

图 2-21　程序的运行情况

当用户输入 5 23 ↙时，程序的运行情况如图 2-21 所示。

由程序的运行情况可知，第一行是用户输入的数据；第二行是程序中第一次 printf 函数调用的输出结果；第三行是第二次 printf 函数调用的输出结果。由分析输出可知，变量 k 的值为 23，用户输入的多余数据没有丢失。

scanf 函数被调用执行了两次，程序应暂停两次以等待用户输入数据，但是，分析程序的运行情况就会发现，第一次调用执行 scanf 函数时程序暂停了，但用户输入完成后，第二次调用执行 scanf 函数时，程序并没有暂停，为什么呢？

再次运行程序，当程序第一次暂停等待用户输入时，输入 5 ↙，程序的运行情况如图 2-22 所示。

显然，当用户输入 5 ↙时程序会再次暂停执行。通过对比程序的两次执行情况，可以发现程序是否再次暂停执行等待用户输入与程序第一次暂停时用户输入数据的多少有关。

图 2-22　输入 5 后程序的运行情况

程序暂停执行等待用户输入时，用户输入的全部数据会保存在一块称作输入缓冲区的内存中。scanf 函数不能直接获得用户输入的数据，只能到输入缓冲区中读取数据。如果输入缓冲区中有数据，scanf 函数将直接从输入缓冲区中取出数据完成赋值操作然后返回，在这种情况下，程序并不会暂停执行；如果输入缓冲区中没有数据，程序将暂停执行并等待用户向输入缓冲区中输入数据，当用户输入完成后（按 Enter 键后），scanf 函数会再次尝试到输入缓冲区中读取数据。由于输入缓冲区的存在，用户输入的多余数据不会"丢失"，而且 scanf 函数也并非每次执行都要暂停程序让用户输入数据。

还有问题：字符型专用的输入函数 getchar 与 scanf 函数共用一个输入缓冲区吗？

验证程序如下：

```
#include <stdio.h>
void main()
{
    short j;
    char ca;
    ca = getchar();
    printf("%c\n",ca);
    scanf("%hd",&j);
    printf("%hd\n",j);
}
```

图 2-23　程序的运行情况

程序运行情况如图 2-23 所示。

程序开始运行时，输入缓冲区为空，当 getchar 函数被调用执行时，它在输入缓冲区中找不到数据，因此程序暂停执行并等待用户输入数据。如程序运行情况中的第一行所示，当用户输入 z 23 ↙后，getchar 函数通过输入缓冲区获得了用户输入的字符 z。程序继续执行，printf 函数输出了变量 ca 的值，即第二行显示了字符 z。紧接着 scanf 函数被调用执行。由运行情况可知，程序并没有暂停执行让用户输入数据；由程序运行情况中的第三行可知，变量 j 被 scanf 函数赋值为 23，而 23 是刚才程序暂停时用户输入的"多余的"数据。可见，getchar 函数与 scanf 函数使用同一个输入缓冲区。

2. scanf 函数对空格符或换行符的处理

遇到空格符或换行符（字符\n）时，scanf 函数的处理分两种情况。第一种情况发生在数据识别正在进行时，即已经有了成功匹配的字符和识别结果。有 scanf("%d",&j);，当用户输入 23 ↙时，用户实际上只是输入了三个字符：字符 2、字符 3 和字符\n。由于是格式字符 d，scanf 函数会认为用户需输入一个十进制整数。scanf 函数会依次识别输入缓冲区中用户输入的字符，还会从输入缓冲区中取走匹配成功的字符。首先是字符 2，匹配成功，此时识别的结果为整数 2，即 scanf 函数认为用户输入了整数 2，继续识别字符；接着是字符 3，也匹配成功，此时识别的结果为整数 23，即 scanf 函数认为用户输入了整数 23，继续识别；接下来是字符\n，此时就属于第一种情况，即在识别进行中遇到字符\n，scanf 函数会认为此次识别操作已成功完成，并把识别结果即整数 23 作为最终的结果赋值给变量 j，结束此次的识别操作。需注意：scanf 函数并不取走字符\n，scanf 函数结束执行后，输入缓冲区中还有一个字符\n。在识别进行中如遇到空格符，scanf 函数会执行同样的操作。

第二种情况发生在开始匹配时，scanf 函数会根据格式字符选择不同的操作。当格式字符为 c 时，scanf 函数会把遇到的空格符或换行符作为有效数据，取走字符并赋值给变量；如格式字符不是 c，scanf 函数会取走并忽略空格符或换行符，然后再次开始识别。

验证程序如下：

```
#include <stdio.h>
void main()
```

```
{
    short j;
    char ca;
    scanf("%c%hd",&ca,&j);
    printf("%c,%hd\n",ca,j);
    scanf("%hd%c",&j,&ca);
    printf("%c,%hd\n",ca,j);
}
```

图 2-24　程序执行情况

程序执行情况如图 2-24 所示。

由输出可知，语句 scanf("%c%hd",&ca,&j);正确地把用户输入的一个字符和一个整数赋值给了相关的变量。

对于语句 scanf("%hd%c",&j,&ca);，用户输入 23 z↙时，scanf 函数先根据格式字符 d 成功匹配了字符 2 和字符 3；遇到空格符后，它结束了本次识别，变量 j 的值变成了 23。再次开始识别时，scanf 函数首先遇到了仍然留在输入缓冲区中的空格符，由于格式字符为 c，scanf 函数就从输入缓冲区中取走了空格符并赋值给了字符型变量 ca，因此字符型变量 ca 的值为空格符而不是字符 z。

找出下面程序中的逻辑错误。

```
#include <stdio.h>
void main()
{
    short i,j;
    char ca;
    printf("请输入两个整数!\n");
    scanf("%hd%hd",&i,&j);
    printf("%hd + %hd = %hd\n",i,j,i + j);
    printf("请输入一个小写字母!\n");
    ca = getchar();
    printf("大写字母为:%c\n",ca - ('d -' A ));
}
```

3. 匹配不成功对 scanf 函数的影响

由例 2-3 中可知，遇到非法字符导致匹配不成功时，scanf 函数会立即结束本次匹配，但是当刚开始匹配就遇到非法字符时，scanf 函数会对相关变量赋值吗？验证程序如下：

```
#include <stdio.h>
void main()
{
    short j;
    printf("变量原始状态:%hx\n",j);
    scanf("%hd",&j);
    printf("变量赋值后的状态:%hx\n",j);
}
```

图 2-25　程序的运行情况

程序的运行情况如图 2-25 所示。

用户输入的字符为 z，当格式字符为 d 时，它是个非法字符。scanf 函数在匹配刚开始就遇到了非法字符，匹配不成功，scanf 函数会立即结束本次匹配。从程序的输出结果可知，由于没有成功匹配任何字符，变量 j 的存储状态没有任何改变。

不成功的匹配会影响到下一次的输入吗？

验证程序如下：

```
#include <stdio.h>
```

```
void main()
{
    short j,k;
    printf("变量原始状态:%hx,%hx\n",j,k);
    scanf("%hd%hd",&j,&k);
    printf("变量赋值后的状态:%hx,%hx\n",j,k);
}
```

图 2-26　验证程序匹配运行情况

程序的运行情况如图 2-26 所示。

从程序的输出结果可知，不成功的匹配影响了接下来的输入操作。即使输入了正确的数据 23，变量 k 的值依然没有任何改变。但是，这个结论不是问题的关键。对比下面的程序。

```
#include <stdio.h>
void main()
{
    short j,k;
    printf("变量原始状态:%hx,%hx\n",j,k);
    scanf("%hd",&j);
    scanf("%hd",&k);
    printf("变量赋值后的状态:%hx,%hx\n",j,k);
}
```

图 2-27　程序的运行情况

程序的运行情况如图 2-27 所示。

程序中先调用 scanf 函数让计算机获得用户输入的一个整数，当用户输入字符 z 时，匹配不成功，scanf 函数不会对变量 j 赋值。由程序的执行情况可知，第二条 scanf 函数调用语句执行时，输入缓冲区中有数据。匹配不成功时，非法字符 z 会留存在输入缓冲区中。scanf 函数调用执行时，函数会访问输入缓冲区，由于其中有数据（字符 z），scanf 函数不再暂停程序让用户输入数据，直接开始匹配输入缓冲区中的数据。匹配仍然不成功，因此变量 k 的值同样没有改变。

对比分析下面的程序：

```
#include <stdio.h>
void main()
{
    short j,k;
    char ca;
    scanf("%hd",&j);
    scanf("%c",&ca);
    printf("(ca)%c\n",ca);
    scanf("%hd",&k);
    printf("(k)%hd\n",k);
}
```

图 2-28　程序的运行情况

程序的运行情况如图 2-28 所示。

4. 输入多个数据，数据之间的分隔

scanf 函数常见的调用方式为：scanf(格式字符串,输入列表);

scanf 函数中的格式字符串通常由"占位序列"和普通字符组成。格式字符串"%d,%d"中的%d 是"占位序列"，两个%d 中间的逗号就是一个普通字符。用户输入的数据必须与 scanf 函数中的格式字符串完全对应。如果 scanf 函数的格式字符串为"%d,%d"，则用户输入的数据必须由一个整数形式的字符串（对应于第一个%d）、一个逗号（对应于中间的逗号）和一个整数形式的

字符串构成（对应于第二个%d），如 23，32。测试程序如下：

```
#include <stdio.h>
void main()
{
    short j,k;
    scanf("%hd,%hd",&j,&k);
    printf("%hd:%hd\n",j,k);
}
```

图 2-29　程序运行情况

程序运行情况如图 2-29 所示。

讨论：

scanf 函数如何匹配用户输入的数据？

5. 验证程序中变量的实际值是确定的

语句 short i = -1;中，变量 i 的实际值为 -1，且它的存储状态为 16 个 1。无符号 65535 的 2 字节的存储状态也为 16 个 1，变量 i 的实际值会不会是 65535 呢？

由编码知识可知，变量 i 的实际值是 -1。即使不熟悉编码知识，变量 i 的实际值也不可能是 65535，因为 short 型变量的取值范围为 -32768 ~ 32767。下面编程验证变量 i 的实际值是 -1 的过程仅为了说明学习 C 语言时应养成"大胆猜测，小心求证"的好习惯。

方法一：让变量 i 加 1。如果变量 i 的值为 -1，则 i+1 的值为 0；如果变量 i 的值为 65535，则 i+1 的值为 65536；根据输出结果就可以证实变量 i 的实际值。测试程序如下：

```
#include <stdio.h>
void main()
{
    short i = -1;
    printf("%hd,%hu\n",i+1,i+1);
}
```

程序的输出如图 2-30 所示。

由程序的输出全为 0 可以证实变量 i 的值为 -1 吗？

不可以。因为格式字符 hu 对应于无符号短整型数据，用格式字符 hu 输出的数据仅限在 0 ~ 65535 之间，根本不可能输出 65536。把程序中的加 1 改为减 1（printf("%hd,%hu\n",i-1,i-1);）程序的输出如图 2-31 所示。

图 2-30　程序的输出 　　　　　　图 2-31　减 1 后程序的输出

由此输出可知，这个方法不能证实变量 i 的值是确定的。

讨论：

（1）程序为何有这样的输出？

（2）对比分析下面的程序。

```
#include <stdio.h>
void main()
{
    unsigned short i = 65535;
    printf("%hd,%hu\n",i-1,i-1);
}
```

方法二：让变量 i 除以 2。如果变量 i 的值为 65535，则 i/-2 的商为 -32767；如果变量 i 的值为 -1，则 i/-2 的商为 0。测试程序如下：

```
#include <stdio.h>
void main()
{
    short i = -1;
    printf("%hd\n",i/-2);
}
```

图 2-32　程序的输出结果

程序的输出结果图 2-32 所示。

由 i/-2 的结果为 0 可知变量 i 的实际值为 -1，而不会是 65535。

讨论：

如有 unsigned short i = -1;则 i/-2 的值会是多少呢?

练习 2

1. 分析下面程序的输出。

```
#include <stdio.h>
void main()
{
    short j =50000;
    unsigned short uj =50000;
    printf("%hd,%hu\n",j,uj);
}
```

2. 负数可以赋值给不能取负值的无符号整型变量吗? 分析下面程序的输出。

```
#include <stdio.h>
void main()
{
    unsigned short j = -1;
    printf("%hu\n",j);
}
```

3. 按升序（从小到大）排列下面的整型字面量。

Oxac　0253　169　-027　-0X20

4. 分析下面的程序。

```
#include <stdio.h>
void main()
{
    short i,j,k;
    scanf("%hd%hd%hd",&i,&j,&k);
    printf("%hd,%hd,%hd\n",i,j,k);
}
```

（1）用户的输入为 23　-023　-0x23 ↙，写出程序的输出结果。

（2）将语句 scanf("%hd%hd%hd",&i,&j,&k);改为 scanf("%hd%ho%hx",&i,&j,&k);，用户的输入数据不变，再次写出程序的输出结果。

5. 设 long j =2147483647;则 j +1 的值是多少呢? 如果变量 j 的值为 -2147483648，则 j-1 的值又是多少呢? 通过编程验证，并讨论"计算机中的整数构成一个环"这句话的意思。

6. 指出下面数据中不合法的浮点型字面量。

233.0，791E+2，2. e3，2e3，12e2.0，3.，0.791E-2，.8

7. 改正下面程序中的错误。

```
#include <stdio.h>
void main()
{
    double lfd;
    scanf("%e",&lfd);
```

```
    printf("%e\n",lfd);
}
```

8. 分析下面程序的输出。

```
#include <stdio.h>
void main()
{
    float fa =3.11,fb =3.12;
    printf("%.2f\n",fa + fb);
    printf("%.2f\n",6.23);
}
```

把%.2f 替换为"%.8f"和"%.18f"后，再次分析输出结果。

提示：

（1）变量 fa 的实际值是 3.11 吗？怎样编程查看变量 fa 的实际值？

（2）查看下面输出语句的输出。

```
printf("(3.11)%.18f + (3.12)%.18f = %.18f \n",fa,fb,fa + fb);
printf("(6.23)%.18f \n",6.23);
```

9. 编程验证 C 语言中 3/2 的值为 1，并求出 3.0/2.0，3.0%2.0，1/3 * 3 的值。

10. 怎样理解浮点型的精度。

提示：

（1）浮点型不出现误差的情况。

（2）精度对浮点型变量使用的影响。

11. sizeof 是一个操作符，可用于求一个变量相关存储单元的字节数或者数据类型的编码长度（以字节为单位）。分析下面程序的运行结果。

```
#include <stdio.h>
void main()
{
    int i =5;
    printf("int(字节数):%d\n",sizeof i);
    printf("long double(字节数):%d\n",sizeof(long double));
    printf("23(字节数):%d\n",sizeof 23);
}
```

12. 分析 ASCII 码表的编码规律。

13. 根据 ASCII 码表分析下面程序的输出。

```
#include <stdio.h>
void main()
{
    printf("\x48 \145 \x6c \154 \157 \x2c \103 \41 \n");
}
```

14. 写出下面程序的输出，并分析输出结果。

```
#include <stdio.h>
void main()
{
    char ca = 0 ;
    printf("%c,%d\n",ca,ca);
}
```

15. 控制字符的输出与普通字符的输出有何不同？

16. 分析下面程序的输出，讨论转义序列\t、\b 和\r 的作用。

```
#include <stdio.h>
void main()
{
    printf("%d\t%d\t%d\n",23,23,23);
    printf("%d\t%d\t%d\n",232323,123456789,23);
    printf("%d\b%d\n",23,56);
```

```
    printf("%d\r%d\n",123,56);
}
```

17. 把用户输入的一个整数和一个字符分别存入 short 型变量 j 和字符型变量 ca 时，语句 scanf("%c%d"，&ca,&j);和语句 scanf("%d%c"，&j,&ca);有无区别？

18. 把 char 型看成码长为一个字节的整型时，VC 6.0 中 char 型是有符号整型还是无符号整型呢？

提示：

（1）如果 char 型是有符号整型，则它的取值范围是多少？无符号整型呢？

（2）如果 char 型是有符号整型（字符型），可以用 unsigned char 定义无符号整型（字符型）吗？

19. 语句 printf("%d"，á –' A);的输出值是多少呢？有什么实际意义？设 char 型变量 ca 的值为字符 a，语句 printf("%c",ca – 32);会输出什么字符？分析语句 printf("%c",ca – 32);和语句 printf("%c",ca –(á –' A));及语句 printf("%c",ca –' á +A));。

20. 比较算式 5 * 5 和 5 ∗ 5。设 char 型变量 ca 的值是一个数字字符，用什么样的算式可以得到与之对应的整数？

21. 例 2–19 的程序能否输出倒序数加 1 的和？怎样求出倒序后的整数？

提示：

（1）考虑用户输入 987 时程序预期的输出。

（2）根据练习 2.20 由每位上的数字得到对应的整数，再用算式求出倒序后的整数。

22. 阶乘函数的功能是求一个整数的阶乘，输入一个整数，函数输出该整数的阶乘。在定义阶乘函数时，函数的返回值类型应选用什么类型呢？用 short 型作函数的返回值类型时，阶乘函数最大只能输出哪个整数的阶乘？分别用 unsigned short、long、unsigned long、float 和 double 作函数返回值类型时，情况又怎样呢？

本章讨论提示

编程验证时发现 j/ –1 的值竟然是 0！ –1 是什么类型的字面量？变量 j 是什么类型的变量？ –1 和变量 j 类型相同吗？计算机能直接计算吗？第 3 章将详细分析此类表达式的求值过程。

第3章 表 达 式

章节导学

代数式等算式在 C 语言中称作表达式。用操作符把操作数连接起来符合语法的式子就是表达式。表达式 a = 3 + a 中的 " = " 和 " + " 是操作符，3 和 a 是操作数，其中，3 是整型字面量，标识符 a 是变量。

C 语言中每个表达式都有一个确定的值。即使表达式 a = 3 的作用是为变量 a 赋值，它也表现为一个具体的值，计算机在赋值的同时也会求表达式 a = 3 的值。与有返回值函数的执行结果类似，表达式最终的执行结果也表现为一个具体值。

数学中有 "先乘除后加减；只有乘除或加减时，从左向右计算" 的运算规则。规则既规定了操作符的优先级，又明确了操作符的结合性。C 语言表达式求值时，操作符命令的执行顺序由操作符的序列点、优先级和结合性决定。

种类繁多的操作符使得 C 语言不仅灵活，而且功能强大。C 语言中有许多常见的操作符如 + 、 − 、 > 、 = 等，也有一些特殊的操作符如 + + 、 − − 、?: 等。掌握每个操作符的功能、优先级和结合性是学好 C 语言表达式的关键。

操作符是 C 语言命令，其功能与计算机的执行密切相关。如操作符 = 的作用是赋值而并非比较相等；虽然操作符/的作用是进行除法运算，但由于计算机只对同类型数据进行运算，故 3/2 的结果是 1，而 3.0/2 的结果是 1.5。

记忆操作符的优先级时，刚开始可以只记操作符大概的级别（是高、中、还是低?）和相对的级别（乘法与加法，谁高谁低?）。思考是识记的前提，为什么这类操作符的优先级比那类操作符的高呢?

C 语言中有些表达式平常不多见，如 n > 5&&i% 3 = = 0、a = b = 23 等。分析表达式时，先根据序列点、优先级和结合性确定操作符的求值顺序，然后依次执行操作符命令。只要能求出表达式的值（操作符命令能执行），表达式就合法。

变量的类型在定义时就已经确定，表达式求值不会改变作为操作数的变量的类型。如果表达式中没有给变量赋值，则表达式求值也不会改变作为操作数的变量的值。

算法中的许多步骤都需翻译成 C 语言表达式，因此只有精通 C 语言表达式，才能熟练地用表达式指挥计算机解决实际问题。

程序中通常用多个表达式（语句）实现特定的功能，因此需在理解每个表达式（语句）求值（执行）过程和作用的基础上，思考程序的功能。

本章讨论

（1）表达式的值为什么通常保存在计算机的运算器中?

（2）计算用户输入的 3 位正整数的各位上的数之和时，有同学认为用表达式 n/100 + n% 100/10 + n% 10 更简洁。把它与例 3–16 所用的算法进行比较。

（3）练习 3.25 为什么用模拟的方法而不用数学公式求值?

（4）语句 printf(" % ld,% ld\n" ,(− 1u − 23)% − 2,(− 1u − 23)/ − 2); 和 printf(" % ld\n" ,(− 1 − 23)/ − 2); 会有什么样的输出结果?

3.1　概述

用操作符把操作数连接起来的，符合 C 语言语法规则的式子，称作表达式。单独的一个字面量或变量也是表达式。下面是一些 C 语言表达式示例。

```
i + (j - m/n)%5          n > 5&&i%3 == 0   a   x = y ++ %2
i > j?n = 2 :n = -2      n >>= 2   23      x = 3,y *= 6,89 + 56
```

表达式由操作符和操作数组成。操作符也称运算符，是一种表示对数据进行何种处理的符号，如 + ， - ， * ， & 等。操作符处理的对象（数据）称为操作数。操作数可以是字面量、变量或返回一个具体值的函数调用等。上面的表达式中除字面量和标识符之外的符号都是操作符。C 语言操作符见表 3–1，也可参见附录 E。

根据所需操作数的个数，操作符可分为单目操作符（需一个操作数），双目操作符（需两个操作数）和三目操作符（需三个操作数）。根据功能，操作符可分为赋值操作符、算术操作符、关系操作符、逻辑操作符、位操作符和指针操作符等。操作符是 C 语言命令，种类繁多的操作符使得 C 语言既灵活又功能强大。

根据操作符的功能，C 语言表达式也相应地分为赋值表达式、算术表达式等。

讨论：

(1) 怎样确定表达式的类型？（表达式 a = 2/3 * (a + b) 是算术表达式，还是赋值表达式？）

(2) 表达式 2 + 3 * 5 中，操作符 + 的两个操作数是 2 和 3 吗？

提示：

(1) 列式求 3 减去 2 除 5 的商。列式求 3 减去 2 除 5 的差。怎样确定算术式求的是积、商、和、还是差？表达式中赋值操作符的优先级最低，赋值操作会最后进行，因此其是赋值表达式。

(2) 进行加法操作时，肯定不会计算 2 与 3 的和，因此 2 和 3 不是操作符 + 的两个操作数。它的操作数一个是 2，另一个是？

表 3–1　C 语言操作符

优　先　级	操　作　符	名　　称	分　　类		结　合　性
1	( )	圆括号	下标		左结合
	[ ]	下标运算操作符			
	->	指向成员操作符	分量		
	.	成员操作符			
2	!	逻辑非操作符	逻辑	单目操作符	右结合
	~	按位取反操作符	位		
	++	自增操作符			
	--	自减操作符			
	-	负号操作符			
	(类型)	强制类型转换操作符			
	*	间接引用操作符	指针		
	&	取地址操作符			
	sizeof	求内存字节数操作符			
3	*	乘法操作符	算术	双目	左结合
	/	除法操作符			
	%	求余操作符			

优 先 级	操 作 符	名 称	分 类		结 合 性
4	+	加法操作符	算术	双目	左结合
	−	减法操作符			
5	<<	左移操作符	位	双目	左结合
	>>	右移操作符			
6	<	小于操作符	关系	双目	左结合
	<=	小于等于操作符			
	>	大于操作符			
	>=	大于等于操作符			
7	==	等于操作符	关系	双目	左结合
	! =	不等于操作符			
8	&	按位与操作符	位	双目	左结合
9	^	按位异或操作符	位	双目	左结合
10	|	按位或操作符	位	双目	左结合
11	&&	逻辑与操作符	逻辑	双目	左结合
12	||	逻辑或操作符	逻辑	双目	左结合
13	?:	条件操作符	条件	三目	右结合
14	= += −= *= / = % = >>=<<= & = ^= | =	赋值操作符	赋值	双目	右结合
15	,	逗号操作符	逗号	双目	左结合

C 语言中每个表达式都有一个确定的值及类型。所谓表达式的值是指按照规则，依次"执行"表达式中的操作符，最终所得到的结果。如表达式 3−2/5 求值时先算除法，2/5 的结果为 0，再算 3−0，得 3，整个表达式的值为 3，int 型。

表达式的求值规则为：优先级高的操作符先执行；相邻的同优先级操作符根据结合性确定执行顺序。乘除的优先级高于加减，因此"先乘除后加减"。由于加法操作符和减法操作符的结合性为左结合，因此"加减混合，谁在左边先算谁"。如果结合性为左结合，则按自左向右的顺序对相邻的同优先级操作符进行运算；如果结合性为右结合，则按自右向左的顺序进行运算。

当操作符有序列点时，表达式的求值顺序会受到影响。序列点的定义比较复杂，但序列点的作用可简单地概括为序列点左边的操作数（由子表达式构成的操作数）先于右边的求值。表达式求值时要考虑序列点的影响，因此有序列点的表达式中优先级低的操作符可能会比优先级高的先执行，一些操作符只有借助序列点的帮助才能发挥作用。表 3-1 中有序列点的操作符分别为逗号操作符、逻辑与操作符、逻辑或操作符和条件操作符的问号处。

讨论：

（1）C 语言中算术操作符的结合性和相对优先级为什么与数学中的一致？

（2）同优先级操作符的结合性为什么相同？

（3）表达式 3*a+5*b 中，应该先计算 3*a 还是先计算 5*b，为什么？

提示：

（1）C 语言是高级语言，算术运算应和人们的习惯保持一致。相对优先级是指某操作符的优先级相对于其他操作符的优先级是高还是低。

括号是具有最高优先级的操作符之一，因此可以用加括号的方式确定一个表达式的求值顺序，如表达式 3-2/5 的求值顺序为 (3-(2/5))。

例 3-1 查表确定下面表达式中各操作符的优先级和结合性，并用加括号的方式确定它们的求值顺序。

```
(1) i = j = k = 23
(2) - i + +
(3) n > 5 && i % 3 == 0
```

分析：

（1）表达式 i = j = k = 23 中只有一种操作符 =，因此求值顺序由它的结合性决定。操作符 = 的结合性为右结合，从右向左求值。表达式的求值顺序为 (i = (j = (k = 23)))。

（2）表达式 - i++ 有操作符 ++ 和操作符 -，应先确定操作符 - 是减法操作符还是负号操作符。这里的 - 是负号操作符，因为它只有一个操作数（变量 i），而减法操作符需要两个操作数。操作符 ++ 和操作符 - 优先级相同，且为右结合，因此表达式的求值顺序为 (- (i ++))。

（3）表达式 n > 5 && i % 3 == 0 中的操作符较多，按优先级从高到低排序为 %、>、== 和 &&，因此它的求值顺序为 ((n > 5) && ((i % 3) == 0))。

例 3-2 把数学中的代数式 $\dfrac{|a| + \sqrt{b^2 - x^y}}{5}$ 改写为 C 语言表达式。

分析：

代数式中表示数的字母在表达式中可以用同名的变量代替。

该代数式中有求绝对值运算、求平方根运算和求幂运算，由表 3-1 可知，C 语言中并没有此类功能的操作符。一些复杂的数学运算，如求平方根运算、求正弦值运算等，在 C 语言中用库函数实现了。求绝对值可用 fabs 函数，求平方根可用 sqrt 函数，求幂可用 pow 函数，求正弦值可用 sin 函数。有关数学运算的库函数归类在数学库中，在 math. h 头文件中声明。常用的 C 语言库函数见附录 D。

该代数式是分数形式，可以用除法改写。

综上所述，该代数式可以用 C 语言表达式 (fabs(a) + sqrt(b * b - pow(x,y)))/5 改写。

提示：

（1）编程时需用 include 命令把 math. h 头文件包含到程序中，上面的表达式才能正常求值。

（2）库函数 abs 和库函数 fabs 都可以求绝对值，两者有何区别？

在 C 语言表达式后面加一个分号（;），就变成了 C 语句，此类语句也称为表达式语句。计算机执行表达式语句的过程，就是根据规则对表达式"求值"的过程。

3.2 赋值表达式

3.2.1 赋值操作符

赋值操作符" = "是双目操作符、右结合，赋值操作符的优先级非常低（倒数第二）。赋值表达式的一般形式为：

变量 = 子表达式

求值时通常先计算出右边子表达式的值，再把值转换成变量的类型后存入变量所标识的存储单元。

提示：

（1）赋值操作符" = "应读做"赋值为"，而不能读做"等于"。

（2）赋值操作符" = "需完成把值存入存储单元的操作，因此其左边的操作数应为变量（存储单元），如 a' = 23、3 = i、i++=5 和 a + b = 23 等都不合法。

例 3-3 分析下面的程序。

```
#include < stdio.h >
void main()
{
    int i,j = 3;
    i = 1;
    i = i +1;
    j = i;
    printf("%d,%d\n",i,j);
}
```

分析：

赋值语句 i = 1；执行时，整型字面量 1 会赋值给变量 i（1 的编码会存储到变量 i 所标识的存储单元中），i 的值会变为 1。

赋值语句 i = i +1；执行时，加号的优先级高，先求子表达式 i +1 的值。i +1 求值时，变量 i 的值（1）会被取到运算器中；接着，运算器求出 i +1 的值为 2；最后，计算结果从运算器传回到变量 i 所标识的存储单元中，变量 i 值变为 2。

赋值语句 j = i；执行时，变量 j 的存储状态会被设置成和变量 i 的一致，变量 j 存储状态的改变将导致其值变为 2，但是，变量 i 的值并不会受此影响仍然为 2，因为在表达式求值过程中变量 i 的存储状态没有改变。

程序最终的输出结果为：2，2。

讨论：

（1）当把变量 i 的值赋给其他变量（如 j = i；）后，变量 i 的值还有吗？变量的值为什么会"取之不尽"？

（2）变量的值与什么相关？怎样才能使变量的值发生改变？

（3）语句 int i，j = 3；中 j = 3 是赋值操作吗？

提示：

（1）赋值语句 j = i；执行时，计算机只是检测一下变量 i 所标示存储单元的状态（相关导线上的开关是接通还是断开），赋值过程中变量 i 的存储状态并没有改变。

（2）变量的值取决于变量的类型和变量具体的存储状态，程序中变量的类型不会改变，因此只有变量的存储状态改变了，它的值才会发生改变。

（3）如果只关注最终的结果（即变量的存储状态），在定义变量时对其赋值与对定义后的变量进行赋值在 C 语言中没有区别，但是，在其他语言中（如 C ++ 中）两者可能是不同的操作，最终的结果也可能不同，因此通常把定义变量时的赋值操作明确为变量的初始化。

例 3-4 判断赋值表达式 i = j = k = 23（表达式中的变量均为整型）合法性。

分析：

方法一：按照规则对表达式求值，如果能得到一个值，表达式就是合法的；如果在求值的过程中出现了问题，表达式非法。

方法二：把表达式变成表达式语句，如果语句能通过编译，相关表达式就合法。

一定要养成人工执行源程序的好习惯，因此最好还是先利用方法一得出结论，不能确定结论是否正确时再利用方法二进行验证。

赋值操作符是右结合，故该表达式的执行顺序为(i = (j = (k = 23)))。子表达式 k = 23 是一个合法的赋值表达式。子表达式 k = 23 执行，变量 k 的值变成了 23，每个 C 语言表达式最终都会表现为一个值。计算机不仅会对变量 k 赋值，还会求出子表达式 k = 23 的值。VC 6.0 中赋值表达式的值表现为赋值操作数左边的变量，也就是说"变量 k"是表达式 k = 23 执行结果。子表达式 k = 23 执行之后，原表达式变为 i = （j = k）。

继续执行子表达式 j = k，执行后，变量 j 的值变成了 23，且变量 j 就是子表达式的执行结果。原表达式变为 i = j，最终原赋值表达式的值为变量 i，即 23，整型。此表达式合法。

语句 i = j = k = 23；的作用是把三个变量都赋值为整数 23，可以理解成 k = 23；、j = k；和 i = j；三条赋值语句的简写形式。

例 3-5 比较表达式 （a = 3 * 2） = 5 * 7 和表达式 a = 3 * 2 = 5 * 7。

分析：

表达式 （a = 3 * 2） = 5 * 7 求值时，括号的优先级最高，故先计算子表达式 a = 3 * 2，值为 a，原表达式变为 a = 5 * 7。该表达式求值时，变量 a 先被赋值为 6，后又被赋值为 35。

表达式 a = 3 * 2 = 5 * 7 中乘法操作符的优先级高，因此原表达式等价于 a = 6 = 35，即 a = （6 = 35）。子表达式 6 = 35 中赋值操作符的左操作数非变量，该子表达式不合法，因此原表达式 a = 3 * 2 = 5 * 7 也非法。

一个表达式合法，而另一个非法，两者自然也就没有了可比性。

提示：

（1）表达式 (a = 3 * 2) = 5 * 7 合法并不代表合理！

（2）在某些编译系统中赋值表达式的值为变量的值（如 23）而并非变量（如 k），语句 i = j = k = 23；应理解成 k = 23；、j = 23；和 i = 23；三条赋值语句的简写形式。当表达式 a = 3 * 2 的值为 6 而不是变量 a 时，赋值表达式 （a = 3 * 2） = 5 * 7 将变为 6 = 5 * 7，也不合法。

（3）例 3-5 仅用于演示怎样判断一个表达式是否合法。不必关注合法性与编译系统相关的表达式，因为此类表达式通常没有实际的作用，不应该出现在程序中。

3.2.2　类型不匹配时的赋值操作

所谓类型不匹配是指赋值表达式中右边子表达式的类型与左边变量的类型不一致。C 语言中字符型可看作码长一个字节的整型，这样一来，C 语言的基本数据类型就只有整型和浮点型两大类了。下面讨论几种类型不匹配时的赋值操作。

1. 整型之间相互赋值

简单的规则就是：所赋值在变量的取值范围之内时，赋值后，变量的值就变成了所赋值。所赋值超出变量的取值范围时，除了通过把无符号整型变量赋值为 - 1 的方式使变量的值变成最大的整数这个特例外，此类语句都有问题，不应出现在程序中。

如果赋值操作符左边整型变量与右边整型子表达式的编码长度相同，赋值时只是简单地进行存储状态的复制。如有 short i = - 1；unsigned short ui；，赋值语句 ui = i；执行后，变量 ui 的存储状态与变量 i 的相同，16 个 1，只是变量 ui 的值为 65535。

编码长度不同时，情况稍嫌复杂。

设整型变量 a，b，有赋值语句 a = b；。

如果变量 b 的编码长度小于变量 a，赋值时遵循的原则是赋值后变量 a 的值尽可能与变量 b 的值保持一致。具体地说，赋值后变量 a 低位复制变量 b 的存储状态，多出来的位，当变量 b 为非负数时，设置为 0；当变量 b 为负数时，设置为 1；即"符号位扩展"。

例 3-6 编码长度不同的整型间相互赋值。

```
#include < stdio.h >
void main()
```

```
{
    char c = 'a' ;
    short i = -1;
    unsigned short ui = 65535 ;
    long lc,li,lj;
    unsigned long uli,ulj;
    lc = c;
    printf("%c\t%ld\n",lc,lc);
    li = i;
    lj = ui;
    printf("(-1)%ld\t(65535)%ld\n",li,lj);
    uli = i;                         /*  uli 的值不可能与 i 的一致   */
    ulj = ui;
    printf("(-1)%lu\t(65535)%lu\n",uli,ulj);
}
```

分析：

图 3-1　例 3-6 输出结果

程序的输出结果如图 3-1 所示。

字符型变量 c 的值是字符 a 的编号 (97)，在长整型变量取值范围内，故 lc = c；执行后变量 lc 的值也是字符 a 的编号。当变量 lc 以%c 的格式输出时，格式字符 c 只解码位于低位一个字节，变量 lc 的值解码为字符 a 的编号，接着字符 a 的字形码被输出，于是窗口中出现了字符 a。

-1 和 65535 在长整型变量的取值范围之内，因此语句 li = i；和语句 lj = ui；执行之后，长整型变量 li 和 lj 的值分别为 -1 和 65535。

无符号长整型变量不可能取值 -1，因此语句 uli = i；有问题，但 -1 是个特例，这条语句执行之后，无符号长整型变量 uli 为最大的正整数 $2^{32} - 1$。

65535 在无符号长整型变量的取值范围之内，因此语句 ulj = ui；执行之后，变量 ulj 的值就是 65535。

如果变量 b 的编码长度大于变量 a 的，则赋值后变量 a 的存储状态只与变量 b 低位的一致，由于变量 a 只复制了变量 b 中的部分数据，因此变量 a 的值与变量 b 的值可能相差很大。这类赋值操作大多没有实际意义，程序中尽量不要出现。

讨论：

（1）有 char ca;，赋值语句 ca = 65；属于什么情况？

（2）语句 printf ("%c", 97);执行时会出现什么情况？

2. 整型与浮点型之间相互赋值

虽然都是 01 串，但整型和浮点型的编码规则不同，因此两者之间相互赋值时，不能简单地进行存储状态的复制。整型变量不能存储小数，用小数给整型变量赋值时，不仅要转换编码，而且还需把小数"变成"整数。

将浮点型数据赋值给整型变量时，浮点数的整数部分将赋值给整型变量。将整型数据赋给浮点型变量时，整型数据会表现为小数部分为 0 的浮点数。

例 3-7　整型和浮点型之间相互赋值。

```
#include < stdio.h >
void main()
{
    short i = -1,j;
    unsigned short ui = 65535;
    float fa = 2.3,fb,fc;
    j = fa;     /*j = 2.3;亦然 */
```

```
    fb = i;
    fc = ui;
    printf("%hd\t%f\t%f\n",j,fb,fc);
}
```

程序的运行结果如图 3-2 所示。

| 2 | −1.000000 | 65535.000000 |

图 3-2 例 3-7 程序的运行结果

赋值操作不会影响右边的子表达式的值，如程序中赋值语句 j = fa；执行时，变量 fa 似乎变成了整数 2，但赋值操作不会改变变量 fa 的类型和存储状态，变量 fa 依然是单精度 2.3。

3. 浮点型之间相互赋值

语句 float f = 0.1；和语句 double lf = 0.1；执行之后，单精度变量 f 和双精度变量 lf 的值都是 0.1 的近似值，但是变量 f 只能保证 6 ~ 7 位的精度，而变量 lf 可以保证 15 ~ 16 位的精度。语句 float f = 0.1；中，0.1 是 double 型的浮点型字面量，可以认为计算机中先用 8 字节的 double 型存储单元存储了 0.1，即这是一个可以保证有 15 ~ 16 位精度的 0.1 的近似值；然后，用这个近似值给单精度变量 f 赋值。赋值之后，变量 f 的值为一个可以保证有 6 ~ 7 位精度的 0.1 的近似值。

与 float f = 0.1；类似的语句通常会引起 VC 6.0 的警告。

Warning C4305 : ' initializing ' : truncation from ' const double ' to ' float '

用双精度型数据给单精度变量赋值时，编码长度由 8 字节截断成 4 字节，数据会损失精度。

讨论：

（1）单精度数据用双精度变量存储后，数据的精度会提高吗？

（2）编码长度由 4 字节扩充成 8 字节时，一个保证有 6 ~ 7 位精度的 0.1 的近似值，怎样才能变成一个可以保证有 15 ~ 16 位精度的 0.1 的近似值？

3.2.3 复合赋值操作符

赋值表达式 i = i + 1 可简写为 i += 1，其中操作符 += 称为复合赋值操作符。从表 3-1 可知，C 语言中大部分双目操作符都可以与赋值操作符组成复合赋值操作符，如与减法操作符组成的 −= 与除法操作符组成的 /= 、与求余操作符组成的 %= 等。构成复合赋值操作符的两个操作符中间不能有空格。i = i * （a + b）可简写成 i *= a + b，但类似 i = i * a + b 的表达式却不能用复合赋值操作符改写。

复合赋值操作符的优先级和结合性与赋值操作符的相同。

讨论：

（1）已知整型变量 j 的值为 2，分析表达式 j *= j + 3。

（2）已知整型变量 j 的值为 2，分析表达式 j + 2 += 3。

提示：

（1）表达式 j *= j + 3 中，加号操作符的优先级高，先计算加法，子表达式 j + 3 的值为 5，整型，原表达式变为 j *= 5。j *= 5 等价于 j = j * 5，即 j = 2 * 5。语句执行完毕后，变量 j 被赋值为 10，原表达式的值为 10，整型。

（2）表达式 j + 2 += 3 中，加号操作符的优先级高，先计算加法，子表达式 j + 2 的值为 4，整型，原表达式变为 4 += 3。4 += 3 等价于 4 = 4 + 3，赋值操作符左边不能为整数，子表达式 4 += 3 非法，故原表达式非法。

3.3　算术表达式

3.3.1　算术表达式求值

C 语言中的 +、−、*、/ 和 % 是算术操作符，用算术操作符和括号将操作数连接起来组成的表达式，称为算术表达式。C 语言中算术操作符的相对优先级和结合性虽然和数学中的定义一致，但由于操作数的类型有整型和浮点型之分，当类型不同的操作数混合运算时，正确求出算术表达式的值也并非易事。

只有类型相同的数据，计算机才能进行运算，因此类型不同的操作数在进行算术运算时会自动转换成类型相同的数据。类型转换的规则如下：

（1）float 型自动转换成 double 型，char 型自动转换成 int 型。如果 int 型码长 4 字节，则 short 型和 unsigned short 型也会自动转换成有符号 int 型。

（2）有符号整型与无符号整型混合运算时，有符号整型会被当作无符号整型，结果为无符号整型。

（3）整型与浮点型混合运算时，整型转换成 double 型，运算结果也是 double 型。

规则（1）是自动转换的，也就是说即使两个操作数都是字符型，它们也会转换成 int 型。运算在计算机的运算器中进行，而运算器的存储单元的长度固定，当字符型操作数被读取到运算器的存储单元中进行运算时，操作数的类型就会发生"自动转换"。

规则（2）有点复杂，通过一个例题分析。

例 3−8　有符号整型与无符号整型的混合运算。

① 有 unsigned short ui = 23；int j = −32；，那么 ui + j 的值大于 0 吗？

分析：

int 型的码长为 2 字节（TC 中）时，short 型就是 int 型，因此变量 ui 和变量 j 已经是 int 型了，可以直接运算。无符号数与有符号数混合运算时，结果也为无符号数。无符号数不小于 0，且 ui + j 的值不可能为 0，故 ui + j 的值大于 0。

int 型的码长为 4 字节（VC 6.0 中）时，long 型是 int 型，因此运算器求值时，unsigned short 型变量 ui 的值在读取到运算器后会根据规则（1）自动转换成有符号 int 型。因为运算器中参与计算的是同为有符号 int 型的 23 与 −32，所以它们的和为 −9，即 ui + j 的值小于 0。

② 有 unsigned long ui = 23；short j = −32；，那么 ui + j 的值大于 0 吗？

分析：

int 型的码长为 2 字节（TC 中）时，short 型就是 int 型，但变量 ui 为 4 字节的长整型，与变量 j 的类型不匹配，需要统一类型后才能求值。为了保证计算结果正确，应统一转换成长整型。无符号数与有符号数混合运算的结果为无符号数，而无符号数不小于 0，且 ui + j 的值不可能为 0，因此 ui + j 的值大于 0，类型为 unsigned long。

int 型的码长为 4 字节（VC 6.0 中）时，long 型是 int 型，因此求值时变量 j 的值会根据规则（1）自动转换成 int 型。无符号数与有符号数混合运算的结果为无符号数，而无符号数不小 0，且 ui + j 的值不可能为 0，故 ui + j 的值大于 0，类型为 unsigned long。

小知识：

（1）用同一台计算机求表达式 ui + j 的值，其结果会因编译系统的不同而不同，因此"运算器中用于暂存操作数的存储单元的长度"并非是指计算机中运算器的存储单元的实际长度，而是由编译程序规定的"逻辑长度"。

（2）当无符号短整型变量在运算中需转换成 4 字节的 int 型时，转换后新操作数是有符号数。

讨论：

（1）编译程序用 VC 6.0 时，计算机可以进行几类加法运算？

（2）何种情况下才算"无符号整型与有符号整型的混合运算"？

（3）表达式的求值操作会对操作数的原值和类型产生影响吗？

提示：

（1）int（long）型与 int（long）型的加法；unsigned int（unsigned long）型与 unsigned int（unsigned long）的加法；double 型与 double 型的加法。算加法时不仅要求加数的类型相同，而且还必须是规定的类型。

（2）两个整型操作数已经可以直接进行运算了，它们的类型分别为无符号整型和有符号整型。有 unsigned short ui = 23；int j = −32；，在 VC 6.0 中不能直接对 ui + j 求值，因此不能仅凭变量 ui 和变量 j 的类型，就认定 ui + j 是无符号整型和有符号整型的混合运算。

（3）表达式 j = 23 求值时变量 j 的值与类型受影响了吗？表达式 j = k + 23 求值时变量 j 和变量 k 受影响了吗？算术表达式通常在什么地方求值？

例 3−9 求下面算术表达式的值。

```
20 + 'a' + 5/2 + 12.6/3
```

分析：

表达式中除法操作符的优先级最高，求值时先算除法；计算完除法后，原表达式变为连加运算，加法运算符的结合性为左结合，因此自左向右进行加法运算。

先算子表达式 5/2，操作数类型相同，计算结果为 2，int 型。再算子表达式 12.6/3，操作数类型不同，3 需转换成 double 型 3.0，计算结果为 4.2，double 型。接着算子表达式 20 + 'a'，'a' 自动转换成 int 型 97，计算结果为 117，int 型。再算子表达式 117 + 2，操作数类型相同，计算结果是 119，int 型。最后算子表达式 119 + 4.2，操作数类型不同，119 转换成 double 型 119.0，结果是 123.2，double 型。

提示：

（1）字符 a 参与算术运算，且强调了其编号值 97，因此表达式没有实际意义。

（2）表达式的结果为 double 型，但并非开始求值时就将所有操作数的类型都转换成 double 型。

（3）表达式中究竟是 5/2 先算还是 12.6/3 先算的问题不能根据操作符的结合性来决定，因为两个除法操作符中间有个加法操作符，而结合性仅用于解决相邻的同优先级操作符怎样求值的问题。C 语言把先算哪个除法的决定权交给了具体的编译系统，不过，无论哪个除法先算，"合理"表达式的最终结果总相同。

3.3.2 强制类型转换操作符

如有 float f = 2.3；，编译程序会判定表达式 f%2 不合法，因为求余操作符 % 的操作数必须是整型。如有 int j；，语句 j = f；是合法的，执行后变量 j 的值为 2。浮点型变量 f 在赋值语句中可以根据需要"自动"表现为一个"整数"，但它在表达式 f%2 中却不会。可以利用强制类型转换操作符"强制"让一个浮点数表现为一个整数。

强制类型转换操作符的一般形式为：（类型名）操作数

其为单目操作符，操作结果是一个括号中给定类型的值。如有 int i = 5；，表达式（double）i 的值就是 5.0，double 型。

强制类型转换操作采用的处理原则与赋值操作类型不一致时的相同，如表达式（int）2.3 的结果为 2，int 型。由于强制类型转换操作符是单目操作符，故它的优先级是第 2 级。在表达式（int）

(3.2/2)中，左边的括号只是强制类型操作符的一部分，并非优先级最高的括号操作符；右边的括号操作符优先级最高，原表达式变为（int）1.6，最终结果为 1，int 型。

提示：

表达式(double)i 的"求值"操作发生在运算器中，结果 5.0 也保存在运算器中一个 double 型的存储单元中，表达式(double)i 的求值操作对原变量 i 没有任何影响。

在表达式(int)f%2 中，强制类型转换操作符 (int) 的优先级高于求余操作符%，子表达式(int)f 先求值，值是一个 int 型的数；当求余操作进行时，两个操作数都是 int 型，因此表达式(int)f%2 是合法的。

例 3–10 强制类型转换操作。

```c
#include < stdio.h >
void main()
{
    float fa = 2.3,fb,fc;
    int i;
    i = (int)fa;/* i = fa;也可 */
    fb = (float)(5/2);
    fc = (float)5/2;
    printf("%d\t%f\t%f\t%f\n",i,fa,fb,fc);
}
```

程序运行结果如图 3–3 所示。

```
2          2.300000          2.000000          2.500000
```

图 3–3   例 3–10 程序运行结果

分析：

语句 i = (int)fa;也可用语句 i = fa;代替，因为浮点型变量 fa 在赋值操作中会根据需要自动表现为整数。

表达式(float)(5/2)中，(float)是强制类型操作符，(5/2)中的括号操作符优先级最高，故子表达式(5/2)先求值；原表达式变为(float)2；最终结果为 2.0，float 型。

3.3.3　自增自减操作符

编程时经常需要将某变量的值增 1 或减 1，类似 i = i + 1 或 i = i - 1 的表达式有点麻烦，简洁一点的表达式如 i += 1 或 i -= 1，但 C 语言中最简洁的表达式为 i ++（++ i）或 i --（-- i）；其中，++ 是自增操作符，-- 是自减操作符。虽然表达式 i ++ 和 ++ i 的主要作用是使变量 i 的值增加 1，但这两个表达式最终也表现为一个值，并且它们的值不同。表达式 i ++ 的值是 i 的原值，而表达式 ++ i 的值是 i 加 1 后的新值。表达式 i -- 和 -- i 都可以使变量 i 的值减少 1，但它们的值也不同，表达式 i -- 的值是 i 的原值，而表达式 -- i 的值是 i 减 1 后的新值。

有 int i = -3, j;。表达式 j = ++ i 求值时，自增操作符 ++ 是单目操作符，优先级高于赋值操作符，因此子表达式 ++ i 先求值。子表达式 ++ i 求值时先把变量 i 的值加 1 变为 -2，再把变量 i 的新值 -2 作为子表达式 ++ i 的值，最后，执行赋值操作把变量 j 的值变为 -2。表达式 j = i ++ 求值时，子表达式 i ++ 的值为变量 i 的原值，即 -3，因此变量 j 的值变成了 -3，但子表达式 i ++ 求值时，变量 i 的值会自增 1 变为 -2。

例 3–11 自增自减操作符例题。

```c
#include < stdio.h >
void main()
{
```

```
    int i,j,m,n;
    i=j=-8.6;
    printf("%d,%d\n",i,j);
    m=--i;
    printf("%d,%d\n",i,m);
    n=j--;
    printf("%d,%d\n",j,n);
}
```

图 3-4 例 3-11
程序的输出结果

程序的输出结果如图 3-4 所示。

讨论：

（1）自增自减操作符只能用于变量，类似 2++，--（x+y）的表达式都不合法，为什么？

（2）如何理解自增表达式如表达式 j++？

提示：

（1）自增操作符会执行赋值操作。

（2）自增表达式的作用是把某个变量的值加 1，但作为表达式它本身又表现为一个值。当作为表达式的一部分时，自增表达式应理解为其本身的值。自增表达式的这种特点与赋值表达式的有点类似。赋值表达式和自增表达式在求值过程中会改变某个变量的值，常称这样的表达式为有"副作用"的表达式。

例 3-12 已知 int 型变量 i 的值为 -3，求表达式 -i++ 的值。

分析：

表达式 -i++ 中有两个操作符。只有一个操作数，操作符 - 是负号操作符，用于求相反数。由表 3-1 可知，负号操作符 - 与自增操作符优先级相同，且此优先级操作符的结合性为右结合，因此表达式 -i++ 的求值顺序为（-（i++））。子表达式 i++ 的值为 i 的原值即 -3，故表达式 -i++ 的值为 3，int 型。子表达式 i++ 求值时，变量 i 的值会自增 1 变为 -2。

表达式（-i）++ 求值时会变成 3++，非法。

3.4 逗号表达式

逗号操作符（,）是 C 语言中优先级最低的操作符，逗号表达式的一般形式为：

子表达式 1, 子表达式 2, ……, 子表达式 *n*.

逗号操作符是左结合。逗号表达式求值的过程是自左向右，先求解表达式 1，再求解表达式 2，……，最后求解表达式 *n*。最后求解的子表达式的值和类型也是整个逗号表达式的值和类型。

例 3-13 分析下面两个表达式。

（1）a=（a=3*5,a*4）   （2）b=a=3*5,a*4

分析：

表达式（1）中，括号操作符优先级最高，先求解括号里面子表达式的值，最后执行赋值操作，所以此表达式是一个赋值表达式。括号里面的子表达式为逗号表达式，求解时先求解子表达式 a=3*5，即把 15 赋值给变量 a，在求解子表达式 a*4 时，a 的值为 15，故 a*4 的值是 60，且 60 也是表达式 a=3*5,a*4 的值，当最后执行赋值操作时，60 会被赋给变量 a，整个表达式执行完毕后，a 的值是 60。

逗号操作符的优先级最低，故表达式（2）相当于（b=a=3*5），（a*4），是一个逗号表达式，最后求值的子表达式 a*4 的值就是的该逗号表达式的值。在子表达式 b=a=3*5 求值时，变量 b 和 a 均被赋值为 15，因此整个表达式的值为 60。

提示：

例 3-13 中，表达式（1）只能用来分析表达式的求值过程，程序中绝对不要出现类似的表达式。把简单的 a = 60 变得如此复杂实在没必要。

逗号操作符有序列点。含有序列点的表达式求值时要保证有序列点的操作符左边的操作数（由子表达式构成）先于其右边的操作数求值。表达式 3 * 2 + 3 - 2 中，由于 * 号的优先级高于 + 号，故 + 号左边的操作数为 3 * 2 的积；又由于 – 号的优先级与 + 号相同，左结合，故 + 号右边的操作数为 3。

表达式 a = 15, a * 4 求值时，由于逗号操作符的优先级最低，所以它左边的操作数为子表达式 a = 15，右边的操作数为子表达式 a * 4；又由于它有序列点，故左边的操作数即子表达式 a = 15 先求值。

逗号表达式为什么要设计成自左向右依次求值呢？因为逗号操作符的作用就是把多条 C 语句变成一条 C 语句，只有依次求值才不改变原语句的求值顺序。如语句 i = 0; 和语句 j = ++i; 可以写成一条 C 语句 i = 0, j = ++i;。

3.5　典型例题

例 3-14　有语句 char c1, c2;，求 sizeof c1, sizeof(c1 + c2)。若 int 变量 i 的值为正整数，求 (2 * i + 1)/2 的值。

分析：

（1）sizeof 操作符会给出与操作数相关的存储单元的字节数。操作数 c1 为字符型变量，码长一个字节，因此表达式 sizeof c1 的值为 1。表达式 c1 + c2 在求值时，char 型会自动转化为 int 型，不管表达式 c1 + c2 的值是多少，它的类型肯定为 int 型。int 型在 VC 6.0 中占 4 字节，故表达式 sizeof (c1 + c2) 的值为 4。

（2）数学中 (2 * i + 1)/2 的值为 i + 0.5，但计算机中 (2 * i + 1)/2 的值只能为整型，当变量 i 的值为正整数时，i + 0.5 取整时会忽略小数部分 0.5，因此表达式 (2 * i + 1)/2 的值为 i。

例 3-15　分析下面程序的输出结果。

```
#include < stdio.h >
void main()
{
    float fa = 5.6789;
    int n;
    fa = fa * 100 + 0.5;
    n = fa;
    fa = n/100.0;
    printf("%f \n",fa);
}
```

分析：

语句 fa = fa * 100 + 0.5; 的执行过程就是赋值表达式 fa = fa * 100 + 0.5 求值的过程。原表达式中子表达式 fa * 100 + 0.5 会先求值。变量 fa 的值为 5.6789，子表达式 fa * 100 + 0.5 的值为 568.39，执行完赋值操作后变量 fa 的值变为 568.39。

浮点数给整型变量赋值时只保留整数部分，因此语句 n = fa; 执行后，变量 n 的值为 568。

执行语句 fa = n/100.0; 时，子表达式 n/100.0 先求值，由于 100.0 为双精度数，求值时整型变量 n 的值会表现为双精度数 568.0，子表达式 n/100.0 的值为双精度数 5.68，最后执行完赋值操作后 fa 的值变为 5.68。

程序的输出结果为 5.680000。

程序的作用是将浮点型变量 fa 的值由 5.6789 变为 5.68，实际上是将变量 fa 的值保留到小数点第二位，第三位四舍五入。

讨论：

（1）变量 fa 的值为 5.6789 与值为 5.68 有何不同？

（2）语句 n = fa；有什么作用？

例 3-16 输入一个三位数的正整数，输出其各位上数之和。如输入 235 时，程序输出 10。

分析：

利用具体数据分析如表 3-2 所示。

如果把用户输入的整数保存在 int 型变量 n 中，只要求出变量 n 的个位、十位和百位的数就可求出用户输入的整数的各位数之和。

表 3-2　具体数据分析

	第一次	第二次	第三次	
用户可能的输入	123	780	523	n
程序预期的输出	6	15	10	?

求余操作可以得到一个整数个位上的数，如 235%10 的值为 5，因此用表达式 n%10 就可求出变量 n 的个位上的数。变量 n 的十位上的数不好直接求出，可否将变量 n 十位上的数移到个位上？

设变量 n 的值为 235，n/10 就是 235/10，值为 23，与原值 235 相比，原来在十位上的数出现在个位上了，因此语句 n = n/10；就可以把变量 n 十位上的数移到个位上。此时求出变量 n 个位上的数，实际上就得到了原来在十位上的数。

变量 n 的值由 235 变成了 23，原来在百位上的数变成了十位上的数，原来求百位上的数现在变成了求十位上的数。

参考程序如下：

```
#include < stdio.h >
void main()
{
    int n,ge,shi,bai;
    printf("请输入一个三位数的正整数 \n");
    scanf("%d",&n);
    ge = n%10;
    n = n/10;
    shi = n%10;
    n/=10;
    bai = n%10;
    printf("%d\n",ge + shi + bai);
}
```

图 3-5　例 3-16 运行结果

程序的运行结果如图 3-5 所示。

关键算法提示：

（1）求变量 n 除以 10 的余数，得到其个位上的数并保存到整型变量中。

（2）变量 n 缩小 10 倍，以去掉个位上的数并把其余位上的数都右移一位。

（3）求变量 n 除以 10 的余数，得到其个位上的数（实为十位上的数）并保存到整型变量中。

例 3-17 交换两个字符型变量的值。

分析：

设字符型变量 ca 的值为 a′，字符型变量 cb 的值为 b′，交换后 ca 的值变为 b′，cb 的值变为 a′。

语句 ca = cb；执行后，变量 ca 的值会变为 b′，ca 原来的值 a′ 将消失。当接着执行语句 cb = ca；时，由于现在变量 ca 的值已经为 b′ 了，所以该语句执行完毕，cb 的值还是 b′。这语句 ca = cb；cb = ca；不能交换变量 ca 和 cb 的值。

可以再定义一个变量，如 temp，在改变变量 ca 的值之前，先用这个变量把变量 ca 的原值保存起来，如 temp = ca；，然后再用变量 ca 保存变量 cb 的值，如 ca = cb；。

讨论出具体的算法。

参考程序如下：

```
#include<stdio.h>
void main()
{
    char ca='a',cb='b';
    char temp;
    printf("ca 原来的值为%c,cb 原来的值为%c\n",ca,cb);
    temp=ca;                    /* temp 的值为 'a' */
    ca=cb;                      /* ca 和 cb 的值全为 'b' */
    cb=temp;                    /* cb 和 temp 的值全为 'a' */
    printf("ca 现在的值为%c,cb 现在的值为%c\n",ca,cb);
}
```

图 3-6　程序运行结果

程序运行结果如图 3-6 所示。

例 3-18　输入方程 $ax^2+bx+c=0$ 的系数 a，b，c 且保证 $b^2-4ac>0$，求方程的根。

分析：

一元二次方程的求根公式为 $x=\dfrac{-b}{2a}\pm\dfrac{\sqrt{b^2-4ac}}{2a}$，编程求根时只需把它改写成表达式即可。公式中的求平方根运算需要到数学库中的 sqrt 函数，编程时不要忘记包含数学库头文件。

用 double 型变量 a，b，c 存储用户输入的系数。为使计算过程简明，用 double 型变量 m 存储 $-b/(2*a)$ 的值，用 double 型变量 n 存储 sqrt(b*b-4*a*c)/(2*a) 的值，则方程的两个根分别为 $m+n$ 和 $m-n$。

```
#include<stdio.h>
#include<math.h>
void main()
{
    double a,b,c,m,n;
    printf("请输入方程的系数,并保证有实根\n");
    scanf("%lf%lf%lf",&a,&b,&c);
    m=-b/(2*a);
    n=sqrt(b*b-4*a*c)/(2*a);
    printf("方程的根为:%.2f 和%.2f\n",m+n,m-n);
}
```

图 3-7　例 3-18 程序的运行结果

程序的运行情况如图 3-7 所示。

提示：

（1）C 语言表达式类型丰富，表达能力强，在学习时有两方面的要求：一方面能根据求值的规则求解复杂表达式的值，像计算机那样进行表达式的求值操作；另一方面在编程时应选用简洁、易懂和无歧义的表达式与计算机进行沟通，以提高程序的可读性和可移植性。

（2）书写格式也会对程序的可读性产生影响。虽然编译系统会将表达式 i---j 解释为（i--）-j，但是，这种写法容易与表达式 i-（--j）混淆。为了有更好的可读性，应将表达式 i---j 写作 i-- -j 或（i--）-j 的形式。在符合规则的前提下，编译系统会尽量匹配更多的字符。

知识扩展

1. 表达式的理解

赋值表达式用于为一个变量赋值，有 int a;，表达式 a=3 执行时会把整数 3 存入到变量 a 所标识的存储单元中，但每个 C 语言表达式最终都表现为一个值，也就是说表达式 a = 3 执行结果也是一个值，即 3。虽然表达式 a = 3 用于赋值，不像表达式 2 + 3 的值为 5 那样易于理解，但它最终也表现为一个值。表达式 a = 3 的值为 3，意味着表达式 a = 3 可以作为一个整数使用。函数调用 printf("%d\n",a = 3) 执行时先对实参求值，实参表达式 a = 3 求值时先将变量 a 的值变为 3，然后求出表达式的值为整数 3，因此函数调用变成了 printf("%d\n",3)。

自增表达式也应从两个方面理解，有 int a = 3;，一方面自增表达式 a ++ 使变量 a 的值自增 1，由 3 变为 4，"再遇到变量 a 时它的值已经是 4 了"；另一方面该表达式的值为 3。函数调用 printf("%d\n",a ++) 输出的是表达式 a ++ 的值，即 3。对于自增表达式 ++a，一方面它使变量 a 的值自增 1，由 3 变为 4，"再遇到变量 a 时它的值已经是 4 了"；另一方面该表达式的值为 4，这也是其与表达式 a ++ 的区别。

函数 printf 用于输出数据，但它的返回值为输出字符的个数，即它也可以作为一个整数使用。有整型变量 b，语句 b = printf("%d\n",3); 执行时，printf 函数会输出字符 3 和字符 \n，但另一方面，函数调用的结果为整数 2（表示输出了两个字符），语句执行结束后，变量 b 的值变为了 2。

语句 printf("%d\n",printf("%d\n",a = 3)); 怎样执行，有什么样的输出？

2. 自增操作符的误用

C 语言标准并没有详细规定一个表达式该如何求值，如 3 * a + 5 * b 中先算哪个乘法；表达式 a = f1() + f2() 中先调用函数 f1 还是先调用函数 f2；表达式 () * () 中，先对哪个括号里的子表达式求值。虽然不同的编译系统对子表达式的求值顺序有着不同的优化原则，但是，通常情况下一个表达式在不同的编译系统中会表现为相同的值。自增操作符的作用是让变量自增 1，但是，误用自增操作符会引起一些麻烦，具体地说，会出现一些值与具体的编译系统相关的表达式。

如有 int i = 2，表达式 (i ++) + (i ++) + (i ++) 的值是多少呢？

子表达式 i ++ 求值时，表达式的值是 2，但求值操作也会使变量 i 的值自增 1，当变量 i 还是其他子表达式的操作数时，问题就来了：变量 i 的值是原值还是加 1 后的新值呢？

在 VC 6.0 中，第一个子表达式 i ++ 求完值后，其他子表达式中出现的变量 i 的值还没有改变，依然是 2。表达式 (i ++) + (i ++) + (i ++) 的值为 6(2 + 2 + 2)，求完值后，变量 i 会执行自增操作 3 次，其值会变成 5。

在 TC 中，第一个子表达式 i ++ 求完值后，变量 i 会立即执行自增操作，因此第二个子表达式中变量 i 的值已经是 3 了。表达式 (i ++) + (i ++) + (i ++) 的值为 9(2 + 3 + 4)。

如何评价这个的表达式呢？

虽然它没有语法错误也可求出一个值，但是，程序没有必要出现这样的表达式。可读性是程序最重要的属性，这样的表达式的可读性极差。如果需要值为 9 的表达式，则原表达式应改写为 i + (i + 1) + (i + 2) 和 i += 3 两个表达式；如果需要值为 6 的表达式，则原表达式应改写为 i + i + i 和 i += 3 两个表达式。改写后的表达式不仅值与具体的编译系统无关，而且简单明白。

误用自增操作符也会影响函数的输出。有 int j = 3，函数调用语句 printf("%d,%d\n",j,j ++); 的输出结果也不确定。调用函数时，TC 和 VC 6.0 都按自右向左的顺序对实参求值。在 VC 6.0 中，先计算表达式 j ++ 的值为 3，但它不马上执行自增操作，因此对实参 j 求值的结果还是 3，输出结果为 3，3。在 TC 中，先计算表达式 j ++ 的值为 3，然后马上执行自增操作，因此对实参 j 求值的结果是 4，输出结果为 4，3。

编程时不要以这种方式使用自增操作符。当希望输出 3，3 时，可以将上面的语句改写为 printf("%d,%d\n",j,j); 和 ++j; 两条语句。当希望输出 4，3 时，可以将上面的语句改写为 i = j ++;

和 printf("%d,%d\n",j,i);两条语句。

表达式中出现了子表达式 i++（或++i 或－－i 或 i－－）后，变量 i 就不要再出现在其他子表达式中了。

讨论：

如何看待 C 语言中值与编译系统相关的表达式？

练习3

1. 把下面的代数式改写成 C 语言表达式：

$$ax^3 + bx^2 + d \qquad \frac{ab-cd}{2a} \qquad \frac{a}{b+\dfrac{c}{a}} \qquad \cos 60° + 8e^y \qquad \frac{1}{2}(ax + \sin\pi)$$

2. 把下面的 C 语言表达式还原成代数式：

a/b/c*e*3   exp(x*x/2)/sqrt(2*sin(30*3.1415926/180))

sqrt(fabs(pow(x,y)+log(y)))   a*e/c/b*3

3. 求表达式 1/2*(a*x+(b+x)/(4*a))的值。

4. 参考表 3-1，用加括号方式确定下面表达式的求值顺序。

flag&n != 0   c = getchar() != '\n'   hi<<4+low   *p[3]

*p++   0<n<q   !x||y++   x+y>0&&i++<0

5. 讨论 C 语言操作符优先级的规律。

6. 分析表达式 a-=a*=a+=a/=2 的求值顺序，int 型变量 a 的值为 10 时，表达式的值是多少？值为 25 时呢？

7. 求下面表达式的值并编程验证结果。

　-7/5   -7%5   7%-5   7/-5   -7/-5   -7%-5

8. 对于整型变量 i，求表达式(2*i+1)/2 和表达式(2*i-1)/2 的值。

9. 计算下面表达式的值：

3/2+2.0   3/2.0+2   (float)3/2+2

(float)(3/2+2.0)   (4+1)/2+sqrt(9.0)*1.2/2+5.5

x%=7+7%5(其中 x 的值为 12)   ('z'-'a')%3+3.2

10. 已知 f 为 float 型变量，分别求 sizeof(f)、sizeof(f+2.3)、sizeof(f+2)、sizeof 3.14 和 sizeof 3.14f 的值。

11. -1+1U 等于 0 吗？ -2+1U 大于 0 吗？

12. 有 unsigned short ui=3，uj=5 时，表达式 ui-uj 小于 0 吗？

有同学认为等于-2，因为编程验证时语句 printf("%hd\n", ui-uj) 的输出为-2。

有同学认为表达式 ui-uj 的值是无符号型，不可能等于-2。

你的观点呢？当有 short k=-5 时，表达式 ui+k 小于 0 吗？

13. 分析下面程序的输出结果。

```c
#include<stdio.h>
void main()
{
    int i,j,k;
    i=j=k=3;
    k=i++ +1;
    printf("%d,%d,",i,k);
    k= ++i +1;
    printf("%d,%d\n",i,k);
    k=j-- -1;
    printf("%d,%d,",j,k);
    k=--j -1;
    printf("%d,%d\n",j,k);
}
```

14. 已知 float f = 5.1739，求表达式 (int)(f * 100 + 0.5)/100、(int)(f * 100 + 0.5)/100.0、(f * 100 + 0.5)/100 和 (f * 100 + 0.5)/100.0 的值。

15. 分析下面的程序，写出用户输入 235 时的输出结果，并与例 3-16 比较。

```
#include <stdio.h>
void main()
{
    int n,sum;
    printf("请输入一个三位数的正整数 \n");
    scanf("%d",&n);
    printf("(%d)",n);
    sum = n/100;
    printf("%d + ",sum);
    n = n%100;
    sum = sum + n/10;
    printf("%d + ",n/10);
    n% =10;
    sum += n;
    printf("%d = %d \n",n,sum);
}
```

16. 输入二位数（如 23）与四位数（如 2352）时，分析例 3-16 的输出并上机验证。n 的值为 235 时，计算表达式 n/100 + n%100/10 + n%10 的值。

17. 读取一个三位数的正整数，按如下规则对此数加密，每位数字都用加 7 的和除以 10 的余数取代，再把第 1 位与第 3 位交换，最后输出加密后的数字（如输入 235 显示 209；输入 523，显示 92）。请编程实现。

18. 请编程把练习 17 中的加密数字解密。（如输入 209，显示 235；输入 92，显示 523）

19. 指出下面程序中的错误。

```
#include <stdio.h>
void main()
{
    int n,sum;
    printf("请输入一个自然数 \n");
    scanf("%d",&n);
    sum = 1/2 * n * (n+1);
    printf("1 + …… + %d = %d \n",n,sum);
}
```

20. 编写程序，用户输入一个介于 b 和 y 之间的小写字母，输出该字母的大写字母及与之前后相邻的大写字母（如用户输入 c 时，程序输出 BCD）。

21. 编程交换两个 float 变量的值。

22. 给出下面程序的运行结果。

```
#include <stdio.h>
void main()
{
    int a = 3,b = 5;
    printf("%d,%d \n",a,b);
    a = a + b;
    b = a - b;
    a = a - b;
    printf("%d,%d \n",a,b);
}
```

a 的值为 2147483647，b 的值为 3 时，语句 a = a + b; 有问题吗？程序还能正常输出吗？

23. 用练习 22 的方法改写例 3-17。

24. 已知三角形的三个边长为 a、b 和 c，三角形面积可以用海伦公式 $\sqrt{s(s-a)(s-b)(s-c)}$ 计算，其中 $s = (a+b+c)/2$。当用户输入三角形的三边长时，输出三角形的面积。（设用户输入的三边可以构成一个三角形）

25. 分析下面程序模拟的计算过程。

```c
#include <stdio.h>
void main()
{
    int sum,i;
    sum =1;
    i =2;
    sum += i;
    ++i;
    sum += i;
    ++i;
    sum += i;
    ++i;
    sum += i;
    printf("%d\n",sum);
}
```

本章讨论提示

（1）表达式由计算机中的运算器求值。求值时表达式中的操作数将存储在运算器的存储单元中，操作数类型的自动转换就是源于此。每个表达式都有一个值，即运算器对表达式求值的结果，保存于运算器的存储单元中。

（2）如果正整数是四位数呢？五位数呢？六位数呢？

（3）用数学公式求值虽然简单有效，但通过直接模拟计算的过程，初学者能从中体会到编程的"真谛"。

（4）表达式$(-1u-23)/-2$中分子大还是分母大呢？

思考：

（1）假设用户输入一个非负整数，编程输出用户输入数的绝对值。

（2）假设用户输入一个负整数，编程输出用户输入数的绝对值。

（3）用户输入一个整数，编程输出用户输入数的绝对值。

第 4 章　逻辑运算和选择结构

章节导学

　　求一个整数的绝对值时，用户的输入数据需区别对待。如果用户输入了一个负整数，用负号操作符让计算机求出其相反数，就可得到绝对值；如果用户输入的不是负整数，则用户输入的数就是绝对值。

　　关键在于确定用户实际输入的整数是否为负整数。C 语言中可用逻辑表达式表示一个结论。如用变量 n 保存用户输入的整数，在确定用户实际的输入时，可先假设一个结论："用户输入的（n）是负整数"。再把结论表示为等价的表达式 n < 0。等输入完成后让计算机求表达式 n < 0 的值。如果值为真，变量 n 的值肯定是负的，显然用户输入了一个负整数；否则，用户输入的不是一个负整数。即根据表达式 n < 0 的值可以判断相关结论是否成立，并最终确定用户实际的输入。

　　只要能确定用户实际的输入，就可以选用匹配的处理步骤求出绝对值。如果表达式 n < 0 的值为真，就求出变量 n 的相反数；否则，就不求相反数。C 语言中用选择结构控制计算机实现这样的处理流程。

　　含有选择结构的程序称为选择结构程序。选择结构程序可以根据程序运行时用户实际的输入，选用有针对性的处理流程而忽略不匹配的处理流程。由于包含了多种处理流程，选择结构程序功能强大，可用于解决一些复杂的问题。

　　嵌套的选择结构多用于复杂的情况。分析嵌套的选择结构时，正确指出每个选择结构的组成是前提，弄清选择结构之间的层次关系是关键。在嵌套的选择结构中，外层条件常用作初步筛选，内层条件多用于进一步缩小范围。

　　解决复杂问题时，可先列举一些可能的输入数据并预期与之对应的输出，分析问题包含了几种情况；再理清它们之间的内在联系，并用逻辑表达式表示；最后，用选择结构把逻辑表达式和匹配的处理流程关联起来。

　　注意思维的层次性。设计算法时可先忽略一些细节，从宏观上分析问题并给出算法概要；然后再分析设计算法中的细节。

本章讨论

（1）如何定义一个求整数绝对值的函数？并用自定义的函数改写第 1 章练习 16。

（2）分析下面程序的作用。

```c
#include < stdio.h >
void main()
{
    int i,n,sum = 0;
    printf("请输入一个不大于 5 的正整数!\n");
    scanf("%d",&n);
    if(n > 5 || n < 0)
    {
        printf("输入错误!\n");
        return;
    }
```

```
    i = 1;
    if(i <= n)
    {
        sum += i;
        ++i;
    }
    if(i <= n)
    {
        sum += i;
        ++i;
    }
    if(i <= n)
    {
        sum += i;
        ++i;
    }
    if(i <= n)
    {
        sum += i;
        ++i;
    }
    if(i <= n)
    {
        sum += i;
        ++i;
    }
    printf("%d\n",sum);
}
```

4.1 C 语言中的 "逻辑型"

编程时常遇到一类可以用 "是" 或者 "否" 回答的问题: "用户输入的数是否为三位数的正整数?"、"用户输入的整数是否为正数?"。解决这类问题时通常先假设一个 "结论"。以判断 "用户输入的整数是否为正数" 为例,可假设 "用户输入的整数是正数",当用户输入的整数用变量 a 存储时,结论其实就是 "变量 a 是正数"。这个结论还需用表达式表示。"变量 a 是正数" 可以用表达式 a>0 表示,因为两者 "等价",要么同 "真",要么同 "假"。

用户输入完成后,再对表达式 a>0 求值,计算机会得到一个或为 "真" 或为 "假" 的值。当用户输入了一个正数时,表达式 a>0 的值就是 "真" ("是");当用户输入的不是正数时,值就是 "假" ("否")。最后,根据表达式的值,得到问题的答案。如果表达式 a>0 的值为真,则用户输入了一个正数;否则,不是正数。

对表达式进行求值,得出一个 "真" 或 "假" 的结果的过程也是一种运算,即逻辑运算。计算机支持逻辑运算,逻辑运算的运算结果不是 "真" 就是 "假"。"真" 和 "假" 又称为逻辑量。

某表达式的值为 "真" 时,它的值实际上是整数 1,也就是说 C 语言中 "真" 用整数 1 表示;某表达式的值为 "假" 时,它的值实际上是整数 0,即 C 语言中 "假" 用整数 0 表示。

例 4-1 分析下面的程序。

```
#include <stdio.h>
void main()
{
    int a;
    scanf("%d",&a);
    printf("用户输入的数是否为正数?:%d\n",a>0);
}
```

程序的运行情况如图 4-1 所示。

再次运行程序,结果如图 4-2 所示。

图 4-1　程序的运行情况 　　　　　　图 4-2　再次运行的程序结果

分析：

由程序的输出可知，表达式 a>0 的值与用户实际的输入数据相关。

虽然"真"用整数 1 表示，"假"用整数 0 表示，但在 C 语言中整数 1 就是"真"，整数 0 就是"假"的说法却是错误的。C 语言中"0"是"假"，而被认为是"假"的"0"可能是整数 0 或浮点数 0（0.0），也可能是 ASCII 码为 0 的字符（\0）。不为"0"的其他数据都是"真"，即不是"假"就是"真"。

讨论：

（1）如何评价 C 语言中逻辑量的编码方式？

（2）3 既是一个整数，又是一个逻辑量，遇到 3 时，它究竟是什么数据呢？

提示：

（1）什么是"真"（"假"）和"真"（"假"）是什么的不对称性。整数、浮点数、字符可以分出"真""假"，表明 C 语言中整型（字符型）和浮点型既是普通的数据类型，又是逻辑型！从两个角度分析下面变量的值。

```
int j=32,k=0;  float fa=3.2,fb=0;  double fc=-3.2,fd=0.0;
         char ca='Z',cb='0',cc='\0';
```

（2）关键看 3 所处的"环境"和要进行的操作。在算术表达式中，3 肯定表现为整数。在后面涉及的一些操作和特定"环境"中，数据需理解为逻辑量。

为了强调，本节中出现的真和假被放置在一对双引号""中，后面出现的真和假将不再加双引号。

4.2　关系表达式

C 语言提供了 6 种关系操作符：<（小于）、<=（小于等于）、>（大于）、>=（大于等于）、==（等于）和!=（不等于）。关系操作符进行的运算是"比较两个数的大小"，根据比较结果得出真或假的值，是一种简单的逻辑运算。

用关系操作符将两个子表达式连接而成的式子就是关系表达式。a>(b+c)、(a==b)<c、a==(b<c)、(a=b)>(c+d)等都是合法的关系表达式。6 种关系操作符中前 4 种的优先级相同，后 2 种也相同，并且前 4 种高于后 2 种。关系操作符的优先级低于算术操作符（先求值再进行关系运算）高于赋值操作符（赋值操作符的优先级仅比逗号操作符的优先级高）。因此上面几个表达式等价于 a>b+c、(a==b)<c、a==b<c、(a=b)>c+d。

a=b>c+d 等价于 a=(b>(c+d)) 是一个赋值表达式。

例 4-2　分析下面的关系表达式。

（1）'A' > 'Z'　　　　　（2）3-5u>0

（3）a%2!=0　　　　　（4）99<x<1000　变量 x 的值为 2523

分析：

（1）关系操作符进行的运算是"比较大小"，比较时操作数只是普通的数据。字符型也是整型，比较大小时，字符的值就是其在 ASCII 码表中的编号。根据编码规则，"A"排在"Z"前面，"A"的编号（65）肯定小于"Z"的（90），故表达式 'A' > 'Z' 的值为 0，即假。

（2）3 为 int 型，5u 为无符号 int 型，故 3-5u 的结果为无符号型。3-5u 不可能等于 0，因此大于 0。3-5u > 0 的值为 1，即真。原表达式与结论"3-5u 是正数"等价。

（3）% 操作符的优先级高，先求子表达式 a%2 的值。当 a 为奇数时，a%2 值为整数 1，原表达式变为 1! =0，值为整数 1，即真；当 a 不为奇数时，a%2 值为整数 0，原表达式变为 0! =0，值为整数 0，即假。原表达式与结论"变量 a 是奇数"等价。

讨论：

① 怎样证明关系表达式 a%2 ! =0 与结论"变量 a 是奇数"等价？

② 算术表达式 a%2 与关系表达式 a%2 ! =0 等价吗？

③ 编程时，应选用算术表达式 a%2 还是关系表达式 a%2 ! =0 表示结论"变量 a 是奇数"？

（4）操作符 < 是左结合，原表达式的求值顺序为（（99 < x）< 1000）。x 为 2523 时，子表达式 99 < x 值为 1，即真。原表达式变为 1 < 1000。进行比较操作时，操作数只是普通的数据类型，因此子表达式 1 < 1000 中的 1 在求值时就是整数 1，而不表示真。该表达式的值为 1，即真，故原表达式的值为 1，即真。实际上，不管变量 x 的值是几，原表达式的值都为 1，即真。表达式 99 < x < 1000 并不表示结论"变量 x 的值介于 99 和 1000 之间"。

值总为真的表达式可称作恒真表达式。

提示：

（1）表达式中操作数 1 究竟应理解成逻辑量的真还是整数 1 取决于要进行的运算，换句话说，与操作符有关。

（2）数学中 x 为 2523 时，代数式 99 < x < 1000 的值应为假，但在 C 语言中，关系表达式 99 < x < 1000 的值为真，两者并不等价。不要说表达式 99 < x < 1000 了，数学上不可能为真的代数式 99 < x < 2，在 C 语言中也是恒真表达式。

（3）一个逻辑表达式通常对应一个结论（命题）。与结论"变量 x 的值介于 99 和 1000 之间"等价的表达式需用到逻辑操作符。

4.3 逻辑表达式

4.3.1 逻辑操作符

只有 99 < x 和 x < 1000 同时为真时，数学上的代数式 99 < x < 1000 才为真。C 语言中用逻辑与操作符 && 表示这种关系，即 C 语言中表达式（x > 99）&&（x < 1000）与数学上的代数式 99 < x < 1000 等价。

逻辑与操作符 && 是逻辑操作符。与比较操作符把其操作数看成是普通类型的数据不同，逻辑操作符会把操作数看成是逻辑量，这是逻辑操作符的一个显著特点。

表 4-1 逻辑与 && 的真值表（运算规则）

a 的值	b 的值	a && b 的值
非 0（真）	非 0（真）	1（真）
非 0（真）	0（假）	0（假）
0（假）	非 0（真）	0（假）
0（假）	0（假）	0（假）

逻辑量只有真和假两个值，因此逻辑操作符的运算规则只有四种情况，可用一个表格简明地表示，这样的表格常称为真值表。表 4-1 是逻辑与操作符 && 的真值表。

例 4 - 3 证明代数式 99 < x < 1000 与表达式（x > 99）&&（x < 1000）等价。

分析：

当代数式 99 < x < 1000 成立时，x > 99 为真且 x < 1000 也为真，由真值表可知此时逻辑表达式（x > 99）&&（x < 1000）的值为 1，即真。

当代数式 99 < x < 1000 不成立时，则 x > 99 和 x < 1000 至少有一个为假，由真值表可知此时逻

辑表达式 $(x>99)\&\&(x<1000)$ 的值也为 0，即假。

反之，当 $(x>99)\&\&(x<1000)$ 为真时，由真值表可知 $x>99$ 和 $x<1000$ 必须同时为真，此时代数式 $99<x<1000$ 成立；当 $(x>99)\&\&(x<1000)$ 为假时，由真值表可知 $x>99$ 和 $x<1000$ 至少有一个为假，此时代数式 $99<x<1000$ 不成立。

因此两者等价。

提示：

（1）逻辑表达式 $3\&\&4$ 中操作数 3 应理解为整型还是"逻辑型"呢？该表达式的值是多少呢？

（2）由真值表可知，逻辑与操作符 $\&\&$ 表示"并且"的关系。

逻辑或操作符 $\|$ 表示"或者"的关系。操作数 a 和 b 中只要有一个值为真，即非 0，表达式 $a\|b$ 的值就为 1，即真；只有 a 和 b 都为假，即 0，表达式 $a\|b$ 的值才为 0，即假。

例 4-4　用表达式表示结论"变量 a 的绝对值大于 5"。

分析：

当 $|a|>5$ 时有 $a>5$ 或者 $a<-5$，因此相应的表达式为 $(a>5)\|(a<-5)$。

C 语言中还有一个称为逻辑非 ! 的逻辑操作符。逻辑非 ! 是一个单目操作符。当操作数 a 非 0，即真时，表达式 $!a$ 的值为 0，即假；当操作数 a 为 0，即假时，表达式 $!a$ 的值 1，即真。结论"变量 a 的绝对值不大于 5"可用逻辑表达式 $!((a>5)\|(a<-5))$ 表示，当然也可表示为 $(a<=5)\&\&(a>=-5)$。

逻辑与 $\&\&$ 和逻辑或 $\|$ 的优先级低于关系操作符（可理解为先求（逻辑）值再（逻辑）运算），而逻辑与 $\&\&$ 的优先级又高于逻辑或 $\|$ 的优先级。单目操作符优先级第二，因此逻辑非 ! 的优先级不仅高于关系操作符，而且还高于算术操作符。

由逻辑操作符的优先级可知，上面的逻辑表达式可写作：$x>99\ \&\&\ x<1000$，$x>5\|x<-5$，$!(a>5\|a<-5)$ 和 $a<=5\&\&a>=-5$。

讨论：

C 语言中数据既是逻辑类型又是普通类型，表达式求值时，操作数究竟是何种类型的数据呢？操作数是何种类型与什么有关？

提示：

表达式 $!a*2.3$ 中各操作数分别是什么类型？表达式的值是多少类型？表达式 $a+1$ 中各操作数分别是什么类型？操作数的类型与具体的操作符有关。进行算术运算时，"a"是整型；进行逻辑运算时，"a"是逻辑型。

例 4-5　写出与下面结论等价的 C 语言表达式。

（1）整型变量 n 是 2、3 的公倍数或者是 7 的倍数；

（2）整型变量 x、y、z 中 x、y 至少有一个小于 z；

（3）整型变量 x、y、z 中 x、y 只有一个小于 z；

（4）长度为 a、b、c 的三边可以构成一个三角形。

分析：

（1）结论"n 是 2、3 的公倍数"与"n 是 2 的倍数"并且"n 是 3 的倍数"等价，"n 是 2 的倍数"可用表达式"$n\%2==0$"表示，"n 是 3 的倍数"可用表达式"$n\%3==0$"表示。两个结论之间的"并且"关系需用逻辑与表示，结论"n 是 2、3 的公倍数"在 C 语言中与表达式 $a\%2==0\&\&n\%3==0$ 等价。原结论与表达式 $(a\%2==0\&\&n\%3==0)\|n\%7==0$ 等价，其中的括号可以省略，但有括号时可读性更好。（也可以用表达式 $n\%6==0\|n\%7==0$ 表示）

（2）x、y 中至少有一个小于 z，就是说 x 小于 z 或者 y 小于 z，等价的逻辑表达式为 $x<z\|y<z$。（当 x 和 y 同时小于 z 时该表达式的值也为真）

（3）x、y 中只有一个小于 z，就是说只有 x 小于 z 或者只有 y 小于 z。只有 x 小于 z 意味着 x 小于 z 且 y 不小于 z。等价的逻辑表达式为（x < z && y >= z）||（y < z && x >= z）。

（4）构成三角形的三边应满足任意两边之和大于第三边的条件，"任意两边"实际包含了三种情况，而这三种情况之间是"并且"的关系。相应的逻辑表达式为 a + b > c && a + c > b && b + c > a。

4.3.2　逻辑表达式求值

逻辑表达式求值的难点在于"短路计算"和序列点。

分析逻辑与 && 的真值表可知，当子表达式 a 的值为 0，即假时，表达式 a && b 的值已经为 0，即假，因此表达式 a && b 实际求值时，会先对左边的操作数 a 求值，如果 a 的值为 0，即假，就不再对子表达式 b 求值了，直接得到表达式 a && b 的值为 0，即假。

与此类似，表达式 a || b 实际求值时，如果左边的操作数 a 的值为 1，即真，也不再对子表达式 b 求值，直接得到表达式 a || b 的值为 1，即真。

满足条件时不对子表达式 b 求值而直接得到表达式 a && b（a || b）的值的求值方法就是所谓的"短路计算"。C 语言中逻辑与和逻辑或均使用"短路计算"求值。虽然短路计算高效合理，但它的实现却并不容易。

例 4-6　已知变量 j 是值为 2 整型变量，分析表达式 j > 0 || ++j 的求值过程。

表达式 j > 0 || ++j 中大于操作符和自增操作符的优先级都比逻辑或的高，故逻辑或左边的操作数为 j > 0，右边的操作数为 ++j。变量 j 的值为 2 可知子表达式 j > 0 的值为 1，即真，因此表达式 j > 0 || ++j 的值为 1，即真。在求值过程中，由于短路计算，子表达式 ++j 没有求值，也就是说，变量 j 没有自增。

上述求值过程的问题在于，整个表达式中自增操作符的优先级最高，求值时为什么不先对子表达式 ++j 求值呢？如果严格按操作符的优先级求值，就会使短路计算没有任何实际意义。为了支持短路计算，逻辑或 || 必须有序列点。有了序列点，原表达式中逻辑或左边的操作数（j > 0）必须先于右边的操作数（++j）求值，j > 0 的值为 1 导致了短路计算，因此右边的操作数（++j）没有求值。

逻辑与 && 也有序列点。逻辑与 && 和逻辑或 || 的序列点用于消除操作符优先级对短路计算的影响。

例 4-7　分析下面程序的输出。

```
#include < stdio.h >
void main()
{
    int a = 0;
    printf("% d \n", a' || (a = 1) && (a += 2));
    printf("a 的值为 %d \n", a);
    printf("%d \n", (a = 0) && (a = 5) || (a += 1));
    printf("a 的值为 %d \n", a);
}
```

分析：

表达式 a' || (a = 1) && (a += 2) 中逻辑或 || 有序列点，故先分析它的操作数。括号操作符和逻辑与的优先级都比逻辑或 || 的高，故逻辑或 || 左边的操作数为 "a"，右边的操作数为子表达式 (a = 1) && (a = 2)。序列点要求先对左边的操作数求值，左边操作数 "a" 的值非 0，即真，由短路计算可求出表达式 (a') || ((a = 1) && (a += 2)) 的值为真，即 1，且子表达式 (a = 1) && (a += 2) 不会被求值，因此变量 a 的值在该表达式求值的过程中没有被修改。

表达式 (a = 0) && (a = 5) || (a += 1) 中逻辑与 && 有序列点，故先分析它的操作数。括号操作

符的优先级高于逻辑与的，故逻辑与 && 左边的操作数为子表达式(a=0)，右边的操作数为子表达式(a=5)。序列点要求先对左边的操作数求值，左边操作数(a=0)的值为 0，即假，由短路计算可求出子表达式(a=0)&&(a=5)的值为 0，即假，且子表达式(a=5)不会被求值。原表达式变为 0 ‖ (a+=1)。逻辑或 ‖ 有序列点，故它左边的操作数 0 先于右边的操作数(a+=1)求值。0 为假，不符合短路计算的条件，需继续对右边的操作数求值。子表达式 a+=1 求值时，变量 a 的值由 0 变为 1，同时赋值表达式 a+=1 的值也为 1，即真，所以原表达式的值为 1，即真。

程序的输出结果如图 4-3 所示。

使用字符型字面量和赋值表达式"客串"逻辑量只是为了直观地分析逻辑表达式的求值过程，程序中不应该也没有必要出现类似的表达式。

讨论：

(1) 表达式 a > b && a=1 合法吗？

(2) 分析表达式 a=2 && i++ 中逻辑与的操作数。

(3) 总结 C 语言表达式的求值规则。

图 4-3　例 4-7 程序的输出结果

4.4　if 选择结构

4.4.1　if 选择结构的作用

借助逻辑表达式，可以解决一些复杂的问题。以求用户输入的整数的绝对值为例，其算法如下：

(1) 获得用户输入的整数，存入整型变量 n 中；

(2) 求出变量 n 的绝对值，仍保存在变量 n 中；

(3) 输出变量 n 的值，即求出了用户输入的整数的绝对值。

在第二步中，如何求出变量 n 的绝对值呢？

第 1 章中使用了库函数，这里分析设计具体的加工处理步骤。如果变量 n 的值是负的，即用户输入了一个负整数，用负号操作符求出变量 n 的相反数就是绝对值，语句为 n=-n;；由于操作比较简单，就直接用语句表示加工处理步骤了。否则，变量 n 的值不是负的，什么操作也不用，变量 n 的值就已经是绝对值了。翻译成 C 语言语句时，结论"变量 n 的值是负的"可用等价的表达式 n<0 表示。第二步就是：如果表达式 n<0 的值为真，就执行语句 n=-n;；否则，就不执行语句 n=-n;。

对表达式求值，如果它的值为真，就执行语句；如果为假，就不执行语句。这样操作在 C 语言中可以用 if 选择结构来实现。if 选择结构的形式如下：

```
if(表达式)
    语句
```

其中，if 为 C 语言关键字，括号中的表达式通常为逻辑表达式，即使此处出现了其他类型的表达式，表达式的值也会被认为是逻辑量（即 0 为假，非 0 为真）；语句为任意的单条 C 语言语句；if 选择结构一般分两行书写，第二行语句还需缩进。

if 选择结构执行时，先对表达式求值，若值为非 0（即真），就执行 if 选择结构中的那条 C 语言语句；否则，就不执行 if 选择结构中的那条 C 语言语句。

可以用图 4-4 直观地表示 if 选择结构的执行流程。

例 4-8　求整数的绝对值。

```
#include<stdio.h>
```

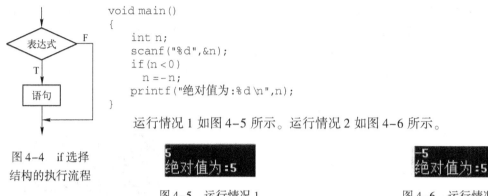

```
void main()
{
    int n;
    scanf("%d",&n);
    if(n<0)
      n=-n;
    printf("绝对值为:%d\n",n);
}
```

图 4-4　if 选择
结构的执行流程

运行情况 1 如图 4-5 所示。运行情况 2 如图 4-6 所示。

图 4-5　运行情况 1

图 4-6　运行情况 2

程序执行了两次，第一次用户输入了一个正整数，第二次用户输入了一个负整数，由输出结果可知，无论用户输入的数是正是负，程序都得到了正确的结果。

与前面的程序相比，例 4-8 程序最大的不同之处在于它可以根据用户实际输入的数据决定是否执行某条语句以进行针对性的处理。在程序的一次运行过程中按执行顺序排列的所有语句称作程序的一条可执行路径。由于选择结构的存在，例 4-8 程序有两条可执行路径，可以处理两种情况。包含选择结构的程序又可称为选择结构程序。

可以用图 4-7 直观地表示例 4-8 程序。

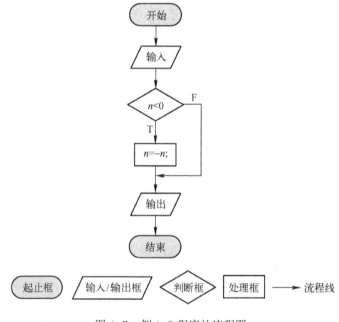

图 4-7　例 4-8 程序的流程图

讨论：

（1）运行程序时，程序中的每条语句都会执行吗？

（2）从开始框到结束框的一条"连线"就是理论上的一条可执行路径，通常每条可执行路径对应于程序需处理的一种情况。写出例 4-8 程序中的两条可执行路径。

例 4-9　有函数

$$y = \begin{cases} x+1 & x < 0 \\ x & x = 0 \\ x-1 & x > 0 \end{cases}$$

编程实现该函数（设 x 的值为整数，当用户输入一个整数时，程序能输出对应的函数值）。

分析：

利用具体数据分析如表 4-2 所示。

用整型变量 x 存储用户输入的整数，用整型变量 y 存储函数值。用户的输入可能有三种情况。如果用户输入的整数小于 0，则函数值为 x+1，即变量 y 应赋值为 x+1（y = x+1）；如果用户输入的整

表 4-2　具体数据分析

	第一次	第二次	第三次	
用户可能的输入	3	0	-3	x
程序预期的输出	2	0	-2	?

数等于 0，则函数值为 x，即 y = x；如果用户输入的整数大于 0，则函数值为 x-1，即 y = x-1。该如何处理这三种情况呢？

先看第一种情况。结论"用户输入的整数小于 0"与表达式 x < 0 等价。第一种情况处理过程为：对表达式 x < 0 求值，如果它为真，就执行语句 y = x+1；。否则，就不执行该语句。这个过程可以用下面的 if 选择结构实现。

```
if(x < 0)
    y = x + 1;
```

其余两种情况与此类似。

关键算法：先按第一种情况处理用户输入的数据；再按第二种情况处理用户输入的数据；最后按第三种情况处理用户输入的数据。用户的输入只有这三种情况，因此算法可以保证用户输入的数据会得到处理。此外，这三种情况互斥，用户输入的数据按某种情况处理时，它肯定不会按其余两种情况处理，函数值只求了一次。

```
#include < stdio.h >
void main()
{
    int x,y;
    scanf("%d",&x);
    if(x < 0)
        y = x + 1;
    if(x == 0)
        y = x;
    if(x > 0)
        y = x - 1;
    printf("f(%d) = %d \n",x,y);
}
```

讨论：

（1）当用户输入 -3 时，例 4-9 程序中的第二条 if 选择结构语句执行了吗？

（2）例 4-9 程序处理了几种情况？例 4-9 程序的输出结果可能为"f(3) = 2"，怎样分析输出中的" = "，是等号，还是赋值操作符？

（3）画出例 4-9 程序的流程图，并分析它有几条可执行路径。

提示：

（1）执行到 if 选择结构时，至少会对其中的表达式求值。

（2）程序的输出是面向程序员，还是普通用户？以普通用户的视角，符号" = "是等号，还是赋值操作符？以程序员的视角，符号" = "是什么？等号又是什么？

（3）由流程图可知，程序理论上的可执行路径应该有 8 条，但程序只处理了 3 种情况，矛盾吗？

4.4.2　if 选择结构的用法

使用 if 选择结构时常见的"错误"如下:

```
if(表达式);
    语句
```

先看一个示例。

例 4-10　分析下面的程序。

```
#include < stdio.h >
void main()
{
    int n;
    scanf("%d",&n);
    if(n < 0);
        n = -n;
    printf("绝对值为%d \n",n);
}
```

分析:

与例 4-8 相同,程序用于输出用户输入整数的绝对值。程序运行情况如图 4-8 所示。

程序输出结果正确,程序有没有问题呢? 不一定! 选择结构程序通常处理了多种情况,程序处理的每种情况都需验证。

再次运行程序,当用户输入正整数 5 时,情况如图 4-9 所示。

图 4-8　程序运行情况

图 4-9　输入正整数 5 时情况

由输出结果可知,程序有错误! 虽然程序中没有语法问题,但有逻辑错误。

if 选择结构只能包含一条语句,分开写成两行是为了让代码有更好的可读性。程序中 if 选择结构的第一行末尾有一个分号;,单独的一个分号也算一条语句,即无须执行任何操作的空语句。程序中的选择结构实际上是

```
if(n < 0)
    ;
n = -n;
```

语句 n = -n;不属于 if 选择结构,不管 if 选择结构如何执行,每次运行程序,它都会执行。这两条语句的执行流程如图 4-10 所示。

提示:

(1) if 选择结构是一个整体,算一条 C 语言语句。

(2) 由于选择结构程序具有多条可执行路径,测试时需覆盖每条可执行路径。

(3) 代码风格只影响程序的可读性。

if 选择结构只能有一条语句,当表达式的值为真时。如需执行多条语句,可以使用复合语句。包含在一对花括号{}中的 C 语言语句就是所谓的复合语句。复合语句中可以包含多条 C 语言语句,但整个复合语句是一个整体,算一条语句。复合语句执行时将自上而下依次执行其中的每条语句。使用复合语句的 if 选择结构的一般形式如下:

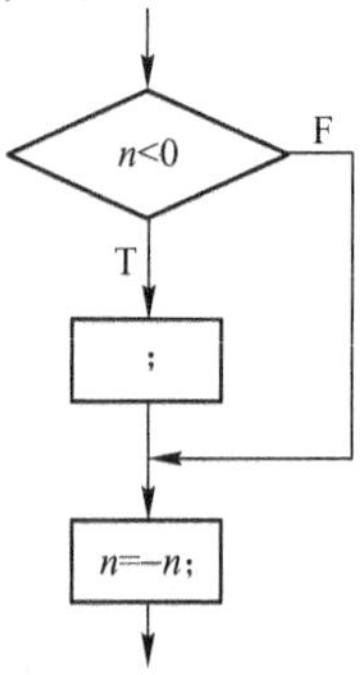

图 4-10　含空语句的
if 选择结构

```
if(表达式)
{
    …
    …
}
```

例 4-11　用户输入一个正整数，如果它不是一个三位的正整数，就输出"输入错误，程序退出！"后退出程序；否则，就输出"输入正确！"。

分析：

利用具体数据分析如表 4-3 所示。

用整型变量 n 存储用户输入的整数。用户的输入分两种情况：不是三位的正整数和是三位的正整数。

表 4-3　具体数据分析

	第一次	第二次	
用户可能的输入	23	235	n
程序预期的输出	输入错误，程序退出！	输入正确！	？

三位的正整数大于 99 且小于 1000，因此与"不是一个三位的正整数"等价的表达式为 !（99 < n && n < 1000）。当表达式为真，输出信息，退出程序。输出信息用 printf 函数，退出程序可用 return 语句。条件为真需要执行两条语句，可以把它们放在复合语句中。可用 if 选择结构实现吗？

用 if 选择结构实现时，"否则，就不执行复合语句"，但实际的要求却是：否则，就输出"输入正确！"。

条件为真时执行"一条"语句，否则（为假），执行另外的处理，这种操作无法用 if 选择结构实现。

能否改成"条件为真时，执行复合语句；否则（为假时），不执行复合语句"？当条件为假时，也确实不能执行复合语句，因此这样做与实际的处理并不矛盾。但题目中要求：否则，就输出"输入正确！"，怎么办？

"否则"其实也是一个条件，原要求可改成：如果是一个三位的正整数，就输出"输入正确！"，不是的话就不输出。修改后这种情况也可用 if 选择结构实现。

解决问题时把原要求转化成了两种情况：不是一个三位的正整数和是一个三位的正整数，分别处理这两个情况。关键算法也是先按第一种情况处理用户的输入，再按第二种情况处理用户的输入，与例 4-9 的类似。

```
#include < stdio.h >
void main()
{
    int n;
    printf("请输入一个三位的正整数:\n");
    scanf("%d",&n);
    if(!(99 < n && n <1000))
    {
    printf("(%d)输入错误,程序退出!\n",n);
    return;
    }
    if(99 < n && n <1000)
        printf("(%d)输入正确!\n",n);
}
```

讨论：

不用逻辑非操作符写出与"变量 n 不是一个三位的正整数"等价的表达式。

4.5　if...else 选择结构

4.5.1　if...else 选择结构的形式和用法

编程时经常遇到例 4-11 中出现的情况，当表达式为真时，执行一种处理流程；否则，执行另外一种处理流程。C 语言中可以用 if...else 选择结构来实现这样的操作。

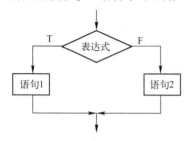

图 4-11   if...else 选择结构的执行流程

if...else 选择结构的形式如下：

```
if(表达式)
    语句1
else
    语句2
```

if...else 选择结构在执行时首先对表达式进行求值，若值为非 0，即真，就执行位于关键字 if 和关键字 else 之间的语句 1；否则（即值为 0，为假），就执行关键字 else 后的语句 2。if...else 选择结构的执行流程如图 4-11 所示。

提示：

（1）"语句 1"和"语句 2"可以是一条 C 语句或相当于一条 C 语句的其他语句。在关键字 if 和 else 之间只能有一条语句。

（2）在 if...else 选择结构的一次执行过程中，"语句 1"和"语句 2"显然只可能有一条语句被执行，非此即彼。

（3）if...else 选择结构是一个整体，算作一条语句。

下面通过例子来学习 if...else 选择结构的用法。

例 4-12   用 if...else 选择结构改写例 4-11。

分析：

如果"不是一个三位的正整数"，就执行复合语句；否则，就输出信息。两种情况互斥，可以用一个 if...else 选择结构实现。

```
#include <stdio.h>
void main()
{
    int n;
    printf("请输入一个三位的正整数:\n");
    scanf("%d",&n);
    if(!(99 < n && n < 1000))
    {
        printf("(%d)输入错误,程序退出!\n",n);
        return;
    }
    else
        printf("(%d)输入正确!\n",n);
}
```

讨论：

（1）程序中的 return 语句可以省略吗？为什么？

（2）两个相连的 if 选择结构总能用一个 if...else 选择结构代替吗？反之，一个 if...else 选择结构总能用两个 if 选择结构代替吗？

例 4-13   输入两个小数，按升序（由小到大）输出这两个数。

分析：

利用具体数据分析如表 4-4 所示。

用单精度变量 x 和 y 存储用户输入的两个小数。当表达式 x > y 为真，依次输出变量 y 和 x；否则，依次输出变量 x 和 y。可用一个 if...else 选择结构实现。

表 4-4   具体数据分析

	第一次	第二次	
用户可能的输入	3 2.1	2.1 3	x y
程序预期的输出	2.1, 3	2.1, 3	?

```
#include <stdio.h>
void main()
{
```

```
    float x,y;
    scanf("%f%f",&x,&y);
    if(x>y)
        printf("按升序输出为%.1f,%.1f\n",y,x);
    else
        printf("按升序输出为%.1f,%.1f\n",x,y);
}
```

运行情况 1 如图 4-12 所示。运行情况 2 如图 4-13 所示。

3 2.1
按升序输出为2.1,3.0

2.1 3
按升序输出为2.1,3.0

图 4-12　运行情况 1　　　　　　　　　图 4-13　运行情况 2

讨论：

当用户输入的两个数都是 2.3 时，程序将如何执行？

4.5.2　选择结构嵌套

if 选择结构中含有一条 C 语句，而这条语句有时是一个 if 选择结构或 if...else 选择结构。包含了选择结构的选择结构又称嵌套的选择结构。嵌套的选择结构常用来区分复杂的情况。

例 4-14　输入成绩，数据合法（0～100）时输出是否及格。

分析：

利用具体数据分析如表 4-5 所示。

用单精度变量 grade 存储用户输入的数据。成绩合法（0～100）时，处理数据；不合法时，题目中没有说怎么办，可以不处理数据，因此整个处理过程可用一个 if 选择结构实现，初步分析的结果如图 4-14 所示，其中的虚线部分表示需要进一步的分析。

表 4-5　例 4-14 具体数据分析

	第一次	第二次	第三次	
用户可能的输入	88	52	-23	grade
程序预期的输出	及格！	不及格！	？	？

处理合法数据时需先判断是否及格，若成绩不小于 60 为真，则输出及格；否则，输出不及格。这部分的处理是个 if...else 选择结构，可以用图 4-15 表示。

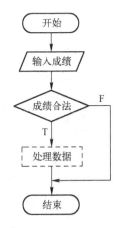

图 4-14　初步分析的结果

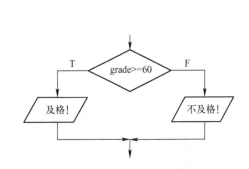

图 4-15　进一步的处理

综上所述，程序如下：

```
#include<stdio.h>
void main()
```

```
{
    float grade;
    printf("请输入成绩(0～100)\n");
    scanf("%f",&grade);
    if(grade >=0 && grade <=100)
        if(grade >=60)
            printf("及格!\n");
        else
            printf("不及格!\n");
}
```

讨论：

（1）程序中有几个选择结构？指出每个选择结构所包含的 C 语句。

（2）例 4-14 程序共有几条可执行路径？

（3）在什么条件成立时，程序才会输出"及格"的信息？条件 rade >=0 && grade <=100 和条件 grade >=60 两者之间有什么关系？

例 4-15　输入成绩，数据合法(0～100)时，如果成绩及格，则输出信息"及格!"。数据不合法时，输出信息"成绩有误!"。

分析：

表 4-6　例 4-15 具体数据分析

	第一次	第二次	第三次	
用户可能的输入	88	52	-23	grade
程序预期的输出	及格!	?	成绩有误!	?

利用具体数据分析如表 4-6 所示。

用单精度变量 grade 存储用户输入的数据。成绩合法(0～100)时，处理数据；不合法时，输出信息"成绩有误"，因此整个处理过程可用一个 if...else 选择结构实现，初步分析的结果如图 4-16 所示，其中的虚线部分表示需要进一步的分析。

成绩合法(0～100)时，数据的处理过程非常简单，如果成绩及格，则输出信息"及格"。否则，题目中没有说怎么办，可以不输出信息，因此数据的处理可以用 if 选择结构，如图 4-17 所示。

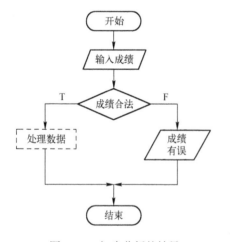

图 4-16　初步分析的结果

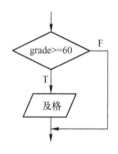

图 4-17　进一步的处理

综上所述，程序如下：

```
#include <stdio.h>
void main()
{
    float grade;
    printf("请输入成绩(0～100)\n");
    scanf("%f",&grade);
    if(grade >=0&&grade <=100)
```

```
    if(grade >=60)
        printf("及格!\n");
    else
        printf("成绩有误!\n");
}
```

程序中有几个选择结构?指出每个选择结构所包含的 C 语句。

例 4-15　是 if...else 选择结构中嵌套了一个 if 选择结构,它有三条可执行路径,分三种情况:成绩非法;成绩合法且及格;成绩合法且不及格。可以设计一个如表 4-7 所示的表格来整理测试数据。

程序三次的执行情况如图 4-18 所示。

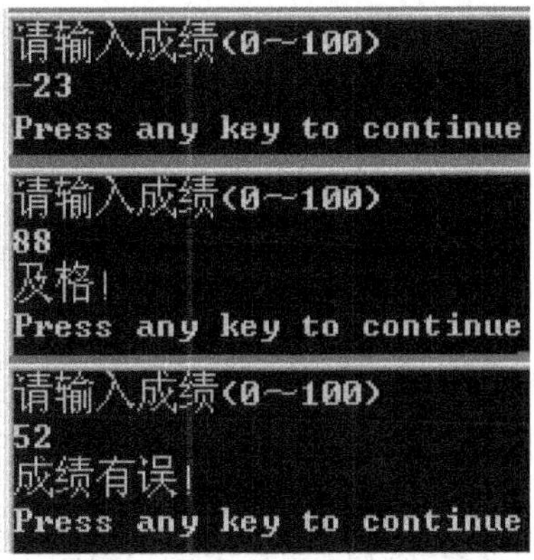

图 4-18　程序三次的执行情况

表 4-7　整理测试数据

	成绩非法	成绩合法且及格	成绩合法且不及格
测试数据	- 23	88	52
程序预期的输出	成绩有误!	及格!	无任何输出
程序实际的输出			

程序的实际输出与预期的输出不同,程序可能有逻辑错误。遇到逻辑错误时可以从实际的输出中寻找线索,排查出错原因。当用户输入 - 23 时,表达式 grade >=0 && grade <=100 为假,应执行 else 部分输出"成绩有误!",但实际执行时程序无任何输出,即 else 部分并没有执行!为什么呢?

对比例 4-14 和例 4-15 可以发现,两个程序中关键代码部分仅仅是编码风格不同。编码风格只能影响程序的可读性,也就是说,两个程序本质上是一样的。这部分代码究竟是 if 选择结构中嵌套了一个 if...else 选择结构呢?还是 if...else 选择结构中嵌套一个 if 选择结构呢?

问题的关键在于关键字 else 与哪个 if 配对。C 语言规定,else 总是与它上面最近的未配对的 if 配对。不能通过编码风格改变 else 的配对规则,例 4-15 中 else 实际上与最近的 if 配对了,是 if 选择结构中嵌套了一个 if...else 选择结构,显然与算法设计的处理过程不符,出现了错误。怎样让 else 与较远的(第一个)if 配对呢?

使用复合语句。复合语句外面的 else 不与复合语句里面的 if 配对。例 4-15 中的相关代码可修改为:

```
if(grade >=0  && grade <=100)
{
    if(grade >=60)
        printf("及格!\n");
}
else
    printf("成绩有误!\n");
```

例 4-16　编程实现下面的函数(同例 4-9)。

$$y = \begin{cases} x+1 & (x<0) \\ x & (x=0) \\ x-1 & (x>0) \end{cases}$$

（1）根据图 4-19 给出的程序流程图编写程序。

分析：

由图 4-19 可知，先对 x＜0 求值，为真时，输入为负数，变量 y 的值为 x＋1；为假时，再做进一步的处理。一个 if...else 选择结构嵌套中了一个 if...else 选择结构，有三条可执行路径，正好对应函数中自变量 x 的三种取值情况。

```
#include < stdio.h >
void main()
{
    int x,y;
    scanf("%d",&x);
    if(x < 0)
        y = x + 1;
    else
        if(x == 0)
            y = x;
        else
            y = x - 1;
    printf("f(%d) = %d \n",x,y);
}
```

讨论：

函数的输入有三种情况，例 4-16 正好有三条可执行路径，但例 4-9 在理论上却有 8 条可执行路径，为什么？比较例 4-16 和例 4-9。

提示：

无论何种情况，例 4-16 中少则比较一次，多则比较两次就可得出结果。但例 4-9 中呢？

（2）根据图 4-20 给出的程序流程图编写程序。

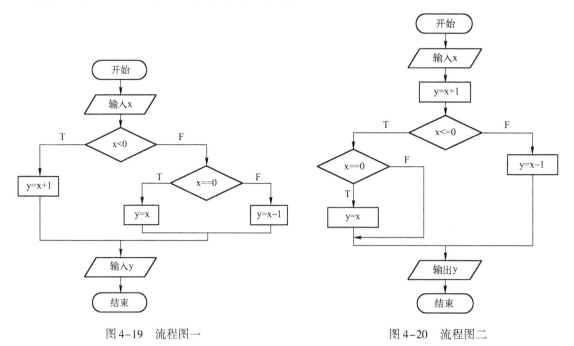

图 4-19　流程图一　　　　　　　　　图 4-20　流程图二

分析：

由图 4-20 可知，程序为 if...else 选择结构嵌套一个 if 选择结构，也正好有三条可执行路径。为什么获得输入后，不考虑用户实际的输入，直接把变量 y 赋值为 x＋1 呢？

把变量 y 赋值为 x＋1 就意味着先假设用户输入的数据是负数。接着处理时，如果发现用户输入的数是负数, 就不再赋值了。

先假设, 再修正, 也是一种解决问题的思路。

程序如下:

```
#include < stdio.h >
void main()
{
    int x,y;
    scanf("%d",&x);
    y = x +1;
    if(x <=0)
    {
        if(x ==0)
            y = x;
    }
    else
        y = x -1;
    printf("f(%d) = %d \n",x,y);
}
```

讨论:

嵌套的选择结构中, 内层选择结构的条件和外层选择结构的条件有什么联系?

4.6　条件操作符

条件操作符?: 是 C 语言中唯一的三目操作符, 需要三个操作数。条件表达式的一般形式为:

表达式 1? 表达式 2: 表达式 3

条件表达式求值时, 先求表达式 1 的值, 若它的值非 0 (即真), 就对表达式 2 求值, 并将它作为整个条件表达式的值; 若它的值为 0 (即假), 就对表达式 3 求值, 并将它作为整个条件表达式的值。图 4-21 表明了条件表达式的求值过程。

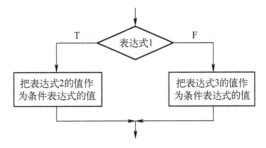

条件表达式多用于改写简单的 if...else 选择结构。如下面选择结构:

```
if(a >b)
    max = a;
else
    max = b;
```

图 4-21　条件表达式的求值过程

可用条件表达式改写为 (a >b)?(max = a):(max = b) 或 max = ((a >b)?a:b)。

条件操作符的优先级倒数第三, 仅仅高于逗号操作符和赋值操作符, 因此上面的条件表达式可写成 a >b?(max = a):(max = b) 或 max = a >b?a:b。

条件表达式 i >j? ++i: ++j 中, 自增操作符的优先级最高, 但求值时不会先进行自增操作。条件表达式 i >j? ++i: ++j 可看作是下面 if...else 选择结构的改写:

```
if(i >j)
    ++i;
else
    ++j;
```

如果求值时先进行自增操作, 其与 if...else 选择结构就不等价了!

条件操作符的? 处也有一个序列点, 这样就保证了表达式 i >j 先求值, 然后再根据 i >j 的真假选择一个子表达式求值, 即 ++i 和 ++j 只能有一个被执行, 与 if...else 选择结构执行过程相同。

条件操作符的结合性为右结合。条件表达式 a >b?a:c >d? ++c : ++d 相当于 a >b?a:(c >d?

++c：++d)，但是由于序列点的存在，子表达式 a>b 先求值。如果 a=1、b=0、c=2、d=3，则该表达式的值等于 1，并且子表达式(c>d? ++c：++d)不会被求值，在表达式求值过程中变量 c 和 d 的值都不会自增。条件表达式通常只用于替换形式简单的 if...else 选择结构，从程序的可读性考虑，最好不要嵌套条件操作符。

条件表达式的值的类型为子表达式 2 和子表达式 3 的类型中较高的类型。例如 3>2?1：2.3 的值为 1.0，类型为双精度，因 2.3 的类型为双精度，"高于"整型。(sizeof(3>2?1：2.3)的值为 8)。

提示：

(1) 存储空间越大，数据类型越"高"。基本类型从高到底的排列顺序为：
  double > float > int > char.

(2) 条件表达式多用于替代简单的 if...else 选择结构，其值与类型并不重要。

例 4-18 用条件表达式输出用户输入的两个整数中的较大者。

```
#include < stdio.h >
void main()
{
    int x,y;
    scanf("%d%d",&x,&y);
    printf("较大的数是%d \n",x>y?x:y);
}
```

讨论：

有序列点的操作符有哪些？它们为什么需要序列点？

4.7 switch 选择结构

4.7.1 基本的 switch 选择结构

switch 选择结构包含一系列 case 标号和一个可有可无的 default 标号，它的一般形式为：

```
switch(表达式){
    case 常量表达式 1：
        语句序列 1
    case 常量表达式 2：
        语句序列 2
    …
    case 常量表达式 n：
        语句序列 n
    default：
        语句序列 n+1
}
```

一个 case 标号由 case 关键字、空格、常量表达式和冒号组成。常量表达式通常是指操作数为字面量的表达式。常量表达式的值固定不变，如 100 或 20×5 均为常量表达式。表达式 20*i 不是一个常量表达式，因为表达式的值与变量 i 的值相关。一个 case 标号关联一个语句序列。语句序列就是位于 case 标号下面的一组 C 语句。default 标号最多有一个，由 default 关键字和冒号组成。default 标号也关联一个语句序列。虽然 default 标号可以出现在 switch 选择结构中的任意位置，但其通常位于所有 case 标号的后面。

switch 选择结构执行时，首先对表达式求值，然后将表达式的值依次与 case 标号中常量表达式的值比较，发现相等时就开始执行位于该 case 标号处下面的语句；如果找不到相等的，当 switch 选择结构有 default 标号时，就开始执行位于 default 标号下面语句；没有 default 标号时，switch 选择结构执行完毕，任何语句都不执行。只要确定了开始执行的位置，switch 选择结构就不再进行比较，位于开始位置下面的所有语句都将执行，也就是说，通常执行到标识 switch 选择结构结束的右花括号（┊）处，switch 选择结构才执行完毕。

switch 选择结构的流程图如图 4-22 所示。

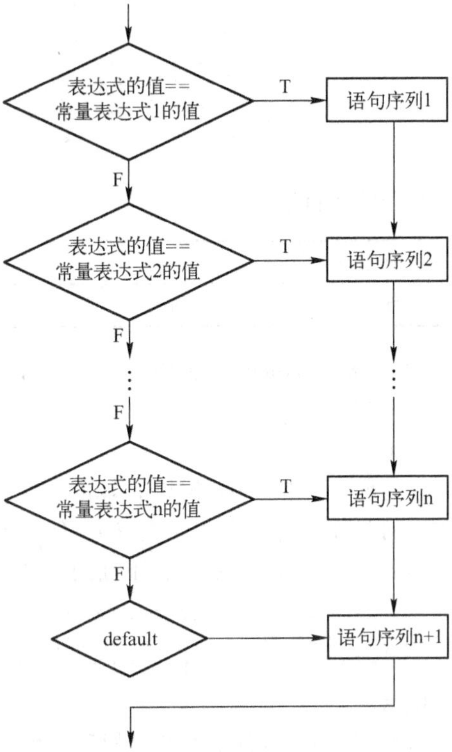

讨论：

（1）常量表达式的值可以相同吗？case 标号起什么作用？

（2）常量表达式的值为什么不用浮点型数据？

提示：

（1）switch 选择结构的执行过程可简单归结为：对表达式求值，确定开始执行的位置，自上而下依次执行下面的语句。

（2）怎样比较两个浮点型数据是否相等？switch 选择结构在确定开始执行的位置时会进行什么操作？可参考例 4-24。

例 4-17 写出输入 b 时程序的输出结果。

```
#include <stdio.h>
void main()
{
    char c;
    scanf("%c",&c);
    switch(c)
    {
        case 'c' :
            printf(" a ");
        case 'b' :
            printf(" c ");
        case 'a' :
            printf(" b ");
        default:
            printf("您的输入不是a,b或c!\n");
    }
}
```

程序的运行情况如图 4-23 所示。

图 4-22　switch 选择结构的流程图

4.7.2 有 break 语句的 switch 选择结构

图 4-23　例 4-17 程序的运行情况

switch 选择结构的语句序列中可以包含 break 语句。关键字 break 加个分号就构成了 break 语句。switch 选择结构在执行语句序列时如遇到了 break 语句，就会立即中断语句序列的执行，也就意味着 switch 选择结构执行完毕。

例 4-18 分析下面的程序（有 break 语句的 switch 选择结构）。

```
#include <stdio.h>
void main()
{
    char c;
    scanf("%c",&c);
    switch(c)
    {
        case 'c' :
            printf(" a ");
            break;
        case 'b' :
            printf(" c ");
            break;
```

```
        case' a' :
            printf(" b ");
            break;
        default:
            printf("您的输入不是 a,b 或 c!\n");
            break;   /*这条 break;语句可以省略吗?* /
    }
}
```

程序的运行情况:

输入	c	b	a	d
输出	a	c	b	您的输入不是 a, b 或 c!

例 4-18 中 switch 选择结构的流程图如图 4-24 所示。

讨论:

如何理解"有 break 语句的 switch 选择结构是相等关系的多分支选择结构"这个结论? 所谓相等关系的多分支选择结构是指类似下面的 if 选择结构。

```
if(c ==' d' )  putchar' a' );
if(c ==' b' )  putchar' c' );
if(c ==' a' )  putchar' b' );
```

提示:

switch 选择结构肯定不是"相等关系的多分支选择结构"的简单替代。switch 选择结构更简洁,效率更高。

case 标号仅起指示位置的作用, 与 case 标号相关联的语句序列可以为空, 此时 switch 选择结构的执行过程不变, 依然从该位置开始依次执行下面的语句序列。如下面这段代码可以判断变量 i 能否被 4 整除。

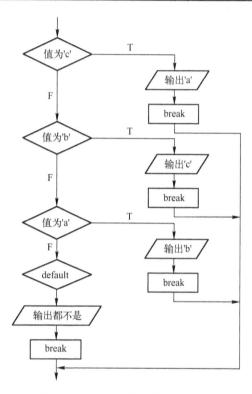

图 4-24　switch 选择结构的流程图

```
switch(i%4)
{
    case 1:
    case 2:
    case 3:
        printf("%d 不能被 4 整除!\n",i);
        break;
    case 0:
        printf("%d 能被 4 整除!\n",i);
        break;
}
```

4.8　典型例题

例 4-19　把用户输入的 3 个整数存入变量 a, b 和 c 中, 编程交换它们的值, 让 a、b 和 c 三个变量的值保持升序 (即变量 a 的值最小, 变量 c 的值最大)。

分析:

利用具体数据分析如下表 4-8 所示。

表 4-8　例 4-19 具体数据分析

	第一次	第二次	第三次	
用户可能的输入	3 2 5	5 2 3	2 3 5	a b c
程序预期的输出	a:2 b:3 c:5	a:2 b:3 c:5	a:2 b:3 c:5	?

有许多方法可以让 a、b 和 c 三个变量的值保持升序，请试着理解下面的算法，并体会如何用伪码（夹杂着文字说明的代码）实现某个处理步骤。

（1）先让变量 a 和 b 保持升序。

（2）再让 a、b 和 c 三个变量保持升序。

对于第一步：如果 a > b 为真，交换变量 a 和 b 的值，使它们有序；否则，无须交换，变量 a 和 b 已经有序。这一步可用 if 选择结构实现，相应的代码为：

　　　　if(a > b){变量 a 和 b 的值互换}

当进行第二步处理时，变量 a 和 b 已经有序，即变量 b 的值不小于变量 a 的值。现在怎样让 a、b 和 c 三个变量保持升序呢？

让变量 c 与变量 b 进行比较。如果 b > c 为真，可以确定变量 b 的值最大（为什么？），题目要求由变量 c 保存最大值，故此时需交换变量 b 和 c 的值。交换后，变量 c 保存了三个数中的最大值，已经确定，但因为变量 b 的值已经改变了，它现在的值是变量 c 原来的值，所以变量 a 和改变后的变量 b 不一定有序。再次用第一步的方法让变量 a 和变量 b 有序。当变量 a 和 b 有序后，变量 a、b 和 c 也就有序了。

否则（b > c 为假），可以确定变量 c 最大，而变量 a 和 b 已经有序，即变量 a、b 和 c 已经有序，此时无须任何操作。

第二步也可用 if 选择结构实现，相关代码为：

```
if(b > c)
{
/*变量 b 的值最大应存入变量 c 中*/
    b 和 c 的值互换；
    /*让变量 a 和改变后的变量 b 有序*/
    if(a > b)
    {
        a 和 b 的值互换；
    }
}
```

程序如下：

```
#include < stdio.h >
void main()
{
    int a,b,c,temp;
    scanf("%d%d%d",&a,&b,&c);
    /*第一步让子序列 a,b 有序*/
    if(a > b)
    {
        temp = a;
        a = b;
        b = temp;
    }
    /*第二步让子序列 a,b,c 有序*/
    if(b > c)
    {
        //变量 b 的值最大,交换变量 b 和 c 的值
        c = b + c;
        b = c - b;
```

```
            c = c - b;
            //变量 b 的值已变,再次使变量 a 和 b 有序
            if(a > b)
            {
                temp = a;
                a = b;
                b = temp;
            }
        }
        printf("排序后:a = %d,b = %d,c = %d\n",a,b,c);
    }
```

讨论:

(1) 输入数据为 5,3,2 时程序的运行过程 (哪些语句执行了?)。当输入数据为 5,2,2 和 2,3,5 时,程序的运行情况又如何?

(2) 第二步中可以让变量 c 与变量 a 进行比较吗? 写出详细的步骤。

例 4-20　根据一般规律"四年一闰,百年不闰,四百年再闰",判断某一年是否为闰年。

分析:

利用具体数据分析如表 4-9 所示。

表 4-9　例 4-20 具体数据分析

	第一次	第二次	第三次	第四次	
用户可能的输入	2001	2008	2100	2800	year
程序预期的输出	否	是	否	是	?

用整型变量 year 存储用户输入的数据。用户的输入大致有这几种情况:不是 4 的倍数;只是 4 的倍数但不是 100 的;是 100 的倍数但不是 400 的;是 400 的倍数。分析这些情况之间的逻辑关系,可以用怎样的选择结构区分它们呢?

关键算法如下:

```
    如果 year 不是 4 的倍数,则它不是闰年
    否则(意味着 year 是 4 的倍数)
        如果不是 100 的倍数,则是闰年
            否则(是 100 的倍数)
                如果不是 400 的倍数,则不是闰年
                否则(是 400 的倍数)
                    是闰年
#include < stdio.h >
void main()
{
    int year,leap;/* leap 用来标记 year 是否为闰年 */
    scanf("%d",&year);
    if(year%4 !=0)
        leap = 0;
    else
        if(year%100 !=0)
            leap = 1;/*闰年的条件为?*/
        else
            if(year%400 !=0)
                leap = 0;
            else
                leap = 1;/*闰年的条件为?*/
    if(leap == 1)
        printf("%d 年是闰年!\n",year);
    else
        printf("%d 年不是闰年!\n",year);
}
```

提示：

为使程序简洁美观，本例中有关代码通常写成如下形式：

```
if(year%4 !=0)
    leap = 0;
else if(year%100 !=0)
    leap = 1;
else if(year%400 !=0)
    leap = 0;
else
    leap = 1;
```

对照程序中的代码，分析改写后的代码有几个选择结构，并指出每个 if...else 选择结构包含的语句。

讨论：

（1）画出程序的流程图。

（2）程序有几条可执行路径？每条可执行路径分别对应了哪种情况？

（3）不用 leap 变量标记改用直接输出结果后，程序什么样子？

例 4-21 输入百分制成绩，输出相应的等级。百分制成绩和等级的对应关系为：90～100 为 A，80～89 为 B，70～79 为 C，60～69 为 D，0～59 为 E。

分析：

利用具体数据分析如表 4-10 所示。

表 4-10 例 4-21 具体数据分析

	第一次	第二次	第三次	第四次	第五次	
用户可能的输入	95	86	77	68	39	grade
程序预期的输出	A	B	C	D	E	?

用单精度变量 grade 存储用户输入的成绩。用户的输入至少有五种情况。这些情况之间有着怎样的逻辑关系？可以用怎样的选择结构区分它们呢？

关键算法可用图 4-25 表示。

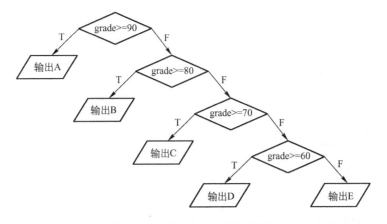

图 4-25 例 4-21 中关键的算法

```
#include < stdio.h >
void main()
{
    float grade;
```

```
    scanf("%f",&grade);
    if(grade >100 || grade <0)
    {
        printf("输入错误!\n");
        return;
    }
    if(grade >=90)        putchar('A');
    else if(grade >=80)   putchar('B');
    else if(grade >=70)   putchar('C');
    else if(grade >=60)   putchar('D');
    else   putchar('E');
    putchar('\n');
}
```

分析程序的可执行路径和每个 if... else 选择结构包含的语句。

例 4-22　用 switch 选择结构改写例 4-20。

分析：

switch 选择结构是"相等关系"的多分支选择结构，成绩等于几时输出字符 A，等于几时输出字符 B。

可把等级与成绩十位上的数相关联，即成绩十位上的数是"10"或9时为 A 级，是 8 时为 B 级，是 7 时为 C 级，是 6 时为 D 级，其余为 E 级。

```
#include <stdio.h>
void main()
{
    int i;
    float grade;
    scanf("%f",&grade);
    if(grade >100 || grade <0)
    {
        printf("输入错误!\n");
        return;
    }
    i = (int)grade/10;/*此处也可不用强制类型转换*/
    switch(i)
    {
        case 10:
        case 9:
            putchar('A');
            break;
        case 8:
            putchar('B');
            break;
        case 7:
            putchar('C');
            break;
        case 6:
            putchar('D');
            break;
        default:
            putchar('E');
            break;
    }
    putchar('\n');
}
```

例 4-23　输入类似 3.11 + 3.12 = 6.23 含 +、-、* 或/的等式，编程判断等式是否成立。

分析：

先用 3 个单精度变量把用户输入等式中的两个操作数和结果存储起来，再用 2 个字符型变量把等式中的操作符和等号存储起来，然后根据操作符的类型进行计算，最后把计算结果与用户输入的结果比较以判断等式是否成立。

```c
#include<stdio.h>
void main()
{
    float fa,fb,fc,fd;
    char ca,cb;
    scanf("%f%c%f%c%f",&fa,&ca,&fb,&cb,&fc);
    switch(ca)
    {
        case' + ':
            fd = fa + fb;
            break;
        case' - ':
            fd = fa - fb;
            break;
        case' * ':
            fd = fa * fb;
            break;
        case' / ':
            if(fb == 0)
            {
                printf("除数不能为零!\n");
                return;
            }
            fd = fa /fb;
            break;
    }
    if(fd == fc)
        printf("等式成立!\n");
    else
        printf("等式不成立!\n");
}
```

程序的运行情况如图 4-26 所示。

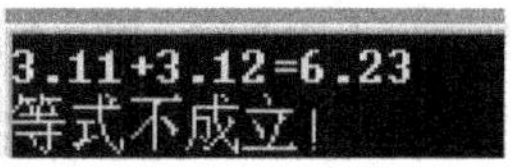

讨论:

（1）程序的输出为什么会出错呢？

（2）需要比较两个浮点数是否相等时该怎样办呢？

图 4-26 例 4-23 程序的运行情况

提示:

（1）出错的原因与浮点型的精度有关。输出单精度 3.11 的实际值，输出单精度 3.12 的实际值，计算它们的和；再与单精度 6.23 的实际值比较。

（2）判断两个浮点数是否相等通常转化为判断它们之差的绝对值是否“足够小”。如例 4-24 中可以把 fd == fc 改为 fabs(fd - fc) < 1e - 6。库函数 fabs 可求出浮点数的绝对值，包含在 math.h 头文件中。

练习 4

1. C 语言中逻辑量真和假的编码有何特点？e 为整型变量，!e 与 e! = 1 等价吗？与 e == 0 等价吗？

2. 给出逻辑或 ‖ 和逻辑非 ! 的真值表。

3. 有 int a = 2, b = 3, c = 5；计算下面各逻辑表达式的值。

(1) a * b > c && a + b <= c   (2) a + b > c ‖ a + b < c

(3)' 0' && a < c - 1   (4)' \0' ‖! (a > c) - 1

(5) a > b > c   (6)! a * c > b ‖ (c = a)

(7) a > 0 && (x = b ‖ 1)   (8)! (x = c) ‖ a == b - 1

4. 写出与下面结论等价的 C 语言表达式。

（1）三边长为 a，b，c 的三角形是直角三角形。

（2）a，b，c 三个整数中 b 最大。

（3）a，b，c 三个整数中，至少有两个是负数。

（4）a，b，c 三个整数中，只有两个是负数。

（5）字符型变量 ch 存储的是大字母。

（6）x 的取值范围为 $[1,10]$ 或 $(23,72]$。

（7）$1 < x < 3$ 或 $x < 0$。

（8）数学函数 $f(x) = \dfrac{\sqrt{(x-1)(x-2)}}{x}$ 的定义域。

5. 用两条语句 x < 0 && (x = -x); printf ("%f\n", x); 可以输出 x 的绝对值吗？如何评价这样的语句？

6. 用 if 选择结构验证练习 3 中的 11，12，并为练习 3 中的 17，20 和 24 增加输入数据合法性检查的代码。

7. 输入一个小写字母，将字母循环后移 3 个位置后输出。如"a"变成"d"，"y"变成"b"。（用 if 选择结构实现而非表达式 $(ch + 3 - 'a') \% 26 + 'a'$）

8. 画出下面程序的流程图。程序有几条可执行路径？每条可执行路径分别对应什么样的输入数据？

```
#include <stdio.h>
void main()
{
    int x,y;
    scanf("%d%d",&x,&y);
    if(x >0)
        x +=y;
    if(y >0)
        y -=x;
    printf("x =%d,y =%d\n",x,y);
}
```

提示：程序中多一个 if 选择结构，理论上程序的可执行路径会是原来的两倍。例 4-9 有三个 if 选择结构，理论上有 8 条可执行路径，但它实际上只有三条可执行路径，本程序中有二个 if 选择结构，理论上有 4 条可执行路径，但它实际上有几条，为什么？

9. 分析下面的程序。

```
#include <stdio.h>
void main()
{
    int n;
    printf("请输入一个三位的正整数:\n");
    scanf("%d",&n);
    if(!(99 <n && n <1000))
    {
        printf("(%d)输入错误,程序退出!\n",n);
        return;
    }
    printf("(%d)输入正确!\n",n);
}
```

提示：

（1）用 523 和 -523 测试时，程序分别有什么的输出？

（2）画出该程序的流程图，并与例 4-11 的对比。

（3）return 语句对 if 选择结构有何影响？

10. 用变量 x 和 y 保存用户输入的两个整数。若 $x^2 + y^2$ 大于 100，就输出 $x^2 + y^2$ 百位以上的数；否则，就输出两数之和。

11. 编程实现下面的函数。

$$y = \begin{cases} x & (x < 2) \\ 2x - 1 & (2 \leqslant x < 17) \\ \sin(x) + 1 & (x \geqslant 17) \end{cases}$$

要求：参照例 4-16 也用两种方法，并画出流程图。

12. 输入一个字符，如果是大写字母，就输出小写；如果是小写字母，就输出大写；其他字符，原样输出。分别用 if 选择结构和 if…else 选择结构编程实现。

13. 编程输出用户输入的三个数的最大值。下面的程序也能求出最大值，请把它补充完整。

```
#include < stdio.h >
void main()
{
    int x,y,z;
    scanf("%d%d%d",&x,&y,&z);
    int max;
    max = x < y?_____;
    printf("%d\n",max < z?_____);
}
```

14. 用 if 选择结构改写例 4-13 和例 4-21。

15. 分析实现了下面的函数的程序，并把画线处的代码补充完整。

$$y = \begin{cases} x & 0 \leqslant x < 10 \\ 10 & 10 \leqslant x < 30 \\ 30 - 0.5x & 30 \leqslant x < 50 \\ 50 & x \geqslant 50 \end{cases}$$

```
#include < stdio.h >
void main()
{
    int x,i;
    float y;
    scanf("%d",&x);
    if(_____) i = 5;
    else i = _____;
    switch(i)
  {
    case 0 :
        y = x;
        break;
    case 1 :
    case 2 :
        y = 10;
        break;
    case 3 :
    case 4 :
        y = 30 - 0.5 * x;
        break;
    case 5 :
        y = 50;
        break;
    default :
        y = -1;
        break;
  }
    if(_____)
        printf("y = %3.1f\n",y);
    else
        printf("输入错误!\n");
}
```

16. 分析下面的程序，当用 break 语句退出 switch 选择结构后，程序将如何执行呢？

```
#include < stdio.h >
void main()
{
    int a = 2,b = 3;
```

```
switch(a > 0)
{
    case 1:
        switch(b < 0)
        {
            default:
                printf("case 1:default \n");
            case 1:
                printf("case 1:case 1 \n");
                break;
            case 2:
                printf("case 1:case 2 \n");
                break;
        }
    case 2:
        printf("case 2: \n");
    default:
        printf("default! \n");
        break;
    case 0:
        printf("case 0: \n");
}
printf("a = %d,b = %d \n",a,b);
}
```

17. 整型变量 x 与字符型变量 y 有如下对应关系。

输入 x 的值时输出相应 y 的值，并用 switch 选择结构实现。(提示：考虑 (x − 1)/100 的值)

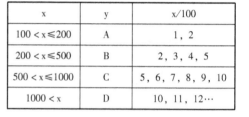

x	y	x/100
$100 < x \leq 200$	A	1，2
$200 < x \leq 500$	B	2，3，4，5
$500 < x \leq 1000$	C	5，6，7，8，9，10
$1000 < x$	D	10，11，12…

18. 分析下面程序的作用。

```
#include < stdio.h >
void main()
{
    int a,b,c;
    printf("a = ");  scanf("%d",&a);
    printf(",b = ");  scanf("%d",&b);
    printf(",c = ");  scanf("%d",&c);
    if(a < b && a < c)
        if(b < c)
            printf("\n%d,%d,%d \n",a,b,c);
        else
            printf("\n%d,%d,%d \n",a,c,b);
    if(b < a && b < c)
        if(a < c)
            printf("\n%d,%d,%d \n",b,a,c);
        else
            printf("\n%d,%d,%d \n",b,c,a);
    if(c < a && c < b)
        if(a < b)
            printf("\n%d,%d,%d \n",c,a,b);
        else
            printf("\n%d,%d,%d \n",c,b,a);
}
```

(分别用 5,3,2 和 5,2,2 测试)

19. 把用户输入的 5 个整数按升序输出。

20. 下图是例 4-20 的关键处理过程，把图补充完整，并编程实现。

21. 判断用户输入的整数能否被 2,3,5 整除，并根据情况输出以下信息

之一：

（1）能同时被 2,3,5 整除。

（2）能被其中两个（哪两个）数整除。

（3）能被其中一个（哪一个）数整除。

（4）不能被 2,3,5 中的任一个数整除。

22. 例 4-21 的处理过程也可以用图 4-27 表示，写出与此相对应的程序。对比分析两种处理方式输出 A、B、C、D、E 时比较了多少次。

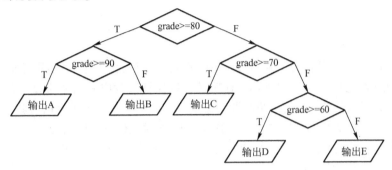

图 4-27　例 4-21 的关键算法

23. 某专卖店销售运动服，若买的不少于 30 套，每套 120 元；不足 30 套的，每套 150 元；只买上衣每件 90 元；只买裤子每条 80 元。编程实现当输入所买上衣和裤子的件数时输出应付款。（提示：当输入 23 和 32 时，应按 23 套运动服和 9 条裤子计算应付款。）

24. 输入方程 $ax^2 + bx + c = 0$ 的系数时编程输出方程的根。注意区分以下情况：

（1）方程有无数个根（$a = b = c = 0$）。

（2）方程无根（$a = b = 0$，$c \neq 0$）。

（3）方程只有一个实根（$a = 0$，$b \neq 0$）。

（4）方程有两个实根（判断两根是否相等）。

（5）方程有两个虚根（输出 $3 + 2i$ 形式的虚根）。

25. 输入三角形的三条边，根据情况输出以下信息中的一种。

（1）可以组成等边三角形。

（2）可以组成等腰三角形。

（3）可以组成等腰直角三角形（测试数据 2.3,3.252691,2.3）。

（4）可以组成一般直角三角形。

（5）可以组成一般三角形。

（6）不能组成三角形。

26. 根据用户输入的字符，按下表输出有关信息。

输入	c	b	a	不是字符 a 或 b 或 c 时
输出	a	b	c	您的输入不是 a, b 或 c！

要求：

（1）使用 if 选择结构实现程序。

（2）使用 if...else 选择结构实现程序。

（3）使用 switch 选择结构实现程序。

（4）比较三种不同实现。

第 5 章　循 环 结 构

章节导学

　　算法中经常有需要重复执行的步骤，C 语言中可以利用循环结构控制计算机执行重复的步骤。

　　计算机可以高效地执行重复的操作，程序员在设计算法时应采用"重复"的步骤解决问题。多数情况下，设计算法就是寻找能解决问题的重复步骤，编程就是把重复的步骤翻译成循环结构。除了"整数认不全，小数算不准"之外，计算机的另一个特点就是只会重复。

　　循环是迭代，不是简单的重复，而是一定条件下的重复。设计算法时理清"什么在重复"和"什么条件下重复"通常是关键。

　　借助循环解决问题时，穷举法和迭代公式法是最常见的算法。

　　"自顶向下，逐步求精"是分析解决复杂问题行之有效的方法。"自顶向下"要求从宏观上分析，不拘泥于细节，理清脉络把握问题的本质；"逐步求精"要求从局部着力，从细节入手，分析问题的独特性，针对具体问题，列举"原始数据"发现"规律"，最终解决问题。"自顶向下，逐步求精"既"抓大"又"抓小"，只要两者紧密配合，就能有效地解决复杂的问题。

　　分析嵌套的循环结构时，注意区分其中每个循环结构的层次。嵌套的循环结构大都体现了"自顶向下，逐步求精"。

　　编程时需有分析问题，设计算法，把加工处理步骤翻译成代码的能力，即"写作"能力。分析程序时，需有把代码还原成加工处理步骤的能力，即"阅读"能力。"写作"能力和"阅读"能力相辅相成。养成以表格形式分析循环结构执行过程的习惯，可以快速提高"阅读"能力和"写作"能力。

　　再次强调：多上机编程是学好 C 语言的必由之路，只有实践才能出真知，但理论指导下的实践才是最有效的实践，一定要养成人工执行并分析源程序的习惯。

本章讨论

　　（1）按二进制形式输出用户输入的十进制正整数，如输入 8 时输出 1000。

　　为便于灵活运用，C 语言提供了三种循环结构，分别是 while 循环结构、for 循环结构和 do...while 循环结构。

5.1　while 循环结构

5.1.1　while 循环结构分析

```
while 循环结构的一般形式：
while(表达式)
    语句
```

　　其中，表达式应为逻辑表达式，该表达式又称为循环控制表达式或循环条件。语句可以是单条语句或复合语句，又称为循环体。

　　while 循环结构的执行流程与 if 选择结构的有相同之处：先对表达式求值，若值为非 0（即真），就执行循环体；否则，while 循环结构执行完毕。不同之处在于：当循环条件为真，循环体执行一次之后，while 循环结构不会像 if 选择结构那样结束执行，它会再次重复上面的执行流程，也就是说，只有当循环条件为假时，while 循环结构才会结束执行。可以用图 5-1 表示。

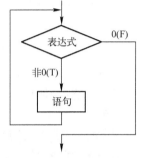

图 5-1　while 循环结构的执行流程

　　例5-1　分析下面 while 循环结构的执行流程。

```
while(i > 0)
    printf(" * ");
```

　　分析：

　　while 循环结构执行时先对循环控制表达式求值；若值为真，执行循环体；否则，不执行循环体，循环结构执行完毕。循环控制表达式 i > 0 的值是真还是假呢？

　　其值与变量 i 的值相关。当变量 i 的值为正数时，比如 3，表达式 i > 0 的值为 1，真循环体会执行，输出一个星号 * ；然后，再对表达式 i > 0 求值，其值仍为 1，真，循环体会再次执行，又输出一个星号 * ；接着，继续对表达式 i > 0 求值，其值还是 1，……。由于循环控制表达式的值总为真，故循环体会一直重复执行，这个循环结构会输出无数个星号。

　　当变量 i 的值不是正数时，比如 -3，表达式 i > 0 的值为 0，假，不执行循环体，循环结构执行完毕。这个循环结构的循环体一次也没有执行，什么也没有输出。

　　综上所述，这个 while 循环结构要么执行无数次循环体，输出无数个星号 * ；要么一次循环体也不执行，仅仅对循环控制表达式求一次值。循环体执行的次数与循环控制表达式中变量的值密切相关，因此循环控制表达式中的变量又称作循环变量。

　　循环条件恒为真的循环可称为"无限循环"或"死循环"，这个 while 循环结构中循环条件与其循环变量 i 的值相关，因此它不是无限循环。

　　讨论：

　　（1）while 循环结构执行时，其循环体会重复执行多少次呢？

　　（2）"无论循环体是否有机会执行，循环控制表达式至少会求值一次"对吗？

　　例 5-1 中的 while 循环结构要么输出无数个星号，要么一个星号也不输出，没有实际作用。怎样控制循环体的执行次数，输出特定数量的星号呢？比如说，执行一次 while 循环结构只输出 5 个星号呢？

　　例5-2　修改例 5-1 中的 while 循环结构，要求输出 5 个星号 * 。

　　分析：

　　循环控制表达式求值时，为真，循环体就执行一次，输出一个星号。输出 5 个星号，需要循环体执行 5 次，即循环控制表达式求值 5 次，其值都为真。输出 5 个星号后，当循环控制表达式再次（第 6 次）求值时，其值为假，循环体不再执行，循环结构执行完毕。要完成任务，需循环控制表达式的值由真变为假，其值由循环变量 i 的值确定，可见在循环结构执行过程中需改变循环变量的值。由分析可知，只输出 5 个星号时需要通过调整变量 i 的值使循环控制表达式在前 5 次求值时值为真，第 6 次求值时值为假。

　　当变量 i 的值为正数时，表达式的值为真；不为正数时，表达式的值为假。在循环结构执行过程，表达式前 5 次求值时变量 i 的值都是正数，第 6 次求值时其值不再是正数了。只能在循环体中修改循环变量 i 的值了。循环体执行一次，就调整一次变量 i 的值，当循环体执行 5 次后，变量 i 正好由正数变成非正数，于是当第 6 次对表达式求值时，其值不再为真。只要精心设置变量 i 的初始值和循环体中变量 i 的值的调整幅度，实现要求还是很容易的。

下面代码段中的 while 循环结构可以输出 5 个星号 *。

```
int i = 5;                          /* 设置初值 */
while(i > 0)
{
    printf(" * ");
    --i;                            /* 调整循环变量的值 */
}
```

讨论：

循环变量 i 的值和星号的个数有着怎样的联系？

提示：

程序的变量通常与问题的某个数据密切相关，有一定的"实际"意义。

例 5-3   画表分析下面 while 循环结构的执行情况。

(1)
```
char ch = 'Z';
while(ch >= 'A')
{
    printf("%3c",ch);
    --ch;
}
```

(2)
```
int i = 1;
while(1.0/i > 1.23e-3)
{
    ++i;
}
printf("(1.0/%d)%f <= 0.00123 \n",i,1.0/i);
```

(3)
```
int k = 1;
char ch = 'A';
while(++ch <= 'F' && k > 0)
{
    switch(ch++)
    {
        case 'C':
            k -= 3;
        case 'D':
            k -= 4;
            break;
        case 'E':
            k -= 5;
            break;
        default:
            k += 3;
            break;
    }
    printf("%3c%3d",ch,k);
```

```
        }
    printf(" \ n%3c%3d \ n",ch,k);
```

分析:

(1) 此循环结构可以用下面的表格分析 (·表示空格)。

循环控制	循环体	printf ("%3c", ch);	‐ ‐ ch;
ch	ch >= 'A'		
' Z'	1 ‐ 真	输出··Z	ch;' Z' ‐> 'Y'
' Y'	1 ‐ 真	输出··Y	ch;' Y' ‐> 'X'
⋮	⋮	⋮	⋮
' A'	1 ‐ 真	输出··A	ch;' A' ‐>?
?	0 ‐ 假	× (表示不执行)	×

循环体执行了 26 次,输出了从 Z 到 A 共 26 个大写字母。循环变量 ch 表示要输出的大写字母。

(2) 此循环结构可以用下面的表格分析。

循环控制	循环体	++i;
i	$1.0/i > 1.23e-3$	
1	1 ‐ 真	i; 1 ‐>2
2	1 ‐ 真	i; 2 ‐>3
⋮	⋮	⋮
? (不会超过 1000)	0 ‐ 假	×

由输出结果 (1.0/814) 0.001229 <= 0.00123 可知,循环体执行了 813 次。(循环体执行 1 次后,循环变量 i 的值变为 2;循环体执行 2 次后,循环变量 i 的值变为 3;……。循环结构结束时循环变量 i 的值为 814,因此循环体执行了 813 次。)

这段代码可以找出倒数不大于 0.00123 的正整数中,哪个最小。

(3) 该代码段的 while 循环结构中包含了一个 switch 选择结构。分析复杂的循环结构时需要耐心。

循环控制		循环体		switch 结构			printf ("%3c %3d", ch, k);
ch	k	++ ch <= 'F' && k >0	ch	ch ++	ch	匹配	
' A'	1	1 ‐ 真	' A' ‐> 'B'	B	' B' ‐> 'C'	default k; 1 ‐>4	··C··4
' C'	4	1 ‐ 真	' C' ‐> 'D'	D	' D' ‐> 'E'	case' D' : k; 4 ‐>0	··E··0
' E'	0	0 ‐ 假	' E' ‐> 'F'	×	×	×	×

表达式 ++ ch <= 'F' && k >0 求值时,变量 ch 的值会自增,表格中用在右边增加一列的方式显式强调了变量的自增操作,为区别其他列,该列的一边用了虚线。

在匹配语句序列时,switch 结构使用表达式的值,在本例中使用表达式 ch ++ 的值,因此表达式求值后,即使变量 ch 的值变成了 'E' ,匹配的仍然是 case' D' 。

第三次对循环控制表达式求值时,子表达式 ++ ch <= 'F' 中 ++ ch 的值为 'F' ,为真,但子表达式 k >0 为假,故循环表达式的值为假,循环结构结束执行。

代码段中最后一条语句执行时, 在新的一行中输出: ··F··0。

代码段的完整输出为:

```
C 4 E 0
F 0
```

讨论:

怎样分析循环结构的执行?

5.1.2　while 循环结构用法

例 5-4　编程计算 $1 + 2 + 3 + \cdots + 100$ 的和。

分析:

利用数学公式可以简单有效地解决这个问题, 但采用直接模拟的方法更能体现 "编程的真谛"。

先求 $1 + 2 + 3 + 4 + 5$ 的和.

$$1 + 2 + 3 + 4 + 5$$
$$= \underline{3 + 3} + 4 + 5$$
$$= \underline{6 + 4} + 5$$
$$= \underline{10 + 5}$$
$$= 15$$

分析计算过程可知, 整个计算过程就是重复算加法, 把前一次的和与新的加数相加。如果用整型变量 sum 存储每次相加的和, 用整型变量 i 存储新的加数, 则重复的就是 sum = sum + i, 即前一次的和 sum 与新的加数 i 相加后, 得到的和再次用变量 sum 保存。

最开始算的是 $1 + 2$, 因此变量 sum 的初值设置为 1, 加数 i 的值为 2。语句 sum = sum + i; 执行后, 将计算出 $1 + 2$ 的值 3, 存储和的变量 sum 的值变成了 3。接着计算 $3 + 3$, 再次求和之前需得到新的加数。新的加数总比原加数大 1, 因此将变量 i 自增 1 就可得到还保存在变量 i 中的新的加数, (可用语句 ++i;)。

再次执行 sum = sum + i; 可求出 $3 + 3$ 的和, 并将其存入变量 sum 中。接着计算之前还需要用 ++i; 得到新的加数, ……。可以用下面的代码模拟出上面的计算过程。

```
int i = 2, sum = 1;
sum = sum + i;
 ++i;
sum = sum + i;
 ++i;
sum = sum + i;
 ++i;
sum = sum + i;
 ++i;
```

语句 sum = sum + i; 和语句 ++i; 在加数不大于 5 (表达式 i <= 5 为真) 情况下就需要重复。整个过程可用下面的 while 循环结构简洁地实现:

```
int i = 2, sum = 1;
while(i <= 5)
{
    sum = sum + i;
    ++i;
}
```

讨论:

(1) 用表格分析 while 循环结构执行的过程, 并与实际的计算过程对比。

(2) 代码段中变量 i 和 sum 有什么实际意义?

(3) 计算 $0 + 1 + 2 + 3 + 4 + 5$ 时上面的 while 循环结构又该如何修改?

(4) 整理出算法。

```
#include < stdio.h >
void main()
{
    int i = 1,sum = 0;
    while(i < = 100)
    {
        sum + = i;
        + + i;
    }
    printf("1 + 2 + … + 100 = % d \n",sum);
}
```

例 5-5 输入一个正整数,输出其各位数之和。(与例 3-16 比较)

分析:

输入 2352 时,需输出 12 即 2 + 5 + 3 + 2,依次把正整数各位上的数加起来就可得到答案,本质上也是重复算加法与例 5-4 相似。

输入的正整数用整型变量 n 存储,计算个位 + 十位 + 百位 + 千位 + 万位 + ……即可。用整型变量 sum 存储每次相加的和,用整型变量 i 存储新的加数,sum 变量的初值为 0,则参考例 3-16 的算法,求和的过程可用下面的语句实现:

```
i = n%10;            /* 求出个位上的数 * /
sum = sum + i;       /* 求和 * /
n = n/10;            /* 整数缩小十倍,原来十位上的数变成了个位上的数 * /
i = n%10;            /* 求出个位上的数(实为原来十位上的数) * /
sum = sum + i;       /* 求和 * /
n = n/10;            /* 整数缩小十倍,原来百位上的数变成了个位上的数 * /
i = n%10;            /* ? * /
sum = sum + i;       /* 求和 * /
n = n/10;            /* ? * /
……
```

重复的过程中变量 n 每次都缩小十倍,只要它的值大于 0,就表明还需重复处理,还需要执行循环体,因此重复的条件为变量 n 大于 0。

```
#include < stdio.h >
void main()
{
    int n,i,sum = 0;
    scanf("%d",&n);
    while(n > 0)
    {
        i = n%10;
        sum + = i;
        n/ = 10;
    }
    printf("各位数之和为% d \n",sum);
}
```

讨论:

(1) 再次分析第 3 章的讨论题。(虽然用类似 n/100 + n% 100/10 + n% 10 的表达式简洁,但编程时利用"重复"解决问题常常更直接有效。)

(2) 当输入 2352 时,用表格分析程序中 while 循环结构执行的过程。

(3) 例 5-4 和例 5-5 的循环结构中,一个是先加再求新的加数,一个是先求新的加数再加,为什么?

例 5-6 一百个僧人分一百个馒头,大僧每人分三个,小僧三人分一个,正好分完。问大小僧各几人?

分析：

如何用"重复"的步骤来解决这个问题呢？

尝试所有的可能。

大僧 1 人时，小僧（100 − 1）人，需要馒头 3 * 1 + (100 − 1)/3 个，如果馒头的个数等于 100，就找到了答案，输出大小僧的人数；否则，就不输出。

大僧 2 人时，小僧（100 − 2）人，需要馒头 3 * 2 + (100 − 2)/3 个，如果馒头的个数等于 100，就找到了答案，输出大小僧的人数；否则，就不输出。

……

大僧 33 人时，小僧（100 − 33）人，需要馒头 3 * 33 + (100 − 33)/3 个，如果馒头的个数等于 100，就找到了答案，输出大小僧的人数；否则，就不输出。

由于只有 100 个馒头，一个大僧三个馒头，因此大僧最多 33 人。

整个过程可以用下面的语句实现。

```
/*大僧 1 人时*/
if(3 * 1 + (100 − 1)/3 ==100)  printf("大僧:%d,小僧:%d\n",1,100 − 1);
/*大僧 2 人时*/
if(3 * 2 + (100 − 2)/3 ==100)  printf("大僧:%d,小僧:%d\n",2,100 − 2);
……
/*大僧 33 人时*/
if(3 * 33 + (100 − 33)/3 ==100)  printf("大僧:%d,小僧:%d\n",33,100 − 33);
```

由这 33 个 if 选择结构组成的程序虽然能解决问题，但太麻烦。33 个 if 选择结构显然是个重复，可以用循环结构实现，重复的是大僧的人数，从 1 重复到 33。用循环变量 i 表示大僧的人数，它的取值需要从 1 重复到 33，因此循环变量 i 的初值设置为 1，循环控制表达式为 i <= 33，循环体中循环变量 i 需自增 1。

尝试所有可能的选项以找到正确答案的方法又称为穷举法。

参考程序如下：

```
#include <stdio.h>
void main()
{
    int i =1;
    while(i <=33)
    {
        if(3 * i + (100 − i)/3 ==100)
            printf("大僧:%d,小僧:%d\n",i,100 − i);
        ++i;
    }
}
```

讨论：

（1）循环结构执行的过程与穷举的过程一致吗？由 33 个 if 选择结构组成的程序与用循环结构实现的程序本质上有区别吗？

（2）把题目中的条件改为"大僧每人 2 个馒头，小僧 4 人一个馒头"后再次求解。条件改后程序为何得到了错误的答案？

（3）分析下面的程序。

```
#include <stdio.h>
void main()
{
    int i =3;
    while(i <=100)
    {
        if(i/3 + (100 − i) * 3 ==100)
```

```
        printf("大僧:%d,小僧:%d\n",100-i,i);
        i+=3;
    }
}
```

提示：

循环结构的执行过程可用下面表格分析。

循环控制	循环体	if 选择结构	i+=3;
i	i<=100		
3	1－真	0－假,不输出。	3->6
6	1－真	0－假,不输出。	6->9
⋮	⋮	⋮	⋮

循环变量 i 有何意义？循环结构模拟了怎样的解题步骤？与上面的算法相比有何异同？

例 5–7 输入一个正整数，输出其倒序数（和整数 123 的倒序数为 321）。

分析：

设用户的输入为 123，怎样得到其倒序数 321 呢？

可用 $3*100+2*10+1$，但算式中没有明显的重复，把算式改写成 $((0*10+3)*10+2)*10+1$ 后就能发现其中的重复。如用变量 rev 保存倒序数，并赋初值为 0，则倒序数 321 可用下面的语句求出：$rev=rev*10+3$；$rev=rev*10+2$；$rev=rev*10+1$；

由例 5–5 可知，通过循环可以依次获得用户输入数的个位上的数，十位上的数，百位上的数，……。

```
while(n>0)
{
    i=n%10;
    n/=10;
}
```

循环体执行时变量 i 可以得到变量 n "个位" 上的数。以整数 123 为例。第一次循环体执行时，变量 i 的值为 3；第二次循环体执行时，i 的值为 2；第三次循环体执行时，i 的值为 1。可见重复执行 $rev=rev*10+i$；就可求出倒序数。

```
#include<stdio.h>
void main()
{
    int n,i,rev=0;
    scanf("%d",&n);
    while(n>0)
    {
        i=n%10;
        rev=rev*10+i;
        n/=10;
    }
    printf("倒序数为%d\n",rev);
}
```

表达式 $rev=rev*10+i$ 又称为迭代公式，通过重复迭代公式求出问题解的算法可称为迭代公式法。

讨论：

输入 2352 时，画表分析循环结构的执行过程。

5.2　for 循环结构

5.2.1　for 循环结构分析

使用循环结构时通常需控制循环体执行的次数，而循环体执行的次数由循环变量的初值、循环条件和循环变量的调整幅度决定。循环变量的初值通常在循环结构的前面设置，且仅设置一次；循环条件决定循环体是否执行；循环变量通常在循环体中调整。循环条件为真时，循环体就执行，循环变量就会改变，循环表达式的值可能随之改变；当循环条件不成立时，循环结构也就执行完毕了。为了使循环结构更紧凑，更优雅，C 语言提供了 for 循环结构。

for 循环结构的一般形式为：

```
for(表达式1;表达式2;表达式3)
    语句;
```

其中，表达式 1 的作用是设置循环变量的初值。for 循环结构执行时表达式 1 会先求值，且仅求值（执行）一次。接着，表达式 2 将求值。

表达式 2 就是循环控制表达式，值为真时执行循环体，否则，立即退出 for 循环结构，for 循环结构执行结束。

表达式 3 用于调整循环变量的值，循环体执行完后会立即对表达式 3 求值。表达式 3 求值后，for 循环结构将再次对表达式 2 求值，以确定是否执行循环体。

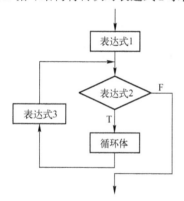

图 5-2　for 循环结构的执行流程

for 循环结构的执行流程如图 5-2 所示。

讨论：

在形式上 for 循环结构与 while 循环结构有何不同？

例 5-8　用 for 循环结构替换例 5-6 程序中的 while 循环结构。

```c
#include <stdio.h>
void main()
{
    int i;
    for(i =3; i <=100; i +=3)
        if(i /3 + (100 - i) * 3 ==100)
            printf("大僧:%d,小僧:%d\n",100 - i,i);
}
```

for 循环结构的分析过程与 while 循环结构的类似，如本例中的 for 循环结构可用下表分析。

循环控制	循环体	if 选择结构	i +=3;
i	i <=100		
3	1 - 真	0 - 假，不输出。	3 ->6
6	1 - 真	0 - 假，不输出。	6 ->9
⋮	⋮	⋮	⋮

for 循环结构中的表达式 3 放置在循环体语句的右边，并用双竖线分隔。

讨论：

画出程序的流程图。

for 循环结构中的表达式 1 和表达式 3 可以分别或一起省略，但是相应的；号不能省略。省略的表达式默认为空语句。for(;表达式2;)与 while(表达式2)等价。表达式 1 和表达式 3 有时为逗号表达式。

如例 5-4 程序中的相关代码可用 for 循环结构改写为：for(i = 2,sum = 1;i <= 100;++i)sum += i;。

表达式 2 也可以省略，不过省略后其值默认为真，即此时的 for 循环结构为"无限循环"。for(;;)与 while(1 > 0)等价。

5.2.2 for 循环结构用法

例 5-9 用 for 循环输出 100 以内奇数之和与偶数之和。

分析：

可以先求出 1 + 3 + … + 99 之和再求出 2 + 4 + … + 100 之和，也可在一个循环结构中求出它们的和，如下面的程序所示。

```
#include < stdio.h >
void main()
{
    int i,oddSum = 0,evenSum = 0;
    for(i = 1;i <= 100;++i)
    {
        if(i%2 == 0)
            evenSum += i;
        else
            oddSum += i;
    }
    printf("1 + 3 + ... + 99 = %d\n2 + 4 + ... + 100 = %d\n",oddSum,evenSum);
}
```

讨论：

画表分析下面的循环结构。

```
for(i = 1;i <= 99;i += 2)
{
    oddSum += i;
    evenSum += i + 1;
}
```

例 5-10 输入两个正整数，求它们的最小公倍数。

分析：

用穷举法。程序中整型变量 m 和 n 保存用户的输入，最小公倍数可能是 1，2，3，…，n * m；也可能是 m，2 * m，3 * m，…，n * m。如何用 for 循环结构实现穷举的过程呢？

循环变量 i 值从 m ~ n * m，变量 i 从 m ~ 2 * m，再从 2 * m ~ 3 * m，……

```
for(i = m;i <= m * n;i += m)
{
    /*如果变量 i 是 n 的倍数,变量 i 就是公倍数,输出变量 i */
}
```

由于从小到大穷举，故最先输出的公倍数就是最小公倍数。

```
#include < stdio.h >
void main()
{
    int i,m,n;
    scanf("%d%d",&m,&n);
    for(i = m;i <= m * n;i += m)
        if(i%n == 0)
            printf("%d 和 %d 的最小公倍数为%d.\n",m,n,i);
}
```

图 5-3 程序运行情况

程序运行情况如图 5-3 所示。

尽管输出了最小公倍数，但多输出了一个公倍数，程序有逻辑错误。

找到最小公倍数后就不能再穷举了，因此重复的条件不应该是 i<=m*n，应怎样改正？相应的 for 循环结构又如何写呢？

讨论：

画表分析下面的循环结构。循环体有何特点？循环结束后，循环变量 i 的值有何实际意义？

```
for(i =m;i%n !=0;i +=m)
    ;   /* 循环体为空语句 */
printf("%d 和%d 的最小公倍数为%d\n",m,n,i);
```

例 5-11　斐波那契数列的一般项 F_n 定义如下：

n	第 $n-2$ 项	第 $n-1$ 项	第 n 项
3	1	1	2
4	1	2	3
5	2	3	5
6	3	5	8
7	5	8	

$$F_n = \begin{cases} 1 & (n=1) \\ 1 & (n=2) \\ F_{n-2} + F_{n-1} & (n \geq 3) \end{cases}$$

输出它的前 30 项，每行输出 5 项。

分析：

数列的项依次 $1,1,2,3,5,8,\cdots$，从第 3 项开始计算过程如下表。

直接输出前两项，计算第 3 项、第 4 项、第 5 项，……，直到第 30 项。重复地计算，每重复一次计算出一项。可以构造一个重复 28 次的循环结构模拟这个过程。

```
for(i =3;i <=30;++i)
{
    /* 求出第 i 项 */
}
```

用变量 f 存储要计算第 i 项，用变量 f2 存储第 i-2 项，变量 f1 存储第 i-1 项。求第 3 项时，f1 = f2 = 1;f = f1 + f2;。求第 4 项时，原来是第 3 项的前第一项 f1（第 2 项）变成了现在（第 4 项）的前第二项，原来是第 3 项的前第二项 f2（第 1 项）变成了现在（第 4 项）的前第三项，原来是当前项 f（第 3 项）变成了现在（第 4 项）的前第一项，因此求第 4 项可用语句 f2 = f1;f1 = f;f = f1 + f2;。求第 5 项时，各项是怎样变化的？可用语句 f2 = f1;f1 = f;f = f1 + f2;吗？求第 6 项时，……。

第 3 项：f1 = f2 = 1;f = f1 + f2;，第 4 项：f2 = f1;f1 = f;f = f1 + f2;，第 5 项：f2 = f1;f1 = f;f = f1 + f2;，……。

```
#include <stdio.h>
void main()
{
    int i,f1,f2,f;
    f1 = f2 =1;
    printf("%10d%10d",f1,f2);
    for(i =3;i <=30;++i)
    {
      f = f1 + f2;
      printf("%10d",f);
      if(i%5 ==0)   /* 当前行中已经输出了 5 项 */
        printf("\n");
      f2 = f1;
      f1 = f;
    }
}
```

5.3　break 语句和 continue 语句

例 5-10 中的程序出现逻辑错误的原因在于找到最小公倍数后没有及时终止循环。循环体执行期间当某个条件成立时可能需要立即终止循环结构的执行。break 语句不仅能终止 switch 选择结构的执行，也能终止循环结构的执行。执行时如遇到 break 语句，循环结构会立即终止执行。

例 5-10 程序中的循环结构也可修改为：

```
for(i=m;i<=n*m;i+=m)
    if(i%n==0)
    {
        printf("%d 和%d 的最小公倍数为%d\n",m,n,i);
        break;    /*已经求出了最小公倍数,立即退出循环结构*/
    }
```

例 5-12 判断正整数 n 是否为质数。

分析：

质数只有 1 和它本身两个约数。原问题可转化成判断整数 n 是否有第 3 个约数。

用穷举法。简单地说 $2,3,4,\cdots,n-1$ 都有可能是整数 n 的第 3 个约数。

可以用循环结构模拟穷举过程。循环变量 i 从 2 到 $n-1$，每次自增 1。循环体中判断变量 i 是否为整数 n 的约数。如果是，显然变量 i 为整数 n 的第 3 个约数，整数 n 不是质数。得出结论后就可以直接 break 退出循环。如果变量 i 不是整数 n 的约数，又该怎么办？

此时，能否说"整数 n 没有第 3 个约数，是质数"？不能。变量 i 不是整数 n 的约数，不能排除整数 n 还有其他约数，因此只凭这个结论不能判断整数 n 是否为质数，还需接着验证。

上面的处理过程可以用一个 if 选择结构实现，循环结构如下所示。

```
for(i=2;i<=n-1;++i)
{
    if(n%i==0)            /*为真时找到了第 3 个约数*/
    {
        printf("%d 不是质数!\n",n);
        break;            /*已经得到了答案,立即退出*/
    }
                         /*整数 i 不是 n 的约数说明不了什么,需要接着验证.*/
}
```

循环结束后，如果循环是正常退出的，就意味着 $2\sim n-1$ 都不能整除 n，即整数 n 没有第 3 个约数，n 为质数。循环结构中的 break 语句也会导致循环的结束，怎样区分这个循环是"执行完毕正常退出"还是"break 退出"呢？

```
#include<stdio.h>
void main()
{
    int n,i;
    scanf("%d",&n);
    for(i=2;i<=n-1;++i)
        if(n%i==0)
            break;
    if(i==n)
        printf("%d 是质数!\n",n);
    else
        printf("%d 不是质数!\n",n);
}
```

讨论：

（1）把 if(i==n)中的条件换为 i>=n 可以吗？用整数 1 测试。

break 语句既可用于循环结构，又可用于 switch 选择结构，当循环体中包含 switch 选择结构时，须分清 break 语句属于哪个结构，break 语句只能终止所属结构的执行，如例 5-3 中的第 3 题所示。

循环结构中还可以包含 continue 语句，它的作用是立即结束循环体的本次执行，位于 continue 语句后面的语句本次将不再执行。continue 语句仅仅终止循环体的本次执行而循环结构会继续执行，而 break 语句却直接终止循环结构的执行，两者有明显的区别。

例 5-13 找规律，输出所有小于 100 的项，10 个一行。

1、2、4、7、8、11、13、14、16、17、19、22、23

分析：

穷举法，可能的项是 1,2,3,……,99。从 1 重复到 99，是序列中的一项时输出，不是则忽略。序列中没有 3 或 5 的倍数。

```c
#include <stdio.h>
void main()
{
    int i,n=0;              /* n 用于统计已输出了多少项 */
    for(i=1;i<100;++i)
    {
        if(i%3==0 || i%5==0)
            continue;
        printf("%3d",i);
        ++n;
        if(n%10==0)         /* 10 个一行.换成 i%10==0 会出现什么情况? */
            printf("\n");
    }
}
```

本例也可不用 continue 语句实现。

break 语句和 continue 语句在循环体中常作为 if 选择结构的一部分出现，当满足一定条件时，或提前终止循环结构，或提前终止本次循环。

5.4 循环嵌套

例 5-14 分析下面程序的输出。

```c
#include <stdio.h>
void main()
{
    int i,j;
    for(i=1;i<=5;++i)
    {
        printf("第%d 行:",i);
        for(j=1;j<=5;++j)
        {
            printf("%2c", *);
        }
        printf("\n");
    }
}
```

分析：

程序主要由一个"大"for 循环结构组成，第 6~13 行是其循环体，它的循环变量 i 从 1 到 5，每次自增 1，因此循环体将重复执行五次。循环体中又包含了一个"小"for 循环结构，第 8~11 行是小循环结构的循环体。一个循环结构的循环体中又包含了循环结构，这就形成了所谓的"循环嵌套"。嵌套循环结构的执行情况稍显复杂，需仔细分析。

循环体 循环控制		printf("第%d 行:",i)	for(j=1;j<=5;++j) { printf("%2c", *);}				printf ("\n");	++i;
i	i<=5		j	j<=5	printf("%2c", *);	++j		
1	1 - 真	第 1 行:	1	1 - 真	· *	1 ->2	↙	1 ->2
			2	1 - 真	· *	2 ->3		

续表

循环控制 \ 循环体		printf("第%d行:",i)	for(j=1;j<=5;++j){printf("%2c",*);}				printf("\n");	++i;
i	i<=5		j	j<=5	printf("%2c",*);	++j		
1	1-真	第1行:	3	1-真	·*	3->4	↙	1->2
			4	1-真	·*	4->5		
			5	1-真	·*	5->6		
			6	0-假	×	×		
2	1-真	第2行:	1	1-真	·*	1->2	↙	2->3
			2	1-真	·*	2->3		
			3	1-真	·*	3->4		
			4	1-真	·*	4->5		
			5	1-真	·*	5->6		
			6	0-假	×	×		
⋮								
5	1-真	第5行:	1	1-真	·*	1->2	↙	5->6
			2	1-真	·*	2->3		
			3	1-真	·*	3->4		
			4	1-真	·*	4->5		
			5	1-真	·*	5->6		
			6	0-假	×	×		
6	0-假	×	×					×

程序输出结果如图 5-4 所示。程序的流程图如图 5-5 所示。

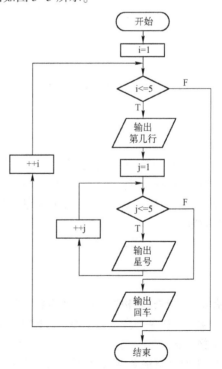

图 5-4 程序输出结果　　　　　　图 5-5 例 5-14 程序的流程图

图 5-6　用循环输出图形

例 5-15　用循环输出如图 5-6 所示的图形。

分析：

图形共 5 行，输出第 1 行；输出第 2 行；输出第 3 行；输出第 4 行；输出第 5 行。这个过程是重复，"行"在重复，重复了 5 次。循环变量 i 表示要输出的行号，从 1 到 5，每次自增 1，可以用下面的循环结构来实现上述过程。

```
for(i =1;i <=5;++i)
{
    /*输出第 i 行*/
}
```

第 1 行有一个"空格星号 *"和一个换行符，第 2 行有 2 个"空格星号 *"和一个换行符，……，因此第 i 行有 i 个"空格星号 *"和一个换行符。

输出第 1 个，输出第 2 个，输出第 3 个，……，输出第 i 个。这个过程是重复，"个数"在重复，重复了 i 次。循环变量 j 表示第几个，从 1 到 i，每次自增 1，可以用下面的循环结构输出 i 个"空格星号 *"。

```
for(j =1;j <=i; ++j)
    printf("%2c", * );   //printf("  *");
```

程序如下：

```
#include <stdio.h>
void main()
{
    int i,j;
    for(i =1;i <=5;++i)
    {
        for(j =1;j <=i; ++j)
            printf("%2c", * );  //printf("  *");
        printf("\n");
    }
}
```

讨论：

（1）画表分析程序中循环结构的执行过程。

（2）体会算法。

例 5-16　用循环输出如图 5-7 所示的图形。

分析：

图形共 5 行，输出第 1 行；输出第 2 行；输出第 3 行；输出第 4 行；输出第 5 行。这个过程是重复，"行"在重复，重复了 5 次。循环变量 i 表示要输出的行号，从 1 到 5，每次自增 1，可以用下面的循环结构来实现上述过程。

图 5-7　例 5-16 用循环输出的图形

```
for(i =1;i <=5;++i)
{
    /*输出第 i 行*/
}
```

第 1 行有 4 个"空格空格"、一个"空格星号 *"和一个换行符，第 2 行有 3 个"空格空格"、3 个"空格星号 *"和一个换行符，……，因此第 i 行有 5 - i 个"空格空格"、2 * i - 1 个"空格星号 *"和一个换行符。

先输出 5 - i 个"空格空格"，再输出 2 * i - 1 个"空格星号 *"，最后输出一个换行符。

```
#include <stdio.h>
void main()
```

```
{
    int i,j,k;
    for(i =1;i <=5; ++i)
    {
        for(j =1;j <=5 - i; ++j)
            printf("  ");
        for(k =1;k <=2 * i -1; ++k)
            printf("  * ");
        printf("\n");
    }
}
```

讨论：

（1）例 5-15 和例 5-16 的图形形状不同，但为何分析时认为它们都是只有五行的图形？这样的思路有何特点？

（2）怎样输出第 i 行呢？

提示：

（1）当忽略细节从宏观上看时，例 5-15 和例 5-16 的图形形状"相同"，都是有五行的图形，可以用相同的循环结构输出。循环体执行五次，每次输出一行，即输出第 i 行。把握本质忽略细节的分析方法可称为"自顶向下"。

（2）在确定第 i 行是什么样子时，从第 1 行的具体形状开始，依次分析每行的具体形状，关注细节，在综合"原始数据"的基础上总结出规律，即第 i 行的形状。"关注细节"恰恰是进一步（"逐步求精"）分析时所强调的。

例 5-17　输出 100 以内的质数。

分析：

用穷举法。用循环 for(i =2;i < 100; ++i) 列举出从 2 ~ 100 的所有整数。在循环体中如果整数 i 是质数，就输出 i，否则，不输出。判断整数 i 是否为质数的算法参见例 5-12。

```
#include < stdio.h >
void main()
{
    int i,j,n =0;
    for(i =2;i <100; ++i)
    {
        for(j =2;j <=i -1; ++j)
            if(i%j ==0)
                break;
        if(i ==j)
        {
            printf("%3d",i);
            ++n;
            if(n%10 ==0)
                printf("\n");
        }
    }
}
```

5.5　do... while 循环结构

do... while 循环结构的一般形式如下：

do

　　语句

while(表达式);

do...while 循环结构的执行流程如图 5-8 所示。

与 while 循环结构相比，do...while 循环结构先执行一次循环体，再求循环表达式的值，因此 do...while 循环结构的循环体至少执行一次。

测试有多个可执行流程的程序时，往往需用不同的测试数据多次运行程序，方便起见，可用 do...while 循环结构改写程序。

例 5-18　用 do...while 循环结构改写例 4-22。

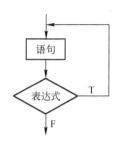

图 5-8　do...while 循环
结构的执行流程图

```c
#include < stdio.h >
void main()
{
    float grade;
    do
    {
        printf("请输入成绩(0 - 100),-1 退出 \n");
        scanf("%f",&grade);
        if(grade >100 || grade <0)
        {
            if(grade == -1)
                printf("程序退出,多谢使用!\n");
            else
                printf("输入错误!\n");
            continue;
        }
        if(grade >=90)        putchar( A );
        else if(grade >=80)   putchar( B );
        else if(grade >=70)   putchar( C );
        else if(grade >=60)   putchar( D );
        else putchar( E );
        putchar( \n );
    }while(grade != -1);
}
```

讨论：

continue 语句在程序中有何作用？

例 5-19　用户输入一个小于 1 的正数时，编程求出 $\ln(1 + x)$ 的值，要求精确到小数点后第 9 位即 10^{-9}。（已知 $\ln(1 + x) = x - x^2/2 + x^3/3 - \cdots\cdots + (-1)^{k-1}x^k/k$　$0 < x < 1$）

分析：根据公式，要求的值是连加的和。用变量 s 保存和，加上第 1 项，加上第 2 项，加上第 3 项，……，加上第 k 项。求和的过程是重复可以用循环结构实现。循环变量 k 从 1 开始每次自增 1，循环体中变量 s 加上第 k 项。

第 k 项是 $(-1)^{k-1}x^k/k$，其中的幂运算可用库函数 pow。改写成 $-(-x)^k/k$ 后，用表达式 $-\mathrm{pow}(-x,k)/k$ 就可求出第 k 项。

也可以根据第 k 项与第 $k-1$ 项的关系求出第 k 项。分母比较简单，只考虑分子。第 k 项的分子 = 第 $k-1$ 项的分子 * $-x$（$(-1)^{k-1}x^k$ 除以 $(-1)^{k-2}x^{k-1}$ 等于 $-x$）。用变量 fm 存储分子，当其值为第 1 项的分子（即 x）时，语句 fm = fm * -x;可求出第 2 项的分子；再执行语句 fm = fm * -x;可求出第 3 项的分子，……。变量 fn 存储要求的第 k 项。处理第 1 项：k = 1;fn = fm = x;s += fn;。处理第 2 项：++k;fm * = -x;fn = fm/k;s += fn;。处理第 3 项：++k;fm * = -x;fn = fm/k;s += fn;。处理第 4 项：……。

如果第 k 项的绝对值小于 1e-9，根据题目要求，就可以忽略该项了，因为结果已经符合要求。考虑到小数点后第 10 位需四舍五入，而第 11 位又可能向前进位，因此当第 k 项的绝对值大于 1e-11 时需要重复。

单精度浮点型只能保证 6~7 位的精度，显然相关变量需定义成双精度浮点型。

```c
#include < stdio.h >
```

```
#include <math.h>
void main()
{
    int k;
    double x,fm,fn,s;
    printf("请输入一个不大于1的正数!\n");
    scanf("%lf",&x);
    s = 0;
    k = 1;
    fn = fm = x;
    do
    {
        s += fn;
        ++k;
        fm *= -x;
        fn = fm/k;
    }while(fabs(fn)>1e-11);
    printf("ln(1+%.2f)=%.9f\n",x,s);
}
```

讨论：

（1）利用与第 $k-1$ 项的关系求第 k 项和直接求第 k 项相比，哪个效率高？

（2）把程序中的 do...while 循环结构改成 while 循环结构。

5.6 典型例题

例 5-20 求 1!+2!+……+10!

分析：

连加。如果把算式看成 0+1!+……+10!，则加法重复 10 次，可以用循环结构 for(i=1;i<=10;++i){sum+=m;}模拟。在求和之前，需要算出新的加数 m。

i 的值为 1 时，加数为 1!；i 的值为 2 时，加数为 2!；……；可见，新的加数 m 为 i!。i! 等于 1*2*3*…*i，连乘与连加类似，变量 m 的初值设为 1，变量 j 从 1 到 i 重复计算 m*=j 即可求出 i!。

```
#include <stdio.h>
void main()
{
    int i,j,sum = 0;
    int m;
    for(i = 1;i <= 10;++i)
        {
        /*计算出新的加数 i! */
        m = 1;
        for(j = 1;j <= i;++j)
            m *= j;
        /*求和 */
        sum += m;
    }
    printf("1!+2!+...+10!=%d\n",sum);
}
```

利用与前一项的关系也可求出 i!。当前项（i 的阶乘）与前一项（i-1 的阶乘）的关系为：当前项=前一项*i（当前项/前一项=i! /(i-1)!=i）。把 m 赋值为 1。求 1! 时，m*=1;，求 2! 时，m*=2;，求 3! 时，m*=3;，…，求 i! 时，m*=i;。相关程序如下：

```
#include <stdio.h>
void main()
{
    int i,j,sum = 0;
    int m = 1;
```

```
for(i =1;i <=10; ++i)
{
    m =m * i;                        /*计算第 i 项 * /
    sum +=m;                         /*求和 * /
}
printf("1!+2!+... +10!=%d\n",sum);
}
```

讨论：

（1）第 2 个程序中，为何将变量 m 的值初始化 1？

（2）画表分析两个循环结构的执行过程，对比分析两种求阶乘的思路。

例 5-21 一个正整数，如果从左向右读（称之为正序数）和从右向左读（称之为倒序数）是一样的，这样的数就叫回文数。"回文数猜想"是指任取一个正整数，如果不是回文数，就将该数与它的倒序数相加，若其和不是回文数，则重复上述步骤，经过有限次后，都会得到一个回文数。

以 68 为例：

$$68 + 86 = 154 \qquad 154 + 451 = 605 \qquad 605 + 506 = 1111 \qquad 1111 \text{ 为回文数}$$

请编程验证"回文数猜想"并输出计算步骤。

分析：

验证"回文数猜想"的过程可以用循环模拟。在验证的过程中，重复的是：整数为回文数？真，任务完成；假，该数与它的倒序数相加。

当整数为回文数时，任务完成退出循环，因此可以用一个无限循环模拟验证的过程。

```
while(1 >0)
{
```

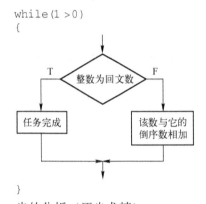

```
}
```

进一步的分析（逐步求精）：

正序数和倒序数一样就是回文数，因此应先求出它的倒序数。循环体中可以分两步。

（1）求出倒序数。

（2）正序数与倒序数相等？如果相等，则该数是回文数，输出信息，退出循环；否则，求出正序数与倒序数之和，并输出这个步骤。

如何求出一个整数的倒序数？可参考例 5-7。

本例参考程序如下：

```
#include <stdio.h >
void main()
{
    int num,reverse,n;
    int step =0;
    printf("请输入一个正整数:\n");
    scanf("%d",&n);
    while(1 >0)
    {
        num =n;
```

```
        /*求出倒序数*/
        reverse = 0;
        while(n > 0)
        {
            reverse = reverse * 10 + n%10;
            n /= 10;
        }
        /*判断是否为回文数*/
        if(num == reverse)
        {
            printf("%d 为回文数!\n",num);
            break;
        }
        /*求和并输出这个步骤*/
        n = num + reverse;
        ++step;
        printf("第%d步:%d + %d = %d\n",step,num,reverse,n);
    }
}
```

讨论:

(1) 分析时循环体中应为 if...else 选择结构, 可实际的程序中为何变成了 if 选择结构?

(2) 从可读性和效率两个方面分析 while(1) 和 while(1 > 0)。

(3) 模仿例 5-18 用 do...while 循环结构 "包装" 这个程序, 并用多个数据测试程序。(别忘了用 98 试试)。

(4) 回顾分析过程, 体会 "自顶向下, 逐步求精" 的思路。

例 5-22　编程验证哥德巴赫猜想: 任意不小于 4 的偶数都可写成两个质数之和。输入一个偶数, 输出该偶数所有可能的表示形式, 如: 20 = 3 + 17　20 = 7 + 13。

分析:

用穷举法, 把所有可能的两个数之和等于用户输入的偶数的算式全部检验一遍。检验时, 让一个加数从 2 开始到该该偶数的一半, 以每次自增 1 的方式重复。以 8 为例, 所有算式为:

8 = 2 + 6　8 = 3 + 5　8 = 4 + 4 (忽略 8 = 1 + 7, 算式 8 = 5 + 3 与 8 = 3 + 5 重复)。

这个过程可以用 for(i = 2;i <= even/2;++i){printf("%d = %d + %d\n",even,i,even - i);} 模拟。

判断加数 i 是否为质数, 如果是, 再次检验另一个加数 even - i 是否为质数, 如果是, 输出算式, 否则, 就不输出; 如果不是, 就不进行处理。这是一个 if 选择结构中嵌套一个 if 选择结构。

参考程序如下:

```
#include < stdio.h >
#include < math.h >
void main()
{
    int i,j,k,m,even;
    /*输入一个不小于 4 的偶数*/
    do
    {
        printf("请输入一个不小于 4 的偶数\n");
        scanf("%d",&even);
    }while(even < 4 || even%2 != 0);
    /*穷举,i 为一个加数*/
    for(i = 2;i <= even/2;++i)
    {
        /*判断 i 是否为一个质数*/
        for(j = 2;j <= sqrt(i);++j)
            if(i%j == 0)
                break;
```

```
        if(j > sqrt(i))
        {
            /* i 为质数再判断另一个加数是否为质数 */
            m = even - i;
            for(k = 2;k <= sqrt(m); ++k)
                if(m%k == 0)break;
            if(k > sqrt(m))
                printf("%d = %d + %d\n",even,i,m);
        }
    }
}
```

讨论：

（1）一个加数为何只从 2 重复到偶数的一半就输出了全部算式？

（2）为何只从 2 重复到整数的平方根就可断定整数没有第 3 个约数？

提示：

（1）两个加数不能同时大于和的一半。

（2）设整数 p 是整数 n 的一个约数，必有整数 q 使得 n = p * q，p 和 q 不可能都大于整数 n 的平方根。把 p 和 q 看作一组，去掉其中较大的保留较小的那个，假设为 p，显然，整理后的约数中最大的不会超过 n 的平方根。如果从 2 重复到 n 的平方根都没有找到 n 的约数，则在剩余的整数中也不可能找到一个整数 q 是其约数。

例 5-23　两个羽毛球队进行比赛，各出三名队员，一对一比赛，甲队为 A、B、C，乙队为 X、Y、Z。有人向队员打听对阵名单，A 说他不和 X 比，C 说他不和 X、Z 比，请编程找出对阵名单。

分析：

用穷举法，列出所有可能的对阵名单，从中选出符合条件的对阵名单。

A 的对手可能是 X、Y 或 Z，可以用循环结构来表示，设字符型变量 i 存储的是 A 的对手，则相应的循环结构为 for(i = X ;i <= Z ; ++i)printf("A --- %c\n",i);

两个球队理论上的对阵名单可以用如下的循环结构表示：

```
for(i = X ;i <= Z ; ++i)
    for(j = X ;j <= Z ; ++j)
        for(k = X ;k <= Z ; ++k)
            printf("A ---%c\tB ---%c\tC ---%c\n",i,j,k);
```

上面代码输出的对阵名单中可能出现甲队的 A 和 B 对阵乙队的同一个人的问题。A 的对手存储在变量 i 中，B 的对手存储在变量 j 中，当 i!=j 为真时，A 和 B 的对手就不是同一个人了。上面代码中的输出语句可修改为：

```
if(i != j && i != k && j != k)
    printf("A ---%c\tB ---%c\tC ---%c\n",i,j,k);
```

修改后，可以得到所有可能的对阵名单了。参考程序如下：

```
#include < stdio.h >
void main()
{
    char i,j,k;                    /* i,j,k 分别为 A,B,C 的比赛对手 */
    for(i = X ;i <= Z ; ++i)
        for(j = X ;j <= Z ; ++j)
        {
            if(i != j)             /* A,B 不能是同一个对手 */
            {
                for(k = X ;k <= Z ; ++k)
                {
                    if(i != k && j != k)   /* A,C 和 B,C 也不能是同一个对手 */
                        if(i != X &&(k != X && k != Z ))
                        {
```

```
                    printf("A---%c\tB---%c\tC---%c\n",i,j,k);
                }
            }
        }
    }
```

讨论：

分析中排除多个队员对阵同一对手的条件集中放在了一个 if 选择语句中，而程序中则分散在不同的地方，两者有何区别？

练习 5

1. 分析下面循环结构中循环体执行的次数并上机验证。

(1)
```
int i=0;
while(1)
{
    ++i;
    printf("%d\n",i);
}
```

(2)
```
short i=1;
while(i>0)
{
    ++i;
    printf("%d\n",i);
}
```

(3)
```
short i=1;
while(i*i>=0)
{
    ++i;
    printf("d\n",i);
}
```

(4)
```
char c='d';
while(c>=0)
{
    --c;
    printf("%c\n",c);
}
```

2. 画出例 5-4 程序和例 5-6 程序的流程图。

3. 对折一张厚 1 毫米的纸，每折一次纸的厚度就增加一倍，理论上对折多少次后，厚度可以达到珠穆朗玛峰的高度（按 8848 米计算）。（实际上一张纸最多只能对折七、八次）

4. 编程输出用户输入的正整数的阶乘。（$n!=n\times(n-1)\times\cdots\times2\times1$）

5. 编程输出用户输入的正整数各位上的数中零的个数。

6. 编程输出用户输入的正整数各位上的数中的最大数。

7. 修改例 5-6 中的程序，如果无解时可以输出 "问题没有解！"。

8. 鸡兔同在一个笼子里，从上面数有 35 个头，从下面数有 94 只脚。求笼中各有几只鸡和兔。

9. 编程输出用户输入的正整数的所有约数。

10. 有 508 个西瓜，第一天卖了一半多 2 个，以后每天卖剩下的一半多 2 个，问几天后能卖完？

11. 画表分析下面循环结构的执行过程。

(1)
```
for(i=1;i<100;++i)
{
    if(i%2==0)
        printf("%3d",i);
    if(i%20==0)
        printf("\n");
}
```

(2)
```
for(i=2;i<100;i+=2)
{
    printf("%3d",i);
    if(i%20==0)
        printf("\n");
}
```

(3)
```
for(i=1;i<100;++i)
{
    ++i;
    printf("%3d",i);
```

(4)
```
for(i=1,j=1;i<50;++i,++j)
{
    printf("%3d",i+j);
    if(i%10==0)
```

```
        if(i%20 ==0)                                    printf("\n");
            printf("\n");
    }                                           }
```

12. 编程输出 $1-3+5-7+\cdots-99+101$ 的值。

13. 编程输出 2000 ~ 2100 年间的闰年。

14. 编程判断用户输入的正整数是否为完全数。一个数如果恰好等于它的约数（自身除外）之和，则称该数为完全数（如 $6=1+2+3$，$28=1+2+4+7+14$ 等）。

15. 编程判断用户输入的三位正整数是否为"水仙花数"。水仙花数是指一个 n 位数（$n \geqslant 3$），它每位上的数的 n 次幂之和等于它本身（如 $371=3^3+7^3+1^3$，$153=1^3+5^3+3^3$ 等）。

16. 编程判断用户输入的正整数各位上的数的乘积是否大于它们的和。

17. 用户输入 Z5z2j3 ↙ 时，画表分析下面循环结构的执行过程。把程序中的 while 循环结构改写为 for 循环结构。

```
#include <stdio.h>
void main()
{
    int n =0;
    char c;
    c =getchar();
    while(c != '\n')
    {
        if(c >= '0' && c <= '9')
            ++n;
        c =getchar();
    }
    printf("%d\n",n);
}
```

18. 例 5-11 也可用下面的程序求解，画表分析循环结构的执行过程。

```
#include <stdio.h>
void main()
{
    int f1,f2;
    int i;
    f1 = f2 =1;
    for(i =1;i <=15; ++i)
    {
        printf("%11d%11d",f2,f1);
        if(i%2 ==0)printf("\n");
        f2 = f1 + f2;
        f1 = f2 + f1;
    }
}
```

19. 分析下面的程序。

```
#include <stdio.h>
#include <math.h>
void main()
{
    int m,i,k;
    scanf("%d",&m);
    if(m ==1)
    {
        printf("1 不是质数.\n");
        return;
    }
    k = sqrt(m);
    for(i =2;i <= k && m%i!=0; ++i)
        ;
```

```
    if(i > k)
        printf("%d 是质数.\n",m);
    else
        printf("%d 不是质数.\n",m);
}
```

20. 有百余人，2 人一组余 1 人，3 人一组余 2 人，5 人一组余 4 人，6 人一组余 5 人，7 人一组正好分完，问共有几人？

21. 分析下面程序的作用，用选择结构取代下面程序中循环体内的 continue 语句。

```
#include < stdio.h >
void main()
{
    float f = 1;
    while(f != -1)
    {
        printf("请输入分数(0 ~100, -1 退出)\n");
        scanf("%f",&f);
        if(f < 0 || f >100)
        {
            if(f != -1)
                printf("输入错误!\n");
            continue;
        }
        if(f >= 60)
            printf("及格!\n");
        else
            printf("不及格!\n");
    }
    printf("多谢使用!\n");
}
```

22. 把例 5-13 中的 for 循环结构替换为 while 循环结构。

23. 猴子吃桃。有若干桃子，一只猴子第一天吃了一半多一个，第二天吃了剩下的一半多一个，每天如此，第十天吃时只有一个桃子了。编程求一共有多少个桃子？

24. 下面的代码中有几个 for 循环结构？找出每个循环结构的循环体。这段代码会有怎样的输出？

```
for(i = X ;i <= Z ; ++i)
    for(j = X ;j <= Z ; ++j)
        for(k = X ;k <= Z ; ++k)
            printf("A ---%c \tB ---%c \tC ---%c \n",i,j,k);
```

25. 编程输出如下所示的九九乘法表。

```
1 * 1 = 1
2 * 1 = 2    2 * 2 = 4
3 * 1 = 3    3 * 2 = 6    3 * 3 = 9
……
9 * 1 = 9    9 * 2 = 18    9 * 3 = 27……    9 * 9 = 81
```

26. 编程用循环结构输出如下所示图形。

```
            1
          2   3
        4   5   6
      7   8   9  10
   11  12  13  14  15
```

27. 编程求出 1000 内所有的完全数，输出格式如 6 = 1 + 2 + 3。

28. 编程求出所有 3 位的水仙花数。

29. 把 1 元换成 1 分、2 分、5 分的硬币，请编程输出所有的兑换方法。

30. 三位数 xyz 和 yzz 的和为 532，编程求出 x、y、z 的值。

31. 编程求出两个正数 m 和 n 的最大公约数。

提示：

（1）用穷举法。注意循环时是从大到小好还是从小到大好。

（2）设 n 除以 m 的商为 q 余数为 r，如果 r 为 0，m 和 n 的最大公约数就为 n，否则有 $m = n * q + r$，由此式可知，m 和 n 的公约数必定是 n 和 r 的公约数，两组数的公约数相同，m 和 n 的最大公约数与 n 和 r 的最大公约数自然也相同，所以只要求出 n 和 r 的最大公约数即可。把 n 看作 m，把 r 看作 n，再次求 m 和 n 的最大公约数，……，重复该过程，直到求出 "m 和 n" 的最大公约数为止。如 $m = 12$，$n = 21$ 时，过程如下：

次数	m	n	r
1	12	21	12
2	21	12	9
3	12	9	3
4	9	3	0

所以 12 和 21 的最大公约数为 3。

32. 根据公式 $e = 1 + \dfrac{1}{1!} + \dfrac{1}{2!} + \cdots + \dfrac{1}{n!}$，编程求 e 的近似值，精度要求为 10^{-6}。

33. 根据公式 $\sin(x) = x - x^3/3! + x^5/5! - \cdots + (-1)^{k-1} x^{2*k-1}/(2*k-1)!$，编程求 $30°$ 角的正弦值，精度要求为 10^{-11}。（公式中 x 的值是角度还是弧度？）

34. 输入正整数 $a(1 \leq a \leq 9)$ 和 n 的值，编程求出 $a + aa + \cdots + a \cdots a$ 的和（最后一个也就是第 n 个加数由 n 个 a 组成，如 a 为 1，n 为 5 时，求 $1 + 11 + 111 + 1111 + 11111$ 的和）。

35. 下面程序的功能是求 23^{23} 的个、十、百位上的数之和。请把程序补充完整。

```c
#include <stdio.h>
void main()
{
    int i,p=1,t=0;
    for(i=1;i<=23;++i)
        p=p*23%1000;
    do
    {
        t += _____;
        p = _____;
    }while(_____);
    printf("23 的 23 次方的个、十、百位上的数和为%d.\n",t);
}
```

36. 编程计算 $n!$（$n < 10000$）的末尾有多少个零。（不能求出 n 的阶乘之后再计算零的个数。n 的阶乘实际为 1 到 n 的连乘积，两个整数相乘时，积的末尾有多少个零由什么确定？质因数 5 和偶数相乘才会有 0。1 到 n 的连乘中有足够多的偶数，因此乘数中有几个质因数 5，末尾就有几个零。）

37. 编程将用户输入的正整数分解质因数。例如，输入 20，输出 $20 = 2 * 2 * 5$。请分析下面两个程序。

（1）
```c
#include <stdio.h>
void main()
{
    int m,i;
    printf("请输入一个正整数:");
    scanf("%d",&m);
    printf("%d = ",m);
    for(i=2;i<m;++i)
    {
        while(m%i==0 && m != i)
        {
            printf("%d * ",i);
            m/=i;
        }
    }
    printf("%d\n",m);
}
```

（2）
```c
#include <stdio.h>
void main()
{
    int m,i;
    printf("请输入一个正数:");
    scanf("%d",&m);
    printf("\n%d = ",m);
    for(i=2;m!=1;++i)
        if(m%i==0)
        {
            printf("%d * ",i);
            m /=i;
            i -= 1;
        }
    printf("\b \n");
}
```

38. 我国有 4 大淡水湖。甲说：洞庭湖最大，洪泽湖最小，鄱阳湖第三。乙说：洪泽湖最大，洞庭湖最小，鄱阳湖第二，太湖第三。丙说：洪泽湖最小，洞庭湖第三。丁说：鄱阳湖最大，太湖最小，洪泽湖第二，洞庭湖第三。四个人每人仅答对了一个，请编程给出四个湖从大到小的顺序。（提示：甲的三个判断可表示为三个逻辑表达式，而这三个逻辑表达式的值加起来应为 1，因为 C 语言中真为 1，假为 0，甲仅答对了一个。）

第6章 数　　组

章节导学

　　数组并非一组数，而是一组变量，定义一个数组，实际上定义了一组变量，因此可以用数组代替多个变量保存数据。

　　属于数组的变量称为数组元素，它们依下标排成了有规律的序列。用标识符 a 表示一个有 n 个元素的数组时，0 号数组元素可标识为 a[0]，1 号数组元素可标识为 a[1]，2 号数组元素可标识为 a[2]，……，$n-1$ 号数组元素可标识为 a[$n-1$]。整型循环变量 i 从 $0 \sim n-1$，每次自增 1，在循环体中以 a[i] 的方式使用数组元素，就可以依次处理位于数组中的数据。

　　编程依然是分析问题，设计算法，把算法翻译成程序。设计算法时，依然是选用"重复"的步骤；"什么在重复"和"什么条件下重复"依然是解决问题的关键；"自顶向下，逐步求精"依然是分析和解决复杂问题时常用的方法。但如果不利用数组存储数据，即使重复的处理过程往往也无法用循环实现。在循环中使用数组，可以方便地保存重复过程中产生的处理结果；利用循环，可以方便地对保存在数组中的大批量数据进行统一的处理。数组和循环的结合使得许多难题迎刃而解。

　　数组元素的类型仍为数组的一维数组称为多维数组。二维数组和三维数组是常用的多维数组。

　　字符型数组原本是一种元素类型为字符型的普通数组，但因其常用于存放字符串而具备了一些与其他数组不同的特性，如与格式字符 s 匹配时，printf 函数可以输出其中的字符串。C 语言中字符串是一串以 0 号字符结尾的字符。有了结束标志，就可以确定字符串的长度，这也为字符串的处理提供了极大的便利。

　　利用数组，计算机可以存储并处理几十万位的大整数。本章的综合实例求出了大整数的阶乘。有了数组，就不好再说计算机"整数认不全"了。

本章讨论

　　（1）数组间可以相互赋值吗？如有 int a[] = {1,2,3},b[3];，则 b = a;可以吗？

　　（2）输入 10 个学生的信息（学号、姓名、数学成绩、英语成绩），根据用户的要求程序可以按学号、数学成绩或英语成绩升序输出这 10 个学生的信息。

　　先看一个程序，它的功能很简单，输入 5 个学生的数学成绩，输出平均成绩。

```
#include < stdio.h >
void main()
{
  float a0,a1,a2,a3,a4,ave;
  scanf("%f%f%f%f%f",&a0,&a1,&a2,&a3,&a4);
  ave = (a0 + a1 + a2 + a3 + a4)/5;
  printf("平均成绩是:%4.1f \n",ave);
}
```

　　如果有 100 个学生，程序也不复杂，但会很麻烦，定义存放成绩的 100 个变量就是一件麻烦事。C 语言提供了数组类型，利用它可以轻易地解决这个问题。数组并非一组数，而是一组变量，定义一个数组，实际上定义了一组变量，并且这组变量类型相同。属于数组的变量也称为数组元素。

6.1 一维数组

6.1.1 一维数组定义

定义一维数组的方式为：

类型　数组名 [整型常量表达式]；

其中，类型用来指明数组元素的类型，它可以是整型、浮点型或字符型，也可以是后面要介绍的指针类型等。数组名用来标识这组变量，是一个标识符，应符合标识符的命名规则。整型常量表达式常为整型字面量，用于确定数组元素的个数。数组元素的个数有时也称作数组的长度。

语句 int a[3];定义了一个整型数组，数组名为 a，它有三个数组元素。与数组相关的数组元素可以用"数组名 [下标]"的方式表示。数组 a 的三个整型数组元素分别是 a[0]、a[1]和 a[2]。语句 int a[3];定义了三个名为 a[0]、a[1]和 a[2]的整型变量。

提示：

(1) 数组元素的下标从 0 开始，语句 int a[3];定义的数组 a 中并没有数组元素 a[3]。

(2) 定义数组时，必须用整型常量表达式。即使有 int n = 3;，也不能用语句 int a[n];定义数组。

(3) 标识数组元素时下标可以用变量，如 a[n]的形式。数组元素 a[n]中的方括号 [ ] 是下标操作符，它执行时会先对其中的表达式求值。当整型变量 n 的值为 2 时，a[n]就是数组元素 a[2]，a[n+1]就是数组元素 a[3]。第 9 章详细分析了下标操作符，现在只需把 a[n]看成一个变量，也标识了一个存储单元即可。

例 6-1 把用户输入的三个整数存储在数组中，并输出其中的最大数。

分析：

定义一个有三个元素的整型数组 a 保存用户的输入，还需找出数组元素 a[0]、a[1]和 a[2]中最大者。

先比较 a[0]和 a[1]的大小，如果 a[0] > a[1]，则再比较 a[0]与 a[2]的大小并输出其中的较大者；否则，……。算法可行，但较麻烦。

换个思路，用变量 max 存储这三者中的最大数，上面的算法可改为：若 a[0] > a[1]，则 max = a[0];，否则，max = a[1];。若 max < a[2]，则 max = a[2];，否则，不执行赋值操作。然后输出 max。

另外一种作法：将变量 max 赋值为 a[0]，先假设 a[0]是 a[0]和 a[1]中的较大者。若 max < a[1]，则 max = a[1];，否则，不执行赋值操作。若 max < a[2]，则 max = a[2];，否则，不执行赋值操作。然后输出 max。

先假设，再修正，是一种常用的解决问题的思路。

```
#include < stdio.h >
void main()
{
    int a[3],max;
    scanf("%d%d%d",&a[0],&a[1],&a[2]);
    max = a[0];
    if(max < a[1])
        max = a[1];
    if(max < a[2])
        max = a[2];
    printf("最大数为%d\n",max);
}
```

讨论：

引入 max 变量后，求最大值的算法有何特点？

例 6-2 连续输出用户输入的十个整数，并求出其中的最大数。

分析：

定义有十个元素的整型数组 a 来存储数据，虽然同样为十个变量，但变量名为 a[0]、a[1]、a[2]、…、a[9]，它们依据下标构成了有次序的一组。以数据的输入为例。scanf("%d",&a[0])；scanf("%d",&a[1])；… scanf("%d",&a[9])；是个重复的过程，可用循环结构 for(i=0;i<10;++i)scanf("%d",&a[i])；模拟。

求最大数的算法可参考例 6-1。

```
#include<stdio.h>
void main()
{
    int a[10],max,i;
    for(i=0;i<10;++i)
        scanf("%d",&a[i]);
    max=a[0];
    for(i=1;i<10;++i)
    {
        if(max<a[i])
            max=a[i];
    }
    printf("用户输入的十个数为:\n");
    for(i=0;i<10;++i)
        printf("%d ",a[i]);
    printf("\n其中最大数为%d\n",max);
}
```

讨论：

（1）如何输出用户输入的第几个数最大？

（2）数组有何作用？

提示：

数组不仅解决了定义多个变量的麻烦，而且通过数组定义的多个变量依据下标构成了有次序的一组，便于用循环对大批量的数据进行统一的处理。

由于数组中包含了多个"普通变量"，数组类型在 C 语言中又称为构造数据类型，而整型、浮点型和字符型可称为基本数据类型。

6.1.2 一维数组初始化

与普通变量类似，也可以在定义时给数组元素赋值，即数组的初始化。构造数据类型变量由多个普通变量组成，初始化时常需多个初值，这些初值用一对花括号限定。数组初始化的基本形式为：

类型 数组名[整型常量表达式]={value0,value1,...}；

从 0 号数组元素的初值开始，数组元素对应的初值由左向右按下标依次放在一对花括号中，中间用逗号分隔。

语句 int a[3]={1,2,3}；不仅定义了 a[0]、a[1]和 a[2]三个整型变量，而且它们分别被初始化为 1、2 和 3。

小知识：

（1）可以只给部分数组元素赋值，当花括号中的值用完后，剩余的数组元素自动被赋为 0（对于字符型数组，理解为 ASCII 码为 0 的字符）。当 char letter[3]={'A',B}；时，字符型变量 letter

[0]的值为' A '、字符型变量 letter[1]的值为' B '、字符型变量 letter[2]的值为' \0 '。

（2）数组初始化时，可以省略数组的长度，此时数组元素的个数为花括号中初值的个数。如有 float f[ ] = {3.3,2.2,1.1};，则单精度数组 f 有三个数组元素，且 f[0]的值为 3.3、f[1]的值为 2.2、f[2]的值为 1.1。

（3）给全部数组元素赋相同的值时只用一个初值是常见的错误。整型数组 b 有三个元素，当把数组 b 的数组元素都初始化为 1 时，不能用语句 int b[3] = {1};。这条语句只会使 b[0]的值为 1，而 b[1]和 b[2]的值为 0。当然，数组元素的初值均为 0 时，可以用语句 int b[3] = {0};初始化。

例 6-3　数组 a 中是 20 个学生的数学成绩（分别为 5,4,5,5,3,2,5,3,4,5,2,5,4,5,4,4,5,4,5,3），请统计成绩为优（5）、良（4）、中（3）和差（2）的学生的人数。

分析：

定义四个变量保存优、良、中、差学生的人数，利用循环从 a[0]到 a[19]依次判断这些成绩的级别。在循环体中，如果 a[i]等于 5，表示优的人数的变量加 1，如果 a[i]等于 4，表示良的人数的变量加 1，……。处理过程显然是"相等关系"的多分支选择结构，可采用 switch 结构。

如果用整型变量 y、l、z 和 c 存储优、良、中、差的人数，则循环体中的代码为：

```
switch(a[i])
{
    case 5:
        ++y;
        break;
    case 4:
        ++l;
        break;
    …
}
```

如果用整型数组 b 的数组元素 b[5]、b[4]、b[3]和 b[2]分别存储优、良、中、差的人数，则循环体中的代码为：

```
switch(a[i])
{
    case 5:
        ++b[5];
        break;
    case 4:
        ++b[4];
        break;
    …
}
```

可以用语句 ++b[a[i]];表示上段代码，下标操作符的优先级最高，先计算 a[i]的值。如果 a[i]的值为 5，语句 ++b[a[i]];就会变为 ++b[5];; 如果 a[i]的值为 4，语句 ++b[a[i]];就会变为 ++b[4];; ……

```
#include <stdio.h>
void main()
{
    int a[20] = {5,4,5,5,3,2,5,3,4,5,2,5,4,5,4,4,5,4,5,3};
    int i,b[6] = {0};
    for(i = 0;i < 20; ++i)
        ++b[a[i]];
    printf("优:%d,良:%d,中:%d,差:%d\n",b[5],b[4],b[3],b[2]);
}
```

6.1.3　一维数组应用

例 6-4　一维数组元素的倒置。如数组元素的值分别为 1,2,3，倒置后则变为 3,2,1。

分析:

数组 a 有 n 个元素。算法如下:

第一步:交换 a[0] 与 a[n−1] 的值;第二步:交换 a[1] 与 a[n−2] 的;……。这个过程是重复。n 为 7 时(奇数)互换 3 次,n 为 6 时(偶数)互换 3 次,而 C 语言中 7/2 和 6/2 的值都是 3,可见不管 n 为何值,均互换 n/2 次。循环变量 i 从 0~n/2,每次自增 1。

a[0] 与 a[n−1],a[1] 与 a[n−2],a[2] 与 a[n−3],可见 a[i] 与 a[n−1−i] 互换值。

```
#include < stdio.h >
#define N 7
void main()
{
    int i,a[N],temp;
    for(i = 0;i < N; ++i)
        scanf("%d",&a[i]);
    for(i = 0;i < N/2; ++i)
    {
        temp = a[i];
        a[i] = a[N−1−i];
        a[N−1−i] = temp;
    }
    for(i = 0;i < N; ++i)
        printf("%3d",a[i]);
}
```

#define 是 C 语言中的宏定义命令,用来将一个标识符定义为一个值。

#define 命令的格式:

    #define 标识符 值

其中,标识符称为宏名,宏名常使用大写字母。在源文件被编译前,程序中以标识符形式出现的宏名都将被相应的值代替。如例 6−4 中出现的 N 在编译前会被替代成 7。使用宏的程序容易修改。如需验证例 6−4 中数组元素个数为 6 时程序的运行情况,只要把宏定义中的 7 改为 6,程序中的其他代码无须修改。值为字面量的宏名如 N 又称为符号常量。

例 6−5 以二进制形式输出用户输入的十进制正整数。

分析:

十进制整数转换成二进制数时常用"除以 2 取余法",以 25 为例。

```
2 │ 25    1
 2 │ 12    0
  2 │  6    0
   2 │  3    1
    2 │  1    1
         0
```

25 = 11001B。

分析计算过程可知,转换时需重复地除以 2 保存余数直到商为 0 时止,这个过程可以用循环模拟。用整型变量 num 保存用户输入的十进制正整数,循环结构如下:

```
while(num > 0)
{
    /* 把余数(num%2)保存到一个变量中 */
    num /= 2;
}
```

所有的余数都需要保存,因此要用到多个变量。循环结构执行一次得到一个余数,循环体中用数组 rem 保存余数。把余数保存到数组元素 rem[j] 中,变量 j 的值从 0 开始,循环体每执行一次就自增 1, 这样一来, 余数就保存到数组元素 rem[0]、rem[1]…

```c
#include<stdio.h>
void main()
{
    int i,j,num,rem[100];
    printf("请输入一个正整数:\n");
    scanf("%d",&num);
    j=0;                    /*j 表示准备存放余数的数组元素的下标*/
    while(num>0)
    {
        rem[j]=num%2;
        num/=2;
        ++j;                /*准备用下一个数组元素存放余数*/
    }
    printf("转换成二进制后的数为:\n");
    for(i=j-1;i>=0;--i)
        printf("%d",rem[i]);
}
```

讨论:

(1) 数组元素如何在循环结构中使用的? 循环结束后, 使用了多少个数组元素?

(2) 保存余数的数组有多少个元素就足够了?

例 6-6　有 int a[6]={20,23,37,52,95};,把用户输入的一个整数存储在 a[5] 中, 然后让数组中各元素依然保持升序。

分析:

让数组中各元素依然保持升序的算法可参考例 4-20。

数组 a 中的前五个元素已经是升序了, 因此让 a[5] 与 a[4] 比较。

如果 a[5]<a[4], 就交换它们的值, 交换后 a[5] 中存放的肯定是最大值无须再改动, 此时 a[0] 至 a[3] 还保持有序, 但 a[0] 至 a[4] 是否有序不确定, 需要进一步的处理;

否则, a[5] 中是最大值, a[0] 至 a[5] 已经有序, 无须再处理, 任务完成。

整个处理过程可以用 if 选择结构实现。下面 "逐步求精"。

需要进一步的处理时, a[0] 至 a[3] 还保持有序, 只需让 a[0] 至 a[4] 有序即可。

如果 a[4]<a[3], 则交换它们的值, 交换后 a[4] 中应存放的值已确定, a[0] 至 a[2] 还保持有序, 但 a[0] 至 a[3] 是否有序不确定, 需要进一步的处理; 否则, 任务完成, 无须再处理, 数组已经有序。

……

上面的过程可用下面的语句实现。

```c
if(a[5]<a[4])
{
    交换 a[5]和 a[4]的值
    if(a[4]<a[3])
    {
        交换 a[4]和 a[3]的值
        if(a[3]<a[2])
        {
            ……
        }
    }
}
```

换个思路, 为了让 a[0] 至 a[5] 有序, 可以依次确定 a[5] 的值, a[4] 的值, ……, a[0] 的值。算法如下:

(1) 确定 a[5] 的值。如果 a[5]<a[4], 则 a[4] 最大, 交换 a[5] 和 a[4], 使 a[5] 的值最大;

否则，a[5]已经最大，a[0]至a[4]也已经有序，任务完成，退出处理。

（2）确定 a[4] 的值。

……

这个算法可用下面的代码实现。

if(a[5] < a[4]){交换它们的值} ;else 任务完成;

if(a[4] < a[3]){交换它们的值} ;else 任务完成;

……

if(a[1] < a[0]){交换它们的值} ;else 任务完成;

循环变量 i 由 5 至 1，每次自减 1。在第 i 次循环中，a[i] 与 a[i-1] 比较。相应的循环结构如下：

```
for(i = 5;i > 0; --i)
    if(a[i] < a[i-1])
    {
        交换 a[i]与 a[i-1]值
    }
    else
        break;       /*任务完成无须再处理*/
```

程序如下：

```
#include < stdio.h >
void main()
{
    int a[6] = {20,23,37,52,95},i,temp;
    scanf("%d",&a[5]);
    for(i = 5;i > 0&&a[i] < a[i-1]; --i)
    {
        temp = a[i];
        a[i] = a[i-1];
        a[i-1] = temp;
    }
    for(i = 0;i < 6; ++i)
        printf("%d ",a[i]);
}
```

讨论：

（1）用户输入 32 时，画表分析循环结构的执行过程。

（2）程序中循环结构的控制条件与分析中循环结构的为何不一样？

（3）程序中的循环结构可以用下面的代码代替吗？画表分析。

```
temp = a[i];
for(i = 5;i > 0 && temp < a[i-1]; --i)
    a[i] = a[i-1];
a[i] = temp;
```

提示：

分析如下：

循环控制 ╲ 循环体	i > 0&&a[i] < a[i-1]	temp = a[i];
		a[i] = a[i-1];
		a[i-1] = temp;
			--i;	a[0]	a[1]	a[2]	a[3]	a[4]	a[5]

i	i > 0&&a[i] < a[i-1]			20	23	37	52	95	32
5	1-真	a[5]a[4]互换	5→4	20	23	37	52	32	95
4	1-真	a[4]a[3]互换	4→3	20	23	37	32	52	95
3	1-真	a[3]a[2]互换	3→2	20	23	32	37	52	95
2	0-假	×	×	20	23	32	37	52	95

例 6-7　输入 5 个整数，如 25、22、21、29 和 23，按升序输出。（练习 4.19）

分析：

参考例 4-20 的排序思路。先让前两个数保持有序，再让前三个数保持有序，……。处理过程是个重复，可以尝试用循环结构模拟。如果用普通变量保存用户输入的数据，肯定无法用循环处理，因此定义一个有五个元素的整型数组 a 存储数据。

算法如下：

第一步：让 a[0] 和 a[1] 有序；第二步，让 a[0]、a[1] 和 a[2] 有序，……。整个过程重复 4 次，可以用 for(i = 1;i < 5; ++i)｛ ｝循环结构模拟。

变量 i 为 1 时，让 a[0] 和 a[1] 有序；变量 i 为 2 时，a[0] 和 a[1] 已经有序，让 a[0]、a[1] 和 a[2] 有序；……；第 i 次循环时，在 a[0]、a[1]、……、a[i-1] 有序的基础上，让 a[0]、a[1]、……、a[i-1] 和 a[i] 有序。

参考程序如下：

```c
#include < stdio.h >
#define N 5
void main()
{
    int i,j,num[N],temp;
    for(i = 0;i < N; ++i)
        scanf("%d",&num[i]);
    for(i = 1;i < N; ++i)
    {
        temp = num[i];        /* 保存待处理的数 */
        for(j = i;j > 0 && temp < num[j-1]; --j)
            num[j] = num[j-1];
        num[j] = temp;
    }
    /* 按升序 10 个一行输出 */
    for(i = 0;i < N; ++i)
    {
        if(i%10 ==0)
            printf("\n");
        printf(" %d ",num[i]);
    }
    printf("\n");
}
```

讨论：

（1）画表分析用户输入 25、22、21、29 和 23 时循环结构执行的过程。

（2）按降序输出时该如何修改程序？

例 6-8　整型数组 num 有 12 个元素，将这些元素的值按 3 行 4 列的格式输出。

分析：

输出结果：

num[0]，num[1]，num[2]，num[3]

num[4]，num[5]，num[6]，num[7]

num[8]，num[9]，num[10]，num[11]

循环变量 i 从 0 到 2，每次输出一行。

变量 i 为 0 时，该行的首元素是 num[0]；变量 i 为 1 时，该行的首元素是 num[4]；变量 i 为 2 时，该行的首元素是 num[8]。

循环变量 j 从 0 到 3，每次输出一个元素（一列）。

参考程序如下：

```
#include < stdio.h >
void main()
{
    int i,j,num[12];
    for(i = 0;i < 12; ++i)
        num[i] = i + 1;
    for(i = 0;i < 3; ++i)
    {
        for(j = 0;j < 4; ++j)
            printf("%3d",num[i * 4 + j]);
        printf("\n");
    }
}
```

6.2　多维数组

6.2.1　二维数组定义及初始化

一维数组的元素类型可以仍是一维数组，数组 a 有 3 个元素，如果每个元素为有 4 个元素的一维整型数组，数组元素 a[0]、a[1]和 a[2]就不再是一些普通的变量，而是一维数组。数组元素类型为一维数组的一维数组称为二维数组。二维数组 a 的形态如图 6-1 所示。

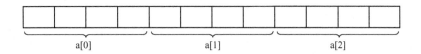

图 6-1　有 3 个元素的二维数组 a 的形态

一维数组 a[0]、a[1]和 a[2]分别有 4 个整型数组元素，其中数组 a[0]的元素分别为 a[0][0]、a[0][1]、a[0][2]和 a[0][3]。二维数组 a 的定义不用 int[4] a[3];，而用 int a[3][4];。

语句 int a[3][4];定义了一个二维数组 a，实际上定义了 3个一维数组：a[0]、a[1]和 a[2]，而每个一维数组又有 4 个整型元素，因此它还定义了 12 整型变量。a[1]既是数组 a 的元素，又是数组元素 a[1][0]、a[1][1]、a[1][2]和 a[1][3]的数组名。

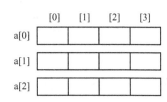

图 6-2　二维数组 a 的直观理解

二维数组可用于存储矩阵，因此常说几行几列的二维数组。上面定义的数组 a 是一个 3 行 4 列的二维数组，其直观理解如图 6-2 所示。

二维数组的数组元素为一维数组，因此二维数组的初始化形式为{{},{},{},…}。如语句 float f[2][3] = {{1.0,2.0,3.0},{4.0,5.0,6.0}};可将二维数组 f 初始化为 $\begin{bmatrix} 1.0 & 2.0 & 3.0 \\ 4.0 & 5.0 & 6.0 \end{bmatrix}$。也可对部分元素赋值，如语句 int a[3][2] = {{1},{0},{0,3}};可将二维数组 a 的各元素初始化为 $\begin{bmatrix} 1 & 0 \\ 0 & 0 \\ 0 & 3 \end{bmatrix}$。

由图 6-1 可知，二维数组的元素实际上也是依次相连的，因此二维数组的初始化也可如一维数组的形式，将所有初值放在一对花括号内。有 float p[2][3] = {1.0,2.0,3.0,4.0,5.0};，则 p[0][0]的初值为 1.0、p[0][1]的初值为 2.0、p[0][2]的初值为 3.0、p[1][0]的初值为

4.0、p[1][1]的初值为 5.0 和 p[1][2]的初值为 0.0。

讨论：

怎样理解二维数组？

6.2.2 二维数组应用

例 6-9 把二维整型数组 b[2][3] = {{1,2,3},{4,5,6}}的数组元素分别按行、按列输出。

分析：

按行输出的结果为：

b[0][0]、b[0][1]、b[0][2]

b[1][0]、b[1][1]、b[1][2]

可以用循环输出。

按列输出的结果为：

b[0][0]、b[1][0]

b[0][1]、b[1][1]

b[0][2]、b[1][2]

可以用循环输出。

参考程序如下：

```c
#include < stdio.h >
void main()
{
    int i,j,b[2][3],num = 0;
    for(i = 0;i < 2; ++i)
        for(j = 0;j < 3; ++j)
            b[i][j] = ++num;
    /* 按行输出 */
    for(i = 0;i < 2; ++i)
    {
        for(j = 0;j < 3; ++j)
            printf("%d ",b[i][j]);
        printf("\n");
    }
    printf("\n\n");
    /* 按列输出 */
    for(i = 0;i < 3; ++i)
    {
        for(j = 0;j < 2; ++j)
            printf("%d ",b[j][i]);
        printf("\n");
    }
}
```

例 6-10 找出一个矩阵的鞍点，即该位置上的元素在该行上值最大，在该列上值最小。（矩阵通常只有一个鞍点）

分析：

用穷举法，穷举可能存在鞍点的所有行。

第一行有鞍点吗？如果找到了，任务完成；否则，继续下一步处理。

第二行有鞍点吗？如果找到了，任务完成；否则，继续下一步处理。

……

可以用循环实现这个过程。矩阵有 N 行 M 列时，循环变量 i 从 $0 \sim N-1$，每次自增 1。

对于第 i 行，首先找到该行的最大值 a[i][j]，然后判断 a[i][j]是否是第 j 列的最小值。如果是，则第 i 行第 j 列就是一个鞍点，否则在第 i 行没有鞍点。

如何找出第 i 行的最大值呢？可以先考虑第 i 行有哪些元素。

找出第 i 行的最大值后，接着要判断它是否是所在列的最小值，因此找第 i 行的最大值应改为找出第 i 行中哪一列的值最大。

参考程序如下：

```
#include < stdio.h >
#define N 3
#define M 4
void main()
{
    int a[N][M],i,j,k;
    for(i = 0;i < N; ++i)
        for(j = 0;j < M; ++j)
            scanf("%d",&a[i][j]);
    /*逐行穷举查找鞍点 */
    for(i = 0;i < N; ++i)
    {
        /*找出第 i 行中哪一列的值最大 */
        j = 0;                  /*先假设第 0 列的值最大,即 a[i][0]最大 */
        for(k = 1;k < M; ++k)
            if(a[i][k] > a[i][j])
                j = k;
        /*判断 a[i][j]是否为第 j 列的最小值 */
        for(k = 0;k < N; ++k)
          if(a[k][j] < a[i][j])
            break;
        if(k == N)              /*为真,则 a[i][j]是第 j 列的最小值 */
            break;              /*找到鞍点,退出穷举 */
    }
    if(i == N)
        printf("没有鞍点!\n");
     else
        printf("鞍点在第%d行第%d列!\n",i + 1,j + 1);
}
```

程序运行情况如图 6-3 所示。

从用户的角度看，矩阵的首行为第 1 行，与二维数组的首行是第 0 行不同。

例 6-11 输出如图所示杨辉三角的前十行。

1

1　1

1　2　1

1　3　3　1

1　4　6　4　1

… … … …

图 6-3　程序运行情况

分析：

用循环输出。循环变量 i 从 0 到 9，每次自增 1，循环体中输出第 i 行。

i 为 0 时，第 0 行有 1 个数，i 为 1 时，第 1 行有 2 个数，故第 i 行有 i + 1 个数，它的第 1 个和最后一个数是 1，其他数等于上一行的前列和同列的两个数之和。第 i 行与前一行有关，这一点与前面遇到的输出图形题目不同。要求第 i 行需知道第 i - 1 行，因此需要计算并保存每行的数据。在循环中用变量保存数据，肯定要用数组。这里用二维数组比较简单。

输出第 i 行时，先计算出该行每列上的数，然后再输出。

参考程序如下：

```
#include < stdio.h >
#define N 10
void main()
{
    int a[N][N],i,j;
    for(i = 0;i < N; ++i)
    {
        for(j = 0;j <= i; ++j)
        {
            if(j == 0 || i == j)
                a[i][j] = 1;
            else
                a[i][j] = a[i -1][j] + a[i -1][j -1];
            printf("%5d",a[i][j]);
        }
        printf("\n");
    }
}
```

程序中计算后直接输出了数据。可画表分析程序中循环结构的执行过程。

6.2.3　三维数组简介

一维数组的元素类型可以是二维数组，这样的数组称为三维数组。语句 int a[3][4][2];就定义了一个三维数组 a，它的形态如图 6-4 所示。

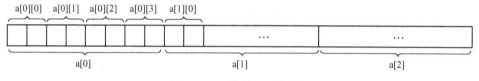

图 6-4　三维数组 a 的形态

从图 6-4 可知，当认为三维数组 a 只有 3 个元素时，数组元素名为 a[0]、a[1]和 a[2]，类型为 4 行 2 列整型二维数组；当认为它有 12 个元素时，数组元素名为 a[0][0]、a[0][1]、a[0][2]、a[0][3]、a[1][0]等，类型为有 2 个元素的一维整型数组；当认为它有 24 个元素时，数组元素名为 a[0][0][0]、a[0][0][1]、a[0][1][0]、a[0][1][1]等，类型为整型变量。综上所述，定义一个三维数组 a，可以认为同时定义了 3 个 4 行 2 列的二维整型数组变量即 a[0]、a[1]和 a[2]；12个长度为 2 的一维整型数组变量即 a[0][0]、a[0][1]、a[0][2]、a[0][3]、a[1][0]、a[1][1]、a[1][2]、a[1][3]、a[2][0]、a[2][1]、a[2][2]和 a[2][3]；24 个整型变量即 a[0][0][0]、a[0][0][1]、a[0][1][0]、a[0][1][1]、…和 a[2][3][1]。

数组元素的类型仍为数组的一维数组称为多维数组。虽然 C 语言中可以定义四维数组、五维数组等多维数组，但编程时最常用的多维数组还是二维数组和三维数组。

例 6-12　三维数组的初始化。

参考程序如下：

```
#include < stdio.h >
void main()
{
    int a[3][4][2] = {{{1,1},{1,2},{1,3},{1,4}},
        {2,1,2,2,0,3},{{3,1},{0},{0},{3,4}}};
    int i,j,k;
    for(i = 0;i < 3; ++i)
    {
```

```
      for(j = 0;j < 4;++j)
      {
          for(k = 0;k < 2;++k)
              printf("%3d",a[i][j][k]);
          printf("\n");
      }
      printf("\n\n");
  }
```

程序的输出结果如图 6-5 所示。

讨论：

分析二维数组和三维数组的初始化方法，总结多维数组初始化的方法。

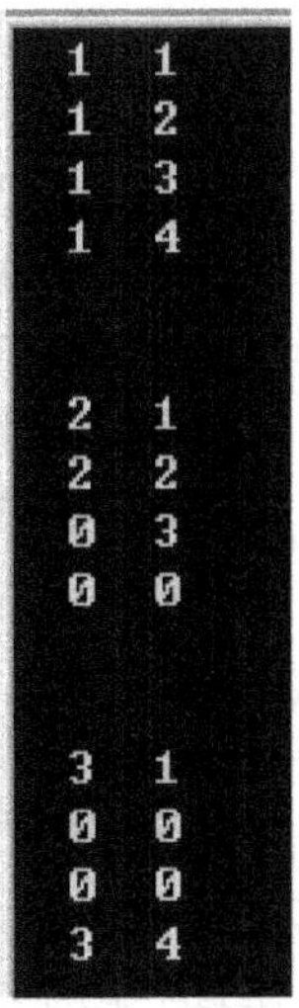

6.3　字符型数组和字符串

6.3.1　字符型数组应用

字符型数组就是元素类型为字符型的数组，既有一维字符型数组，又
有多维字符型数组。语句 char ca[2];定义了一个有 2 个元素的字符型数组 ca，其数组元素 ca[0] 和 ca[1]是字符型变量。语句 ca[0] = '\0';把变量 ca[0]赋值成 0 号字符，语句 ca[1] = 0;把变量 ca[1]赋值成数字 0（字符 0）。

讨论：

（1）语句 char ca[6] = { 'C' ,72', \111 ', '\x4e', '\x41' };定义并初始化了字符型数组 ca。怎样评价用字符编号表示字符的作法？

（2）0 号字符和字符 0 是同一个字符吗？

例 6-13　字符型数组 ca 中存储了五个数字（如 5、6、7、8 和 9），编程求出由这五个数字组成的整数。

分析：

当字符型数组 ca 中存储了数字 5、6、7、8 和 9 时，要求的整数是 56789。比较简单的办法是 $5*10000+6*1000+7*100+8*10+9$，这个算式中加法在重复。用整型变量 s 保存结果，整型变量 m 保存新的加数，则需重复计算 s += m;参考例 5-7 换个思路。

把算式改写成 $(((5*10+6)*10+7)*10+8)*10+9$，仔细分析发现算式中重复的是：现在的结果 = 上次的结果 $*10+m$，其中新的加数 m 只是某位上的数。重复的是：s = s*10+m;。

数组元素 ca[0]存储的是数字 5，而算式中参与运算的是整数 5，不能直接用 ca[0]给变量 m 赋值。参考程序如下：

```
#include < stdio.h >
void main()
{
    char ca[5] = { '5','6','7','8','9' };
    int i,m,s = 0;
    for(i = 0;i < 5;++i)
    {
        m = ca[i] - '0';
        s = s * 10 + m;
    }
    printf("相应的整数为:%d\n",s);
}
```

对比本例和例 5-7 的区别。

例 6-14　保存用户输入的一串字符，如果字符串中有小写字母就转换成大写字母，然后输出。

图 6-5　例 6-12 程序的输出结果

分析：

算法如下：

第一步：获得用户输入的第一个字符；

第二步：如果字符为小写字母，就转换成大写字母；否则，不转换；

第三步：把字符存储到一个字符型变量中；

第四步：继续获得用户输入的一个字符；

第五步：如果字符为小写字母，就转换成大写字母；否则，不转换；

第六步：把字符存储到另一个字符型变量中；

……

这是个重复的过程，可以用循环实现。

只要没有处理完用户输入的字符，这个过程就需要一直重复。用户在输入结束时会按 Enter 键，因此字符串的最后一个字符肯定是' \n 。如果发现用户输入的字符是' \n ，就可以结果处理了。

在循环中用变量保存用户输入的字符，需要借助数组。参考程序如下：

```c
#include <stdio.h>
void main()
{
    char str[100],ca;
    int i,j;
    ca = getchar();
    for(i = 0;ca != '\n' ; ++i)
    {
        if(ca >= 'a' && ca <= 'z' )
            ca = ca - 'a' + 'A' ;
        str[i] = ca;
        ca = getchar();
    }
    for(j = 0;j < i; ++j)
        putchar(str[j]);
}
```

讨论：

(1) 改写上面的程序，把用户输入的字符串处理后逆序输出。

(2) 分析下面的代码段。(表达式(ca = getchar( ))!= '\n' 如何求值？)

```c
char str[100],ca;
int i = 0;
while((ca = getchar())!= '\n' ){str[i++] = ca;};
```

6.3.2　字符串简介

C 语言中，字符串是用一对双撇号（""）括起来以空字符 "\0" 结束的一串字符。空字符（即 0 号字符）是字符串结束的标志，书写时经常忽略字符串的结束标志，但系统会自动在字符串结尾处加上结束标志。字符串 "China" 实为 "China\0"，有 6 个字符，其实际长度为 6，有效长度为 5。

存储字符串时，它的每个字符都需要用字符型存储单元存储，而每个字符又有相对的次序，因此字符串常用字符型数组存储。字符串的首字符用数组的 0 号数组元素存储，依次类推。确定字符型数组中存储的字符串，从 0 号数组元素开始，依次检查数组元素的值，找到第一个值为字符串的结束标志 0 号字符的数组元素为止，字符串就由这些数组元素存储的字符组成；如果找不到值为 0 号字符的数组元素，则数组中没有存储字符串。

字符串存入字符数组之后，与字符串相关的操作就变得非常简单了。如查找某个字符是否包含在字符串中时，只需将该字符与数组中相关的数组元素依次比较即可。

可以用字符串初始化字符型数组。如语句 char c[ ] = { " China " } ; （或直接写成 char c[ ] = " China " ; ）定义了一个长度为 6 的一维字符型数组 c，且其数组元素分别初始化为 ' C '、' h '、' i '、' n '、' a ' 和 ' \0 '。不能用字符串给字符型数组赋值，如一维字符型数组 ca 有 6 个数组元素，赋值语句 ca = " China " ; 有语法错误。

讨论：

（1）分析字符型数组和字符串的关系？

（2）字符串 D:\\test\\test. txt 有几个字符？

6.3.3　字符串的输入/输出

输入/输出字符串时使用格式字符 s。printf 函数可以输出存储于字符型数组中的字符串或字符串字面量。有 char c[ ] = " China " ; ，语句 printf(" % s " ,c) ; 和语句 printf(" % s " , " China ") ; 的输出结果都为 China。

小知识：

（1）与格式字符串 % s 对应的是字符型数组名 c，而非数组元素 c[0]（c[0]是一个字符变量与格式字符串 % c 相对应）。

（2）输出字符串时，字符串的结束标志空字符 ' \0 ' 不输出（也无法输出）。

（3）字符型数组 c 的状态为

N	o	w	\0	I	\40	a	m	\40	r	e	a	d	y	!	\0

语句 printf(" % s " ,c) ; 的输出结果为 Now。输出字符型数组中的字符串时，printf 函数会从 0 号数组元素开始依次输出数组元素存储的字符，遇到空字符 " \0 " 时，输出结束。

scanf 函数可以把用户输入的一串字符存入一个字符型数组中，但一定要保证字符型数组的长度不小于输入字符串的实际长度。有 char c[12] ; scanf(" % s " ,c) ; ，从键盘输入 China↙后，数组 c 各元素的值为。

C	h	i	n	a	\0	?	?	?	?	?	?

提示：

（1）用 scanf 函数获得用户输入的字符串时，数组名 c 前不能加 & 操作符！

（2）有 char c[ ] = " I am ready. " ; scanf(" % s " ,c) ; ，当用户输入 China↙后，数组 c 各元素的值是多少？

（3）用户也可一次输入多个字符串，字符串之间同样默认用空格分隔。scanf 函数不会把空格符和换行符作为用户输入字符串的一部分。有 char str0[10] , str1[10] , str2[10] ; scanf(" % s % s % s " , str0 , str1 , str2) ; ，用户输入 Are you ready?↙时，数组 str0、str1 和 str2 各存储了一个什么样的字符串？

例 6-15　计算用户输入字符串的有效长度。

分析：

先用 scanf 函数获得用户输入的字符串并存入字符型数组中。求字符串长度时从 0 号数组元素开始依次检查数组元素的值，可以用循环结构实现这个操作。当数组元素不是 0 号字符时需继续重复。在循环体中，字符串长度加 1。

```
#include < stdio.h >
void main()
```

```
{
    char str[100];
    int i,len;
    scanf("%s",str);
    for(i = len = 0;str[i]!= '\0' ; ++i)
        ++len;
    printf("%s 的有效长度为:%d \n",str,len);
}
```

讨论:

(1) 当用户输入 Hello\0 C! ↙时, 程序的输出结果为?

(2) 当用户输入 I love C! ↙时, 程序的输出结果为?

(3) 怎样把用户输入的一个包含空格的字符串存储到字符型数组中?

使用 scanf 函数获得用户输入的字符串时, 字符串中不能包含空格符, 因为 scanf 函数默认空格符用于分隔输入数据, 如无法通过语句 scanf("%s",str);把用户输入的字符串"Are you ready?"存储到字符型数组 str 中。

标准输入/输出函数库 (stdio. h) 中也有专用于输入/输出字符串的库函数: puts 函数和 gets 函数。

puts 函数的使用形式为:

```
puts(字符型数组变量);
```

puts 函数可以将字符型数组中存储的字符串输出到输出设备上, 但与 printf 函数不同的是, puts 函数输出完字符串后会自动换行, 也就是说 puts(str);与 printf("%s\n",str);等价。

gets 函数的使用形式为:

```
gets(字符型数组变量);
```

gets 函数可以将用户输入的字符串存储到字符型数组中, 但与 scanf 函数不同的是, gets 函数认为空格符只是字符串中的一个普通字符, 回车才是一个字符串输入完毕的标志。有语句 gets(str) ;, 用户输入 Are you ready? ↙时, 数组 str 中的字符串就是"Are you ready?"。

6.3.4 字符串处理

例 6-16 有语句 scanf("%d%d",&m,&n) ;, 当用户输入 23 52 ↙时, 变量 m 和 n 将分别被赋值为 23 和 52。

整个过程可简单地理解为: 用户输入的数据实际上是以' \n' 结尾的一串字符, 这串字符会被系统自动存放到一个称为 "输入缓冲区" 的 "字符型数组" 中。用户输入完成后, scanf 函数开始处理 "字符型数组" 中的数据。scanf 函数根据格式字符, 把用户输入的 "字符串" 转换成对应类型的数据, 并赋值给相关变量。scanf 函数的本次处理过程可简单模拟如下:

```
#include < stdio. h >
#define M 1024
void main()
{
    char buffer[M] = "23 52 \n";
    int m,n,i,j,s[2] = {0};
    for(i = j = 0;buffer[i]!= '\0' ; ++i, ++j)
    {
        while(buffer[i] !=' '  && buffer[i] != '\n' )
        {
            s[j] = s[j] * 10 + (buffer[i] - '0' );
            ++i;
        }
    }
    m = s[0];
```

```
        n = s[1];
        printf("赋值后变量 m 的值为%d,变量 n 的值为%d\n",m,n);
    }
```

讨论：

（1）对比本例与例 6-13 的区别。

（2）根据本例分析 scanf 函数的实现。

例 6-17 比较用户输入的两个字符串的大小。

分析：

比较两个字符串的大小时，从左向右依次比较它们的字符。如果对应位置上的字符不相同，就停止比较，哪个字符串中的字符大，那个字符串就大。相等时，就继续比较。当遇到其中一个字符串（或两个字符串）的结束字符（0 号字符）时，停止比较。

```
#include < stdio.h >
#define N 100
void main()
{
    char str[2][N];   /*定义了两个名为 str[0]和 str[1]的一维字符型数组 */
    int i = 0,res;
    puts("请输入两个用回车分隔的字符串");
    gets(str[0]);
    gets(str[1]);
    while(str[0][i] != \0 && str[1][i] != \0 )
        if(str[0][i] == str[1][i])
            ++i;
        else
            break;
    res = str[0][i] - str[1][i];
    printf("%s",str[0]);
    if(res >0)
        printf("大于");
    else if(res ==0)
        printf("等于");
    else
        printf("小于");
    puts(str[1]);
}
```

图 6-6 例 6-17 程序的运行情况

程序的运行情况如图 6-6 所示。

讨论：

（1）程序中是怎样使用二维字符型数组变量 str 的？

（2）程序中的循环结构可以用下面的语句代替吗？

while(str[0][i] != \0 && str[0][i] == str[1][i]) ++i;

6.4 综合实例

例 6-18 求大整数的阶乘。

分析：

求阶乘的算法比较简单，但由于基本数据类型取值范围的限制，无法求出稍大数的阶乘。无符号长整型的最大取值约为 43 亿即 10 位整数；双精度浮点数的最大取值虽然可以达到 300 位，但它的精度只有 16 位左右。一个稍大点整数的阶乘成百上千位，显然不能用 C 语言中的基本数据类型表示。因此求阶乘时需解决大整数的存储与计算等难题。

既然不能用一个变量存储大整数，就考虑用几个变量存储，每个变量只存储其中的"一段"。

数组元素依下标排成了有规律的序列，因此可以用数组存储大整数。在求阶乘的过程中不会出现负值，数组的类型可定义为无符号长整型。定义一个长度为 5 万的无符号长整型一维数组，unsigned long result[50000] = {0};，每个数组元素存储大整数的 5 位，则该数组可以存储一个 25 万位的大整数。

数组中的大整数与某个整数如 13 相乘时，如果用 result[0]存储最高的五位，则需要根据下标从大到小依次与数组元素相乘；如果用 result[0]存储最低的五位，则需要根据下标从小到大依次与数组元素相乘。用 result[0]存储最高的五位还是最低的五位本质上没有区别，考虑到可能更习惯于从小到大循环处理，用 result[0]存储大整数中最低的五位。用数组 result 存储整数 12 的阶乘 479001600 时，只用到了数组 result 中的两个元素，其余元素全为 0，result 数组各元素的值为：

result	[0]	[1]	[2]	…	[49999]
	1600	4790	0	0	0

数组元素 result[0]的值虽为 1600，但它对应大整数 479001600 中的 01600。

输出数组存储的大整数，首先要找到存储最高位的数组元素。从数组的 49999 号元素开始按照下标由大到小依次检查每个数组元素，第一个值非 0 的数组元素就是要找的数组元素。由于数组中可能大部分元素都是 0，因此通过循环确定最高位的方法效率不高。直接用一个整型变量如变量 iValid 记录存储了最高位的数组元素的下标。循环变量 i 从 iValid 到 0，每次自减 1，循环体中输出数组元素 result [i]的值。

输出数组元素 result[i]的值时，如果其值为 1600，则不能直接输出 1600，因为除了存储最高位的数组元素，其余的数组元素均存储了大整数中的 5 位，即数组元素的值为 1600 时，它实际上是 01600。用语句 printf("%05d",result[i]);可以把 1600 输出为 01600。

数组存储中的大整数参与运算：如数组 result 存储了 13 的阶乘 6227020800，则 result[0]的值为 20800，result[1]的值为 62270，变量 iValid 的值为 1。

用 14 乘以 13 的阶乘得到 14 的阶乘：

13 的阶乘在数组 result 中用了两个元素 result[0]和 result[1]存储，可以让这两个数组元素分别乘以 14。result[0] *= 14 后 result[0]的值变为 291200；result[1] *= 14 后，result[1]的值变为 871780。14 的阶乘是 871780291200 吗？

13 的阶乘实为 result[1] * 100000 + result[0]，乘以 14 后应为 871780 * 100000 + 291200，即 87178291200。14 的阶乘在 result 数组中的存储方式为 result[0]的值为 91200，result[1]的值为 71782，result[2]的值为 8，变量 iValid 的值为 2。

通过对比可知，result[0]和 result[1]分别乘以 14 之后，还需对数组进行"标准化"操作，即保证每个数组元素只存储大整数的 5 位，当超过 5 位时，需要向前"进位"。数组元素 result[iValid]存储的可能不到 5 位。

综上所述，result 数组存储的大整数乘以整数 n 时需分三步操作。

（1）result 中的有效元素（0~iValid）分别乘以 n；此为重复，循环变量 j 由 0~iValid，每次自增 1，循环体中 result[j] *= n。

（2）"进位"处理。此处理也为重复，循环变量 k 从 0~iValid，每次自增 1。整型变量 carry 用于存储进位时，循环体中进行下面的处理。

```
carry = result[k]/100000;
result[k] %= 100000;
result[k+1] += carry;
```

（3）判断最高位是否向前进位，以便调整 iValid 的值。

大整数可以与一个普通的整数进行乘法运算了，该怎样求阶乘呢？

```
#include <stdio.h>
void main()
{
  int iValid,iHighBits;              /*用于记录存储了最高位数组元素的下标和位数*/
  int i,j,k,n,carry,count;
  unsigned int result[50000] = {0};
  do
  {
    result[0] = 1;                   /*让数组存储 1 的阶乘*/
    iValid = 0;
    printf("请输入一个正整数(0 退出!):");
    scanf("%d",&n);
    if(n < 0)
    {
      printf("输入错误!\n");
      continue;
    }
    else if(n == 0)
      printf("0!=1 \n");
    else
    {
      for(i = 2;i <= n; ++i)
      {
        for(j = 0;j <= iValid; ++j)
          result[j] *= i;
        for(k = 0;k <= iValid; ++k)
        {
          carry = result[k]/100000;
          result[k] %= 100000;
          result[k + 1] += carry;
        }
        if(result[iValid + 1] > 0)
          ++iValid;
      }
      /*计算存放最高位的数组元素的实际位数*/
      if(result[iValid] >= 10000)
        iHighBits = 5;
      else if(result[iValid] >= 1000)
        iHighBits = 4;
      else if(result[iValid] >= 100)
        iHighBits = 3;
      else if(result[iValid] >= 10)
        iHighBits = 2;
      else
        iHighBits = 1;
      /*输出阶乘的位数*/
      if(iValid >= 1)
        printf("\n%d 的阶乘共有%d 位,分别是:\n",n,iHighBits + iValid*5);
      else
        printf("\n%d 的阶乘共有%d 位,分别是:\n",n,iHighBits);

      /*输出计算结果*/
      printf("%5d",result[iValid]);            /*最高位不补 0*/
      result[iValid] = 0;                      /*清零为下次计算做准备*/

      count = 1;
      for(i = iValid - 1;i >= 0; --i)
      {
        printf("%05d",result[i]);
        result[i] = 0;                         /*清零为下次计算做准备*/
        if(++count%10 == 0)                    /*每行输出 50 位*/
          printf("\n");
```

```
        }
        printf("\n\n");
    }
}while(n !=0);
}
```

讨论:

(1) 分析程序的执行过程。

(2) 数组长度可以无限时,该算法最大能求出哪个数的阶乘?

练习6

1. 输入 10 个整数,计算它们的平均值。找出整数中最小数,再找出与平均值最接近的整数。

2. 输入 20 个 1~5 之间的整数,计算输入数中 1~5 每个数出现的次数。

3. 求出用户输入的十进制正整数的十六进制形式。

4. 找出整型数组中的最大值,把它后面的元素依次前移,再把它放在数组末尾。

5. 有整型数组 a[10] = {20,23,37,52,95},输入 5 个整数存储在 a[5]~a[9]中,且要保持数组元素按升序排列。

6. 输入 20 个整数到数组 num 中,并对下标为偶数的数组元素按升序排序,下标为奇数的数组元素不变。

7. 输入一个 5 位数的正整数,输出这个整数各位上的 5 个数可以组成的最大的及最小的 5 位整数 (输入67890、10002 测试)。

8. 画表分析下面程序中循环结构的执行过程。

(1)
```c
#include < stdio.h >
void main()
{
    int i,j,a[10],temp;
    for(i =0;i <10;++i)
    {
        a[i] =i;
        printf("%3d",a[i]);
    }
    i =0;
    j =9;
    while(i < j)
    {
        temp =a[i];
        a[i] =a[j];
        a[j] =temp;
        ++i;
        --j;
    }
    printf("\n\n");
    for(i =0;i <10;++i)
        printf("%3d",a[i]);
}
```

(2)
```c
#include < stdio.h >
void main()
{
    int a[35] = {1};
    int i,k,n,m;
    for(n =2;n <=1000;++n)
    {
        k =1;
        m =n -1;
        for(i =2;i <n;++i)
        {
            if(n%i ==0)
```

```
        {
            m - = i;
            a[k ++] = i;
        }
    }
    if(m == 0)
    {
        printf("\n%d = ",n);
        for(i = k - 1;i > 0; -- i)
            printf("%d + ",a[i]);
        printf("%d\n",a[0]);
    }
    }
}
```

9. 冒泡排序算法的第一趟操作可用代码描述如下：

```
#include < stdio.h >
void main()
{
    int i,num[ ] = {25,22,21,29,23},temp;
    for(i = 0;i < 4; ++ i)
        if(num[i] > num[i + 1])
        {
            temp = num[i];
            num[i] = num[i + 1];
            num[i + 1] = temp;
        }
}
```

画表分析循环结构的执行过程。冒泡排序需要几趟类似操作才能使整个数组有序？用冒泡排序算法实现例 6-7。

10. 选择排序算法的思路是：先从数组中找出最小的数组元素和下标为 0 的数组元素交换；接着从余下的数组元素中找出最小的和下标为 1 的数组元素交换；再从余下的数组元素中找出最小的和下标为 2 的数组元素交换，……。请实现选择排序算法。

11. 画表分析下面两段代码中循环结构的执行过程。

（1）
```
int num[ ] = {49,38,65,97,76,13,27};
int i = 1,j = 7,temp,pivot;
pivot = num[0];
while(1)
{
    for( ;i < 7 && num[i] < pivot; ++ i)
        ;
    while(num[ -- j] > pivot)
        ;
    if(i >= j)
        break;
    temp = num[i];
    num[i] = num[j];
    num[j] = temp;
}
num[0] = num[j];
num[j] = pivot;
```

（2）
```
int num[ ] = {49,38,65,97,76,13,27};
int left = 0,right = 6,pivot = num[0];
do
{
    while(right > left && num[right] >= pivot)
        -- right;
    if(right > left)
    {
        num[left] = num[right];
```

```
                ++left;
            }
            while(left < right && num[left] <= pivot)
                ++left;
            if(left < right)
            {
                num[right] = num[left];
                --right;
            }
        }while(left < right);
        num[left] = pivot;
```

12. 分析下面的程序。

```c
#include < stdio.h >
void main()
{
    int a[ ] = { -15,6,0,7,9,23,54,82,101};
    int b[3] = {101, -14,82};
    int i,left,right,middle;
    for(i = 0;i < 3; ++i)
    {
        left = 0;
        right = 8;
        while(left <= right)
        {
            middle = (left + right)/2;
            if(b[i] == a[middle])
            {
                printf("a[%d] = b[%d] = %d \n",middle,i,b[i]);
                break;
            }
            else if(b[i] > a[middle])
                left = middle + 1;
            else
                right = middle - 1;
        }
        if(left > right)
            printf("b[%d](%d)不在数组中!\n",i,b[i]);
    }
}
```

13. 利用筛选法求 1000 以内的质数的步骤如下：

（1）依次列出 2,3,4,5,…,1000，并确定第一个质数 2；

（2）从该质数起（但不包括），筛去（删去）序列中该质数的倍数；

（3）把序列中大于原质数且没有被删去的第一个数作为新确定的质数，并重复第二步。如果找不到这样的数，则算法结束。

提示：

（1）用数组元素的下标表示序列，开始有 int num[1000] = {0}；。因为 2 是质数，就让下标为 2 的数组元素（num[2]）的值保持不变。

（2）筛去 2 的倍数时让相应下标的数组元素的值变为 1，即 num[4] = 1，num[6] = 1，…。

（3）循环变量 i 从 3 ~ 1000，如果 num[i] 的值为 0，就说明 i 是质数，筛去序列中该质数的倍数。

14. 找出 n 阶方阵的最大值和最小值，并输出它们的位置。

15. 求 $m \times n$ 阶矩阵的转置矩阵。

16. 计算 n 阶方阵的两条主对角线上元素的和。

17. 计算 n 阶方阵上三角元素的和。

18. 输出金字塔形的杨辉三角。

$$1$$
$$1 \quad 1$$
$$1 \quad 2 \quad 1$$
$$1 \quad 3 \quad 3 \quad 1$$

19. 能用一维数组输出杨辉三角吗？

提示：

有 a[10] = {1,2,1}，求下一行时，a[3] = 1，a[2] = a[2] + a[1]，a[1] = a[1] + a[0]。

20. 学号为 1、2、3 的学生的英语、高数、C 语言成绩：1 号 80,89,83；2 号 72,85,95；3 号 61,72,80。按如下形式输出他们的平均成绩及合计成绩。

学号	英语	高数	C 语言	平均分
1	80	89	83	84
…	…	…	…	
合计	…	…	…	无

21. 国际象棋 8×8 的棋盘上，皇后会攻击与之同行的、同列的及同对角线（两条）上的棋子，输入两个皇后在棋盘上的位置，输出它们能否相互攻击。

22. 多维数组初始化的方法有两种，请编程验证。

23. 比较字面量 3，' 3 和"3"。

24. 字符型数组与整型数组相比有何特殊之处？

25. 把从键盘输入的二进制整数串存储在字符型数组中，并转换成十进制整数（如输入 1111↙，则输出整数 15）。

26. 用 putchar 函数模拟实现 puts 函数的功能。

27. 把用户输入的一行字符逆序输出，如输入 abc，程序就输出 cba。

28. 输入一句（行）英语，统计其中含有多少个英语单词，并把每个英语单词的首字母改成大写。

29. 把学号 1、2、3 改为姓名 Zhang、Li、Wang 后，练习 20 又该如何做？

本章讨论提示

（1）整型数组的长度都一样吗？如果允许数组间相互赋值，需要解决什么问题？

第 7 章　函　　数

章节导学

模块化是大型程序的设计准则之一。把具有复杂功能的大模块分解成若干个功能相对简单的小模块可以有效地降低程序设计开发的难度。小模块最终可分解为功能单一的函数。这样一来，程序就由一个个函数组成了。函数的封闭性使得函数的实现可以不必考虑外界的影响，这就为多个函数的并行实现创造了条件。规模较大的程序常由一个团队负责开发，而如何分配开发任务，充分发挥团队中每个成员的作用是开发能否成功的关键。团队中每个成员可能负责一个或几个函数的开发，通过大家的协作配合，可以高效地完成开发任务。

"用函数编程"的思想可以培养 C 语言学习者的团队合作精神。"用函数编程"并非什么新的编程理念，而是指尽量用函数实现算法中的某些步骤，还要尽量选用已经定义好了的函数，如库函数。算法中需求正弦值时，提倡用库函数 sin 实现。

函数的功能通常表现为把使用者提供的输入变成输出，而程序的功能通常也表现为把使用者的输入变成输出。但它们的使用者不同。函数作为 C 语言自定义命令由程序员使用，而程序常由用户使用。程序中 main 函数主要负责获得用户的输入并把最终的处理结果反馈给用户，而把输入变成输出的算法可通过调用其他函数来实现。

当程序由多个函数组成后，需明确变量可以使用的范围即变量的作用域。在某个函数中定义的变量只能在这个函数中使用而不能在程序的其他地方使用。变量的作用域与变量的生命期密切相关。全局变量的生命期贯穿整个程序运行期间，因此程序中不同的函数可以使用同一个全局变量。虽然全局变量为函数间共享数据提供了便利，但使用时需特别小心，全局变量不仅能影响函数的封闭性，还会降低程序的可读性。

递归函数超越了"代码组织"的范畴而变成了解决一类问题的有效手段。如果在分析问题时发现原问题可以转化为"性质相同，规模较小"的子问题，则此类问题大多可以用递归算法解决。递归是一种独特的重复。用递归算法解决问题的过程可以用递归函数优雅地模拟。如果说计算机只会重复的话，那么循环和递归几乎就是 C 语言编程的"全部"。

函数重用是代码重用最常见的形式。代码重用可以提高编程效率和程序的健壮性。库函数内容丰富功能强大，是 C 语言必不可少的补充。

本章讨论

（1）数组作形参时有何特点？

（2）变量有作用域，scanf 函数怎么可以给作用域不包含其函数体的"变量"赋值呢？

（3）根据 srand 函数和 rand 函数的关系，分析它们的定义。

7.1　函数定义

定义函数常用的形式为：

返回值类型 函数名 (参数列表)

```
    {
        代码段
    }
```

其中，返回值类型为函数值的类型，不能是数组。函数名是一个标识符。参数列表规定了函数输入值的个数和类型，通常形式为：类型 参数名 1，类型 参数名 2，……，类型 参数名 n。参数列表中的参数又称为形式参数，简称形参。函数定义中的第一行又称为函数的首部，函数的首部清楚地表明了函数输入值（自变量）的个数与类型及输出值（因变量）的类型。

用一对大括号括起来的部分称为函数体。函数体是一段 C 语言代码，用来完成从输入值到输出值的映射。函数的输出值即函数值由 return 语句返回给函数的使用者（主调函数）。return 语句的形式有两种：return；和 return 表达式；。表达式两边可以加圆括号，故第二种形式又可写成 return（表达式）；。

第一种形式的 return 语句可出现在返回值类型为 void 的函数中，其作用是立即结束函数的执行并返回到主调函数中，主调函数将继续执行。没有 return 语句时，函数执行完函数体，在界定函数体的封闭花括号"｝"处返回。

第二种形式的 return 语句必须出现在函数值类型不为 void 的函数中，其作用是先计算表达式的值，结束函数的执行，并将表达式的值作为函数的返回值。

C 语言函数可分成两类：库函数和用户自定义函数。顾名思义，用户自定义函数就是由编程者自己动手定义的函数。与程序类似，函数的功能也是把输入变成输出，因此定义函数时也需设计算法并把算法翻译成 C 语言语句。C 语言函数有规定的格式，所以定义函数时还需注意：首先，根据函数的功能，确定函数的输入和输出，即确定形参的个数与类型，确定返回值的类型，实际上就是确定函数的首部；其次，在函数体中，基于形参实现算法。

下面举例分析。由于函数的功能比较简单，故示例中忽略了设计算法的过程。

例 7-1　定义一个求两个整数中较大数的函数。

分析：

假设已经定义了这样的函数 larger，则程序中可以用它命令计算机求出两个整数中较大的数，如函数调用 larger(3,2) 就表示用 larger 函数求整数 3 与整数 2 中较大的数，执行后会得到整数 3，即函数的返回值为 3。

函数的参数应为两个整型变量，函数输出其中较大的整数，故函数的返回值类型为整型。

```
int larger(int x,int y)
{
    if(x >y)
        return x;
    return y;
}
```

提示：

larger 函数可以求出两个整数中较大的数，使用时，需要提供两个具体的整数，如 larger (3,2)。larger 函数执行时，两个具体的整数会自动存储到形参 x 和形参 y 中，因此在函数体中，larger 函数只要返回形参 x 和形参 y 中较大的数即可。

参与团队开发时，某个程序员的工作可能就是开发一个 larger 函数。运行 VC 6.0，单击【文件】|【新建】命令，在弹出的对话框中选择"文件"标签，文件类型选择"源代码"，输入文件名 7_1.c 后单击"确定"按钮。在打开的编辑窗口中输入此函数。输入完成后，选择【组建】|【编译】命令，此时源文件 7_1.c 将被编译。通过编译可以检查代码有无语法错误。源文件 7_1.c 中没有 main 函数，无法编译链接成可执行程序。

讨论：

负责开发自定义函数的程序员怎样检查代码中有无逻辑错误？

例7-2 定义一个将百分制成绩转换成 A、B、C、D、E 五级成绩的函数。

分析：

函数的输入是一个百分制成绩，形参为一个浮点型变量。函数输出一个 A～E 表示的成绩，它的返回值类型为字符型。

```c
char convertGrade(float grade)
{
    if(grade >=90)
        return 'A';
    if(grade >=80)
        return 'B';
    if(grade >=70)
        return 'C';
    if(grade >=60)
        return 'D';
    return 'E';
}
```

例7-3 定义一个判断正整数是否为质数的函数。

分析：

函数的参数为一个整型变量，而输出值为逻辑类型。可用整型代替逻辑型，返回值为 1 时表示真，返回值为 0 时表示假。

```c
#include <math.h>
int isPrime(int n)
{
    int r,i;
    if(n ==1)
        return 0;
    r = (int)sqrt(n);
    for(i =2;i <=r; ++i)
        if(n%i ==0)
            break;
    return(i ==r +1);
}
```

定义函数时，函数体中可以使用其他函数，但其他函数的定义需要以某种形式体现在源文件中，即要遵循"先定义后使用"的原则。函数 isPrime 在函数体中使用了库函数 sqrt，因此需用 include 命令把头文件 math. h 包含到源文件中。

例7-4 定义一个输出如下 n 层图形的函数。

```
    *
  *   *
*   *   *
```

分析：

函数的形参为一个整型变量，表示图形的层数。图形只能显示，无法用基本的数据类型表示，因此返回值为空。

```c
#include <stdio.h>
void printStar(int n)
{
    int i,j,k;
    for(i =1;i <=n; ++i)
    {
        for(j =1;j <=n -i; ++j)
            printf("  ");
        for(k =1;k <=2 *i -1; ++k)
            printf("%2c", '*');
```

```
        printf("\n");
    }
}
```

7.2 函数调用与函数声明

7.2.1 函数调用分析

使用函数即调用函数。发生函数调用时，主调函数会保存执行状态，中断执行，被调函数开始执行。被调函数执行完，主调函数首先恢复执行状态，然后从中断处开始继续执行。

如果 main 函数调用了函数 f1，而函数 f1 在执行过程中又先后调用了函数 f2 和函数 f3，则此程序中函数的调用及返回情况如图 7-1 所示。

函数调用的形式为：

函数名(实际参数表)

其中，函数名为被调用函数的名字，实际参数表由与形参数目相同的表达式组成。实参是实际参数的简称。实参之间也用逗号分隔。形参为空时，函数的实参也为空。函数执行时，实参的值会用对应的形参保存，所以两者的类型应"兼容"，即可以进行赋值操作。

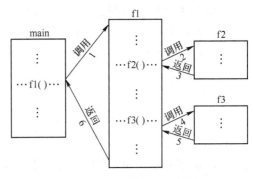

图 7-1 函数的调用与返回

例 7-5 利用函数调用求两个数的较大者。

分析：

先定义一个求两个数中较大者的函数，然后在 main 函数中使用该函数求出较大的数，最后输出函数的返回值。

参考程序如下：

```
#include < stdio.h >
int larger(int x,int y)
{
    if(x > y)
        return x;
    return y;
}
void main()
{
    float f,m = 3.2,n = 2.3;
    f = larger(m + n,m - n);
    printf("%.1f 和%.1f 的较大者为%.1f \n",m + n,m - n,f);
}
```

程序的运行结果为：

5.5 和 0.9 的较大者为 5.0。

程序有逻辑错误，但输出结果中为何会出现 5.0 呢？

主调函数在调用函数时先求出实参的值，再用实参的值给形参赋值，之后被调函数才开始执行。larger(m + n,m - n)中实参的值为双精度数 5.5 和 0.9，而形参的类型为整型，只要赋值操作能进行，两者的类型就兼容。用实参给形参赋值后，形参 x 的值为整数 5，形参 y 的值为整数 0。larger 函数的返回值是整数 5，因此整数 5 赋值给了单精度变量 f，这就是为何最终的输出结果中会出现 5.0。

计算机"不会"出现错误，程序出错的原因在于没有正确地使用函数。larger 函数的功能是求两个整数中的较大者，而程序中却用它求两个浮点数的较大者。题目本身也有问题，C 语言中不可能定义一个求两个数的较大者的函数。

函数体中用"return 表达式"返回函数值时，如果表达式值的类型与函数首部的函数值类型不一致，就会发生强制类型转换，因此"return 表达式"实为"return（函数值类型）（表达式）"。有函数定义 int test( )｛return 3.2;｝，即使有 double f = test( );，变量 f 的值也不会为 3.2，只会是 3.0，因为 test 函数调用的返回值是整数 3。

调用执行有返回值的函数时，函数最终的执行结果是一个具体的数，因此有返回值的函数调用既可作操作数，又可作实参。如用 larger(larger(5,2),3)可以求出 5,2,3 三个数的最大值。

在例 7-1 中 larger 函数已经在源文件 7_1.c 中定义了，因此也可以用#include 命令把源文件 7_1.c 的内容即 larger 函数的定义包含到例 7-5 的源文件中。例 7-5 可改写为：

```
#include < stdio.h >
#include "7_1.c"
void main()
{
    float f,m = 3.2,n = 2.3;
    f = larger(m + n,m - n);
    printf("%.1f 和%.1f 中较大者为%.1f\n",m + n,m - n,f);
}
```

#include 命令的作用是把指定文件的内容插入到该语句所在位置并取代该语句，从而把指定文件的内容合并到当前的源程序文件中。#include 命令的常见形式为：

　　　　　#include < 文件名 > 或#include "文件名"

其中的" <> "和" " " "用于指定欲包含文件所在的目录。" <> "表示到编译系统指定的目录中查找欲包含的文件。VC 6.0 中通过单击【工具】｜【选项】命令，在弹出的"选项"对话框中，选择"目录"标签，可以设置"指定目录"，如图 7-2 所示。

" " " "表示先到当前目录中查找欲包含的文件，找不到时再到指定的目录中查找。所谓"当前目录"是指包含#include 命令的源文件所在的目录。

图 7-2　设置编译系统指定目录

指定目录中的文件多为库函数的头文件。使用#include "7_1.c"语句借助复制文件内容的方式把 larger 函数的定义包含到源文件 7_5.c 中时，应先将文件 7_1.c 复制到源文件 7_5.c 所在的目录中。

讨论：

如何评价例 7-5 中的两种作法。

提示：

#include "7_1.c"命令会用 7_1.c 文件中的内容取代该行代码，因此虽然例 7-5 的两种作法看似不同，但源文件 7_5.c 的内容在最终编译时是完全一样的。

例 7-6　用例 7-2 定义的函数处理数组中的数学成绩。

```
#include < stdio.h >
#include "7_2.c"
#define N 10
void main()
{
    int i;
    float grade1[N] = {85.3,79.2,63.5,80,55.3,91.2,77.3,78.9,81,64};
```

```
char grade2[N];
for(i=0;i<N;++i)
{
    grade2[i]=convertGrade(grade1[i]);
    printf("%2c",grade2[i]);
}
}
```

例 7-7　用例 7-3 定义的函数验证哥德巴赫猜想：任意不小于 4 的偶数都可写成两个质数之和。

分析：

算法可参见例 5-22。

```
#include<stdio.h>
#include "7_3.c"
void main()
{
    int i,even;
    do
    {
      printf("请输入一个不小于 4 的偶数：\n");
      scanf("%d",&even);
    }while(even<4 || even%2!=0);
    for(i=2;i<=even/2;++i)
    {
        if(isPrime(i)==1 && isPrime(even-i)==1)
            printf("%d=%d+%d\n",even,i,even-i);
    }
}
```

使用函数虽然会损失一些执行效率，但是由于重用了代码，编程效率大大提高了；此外，程序的可读性也显著提高了。

讨论：

（1）函数定义有什么作用？函数调用又有什么作用？

（2）函数调用执行过程中有哪些固定的操作？

提示：

（1）函数定义仅仅规定了如何把输入转换成输出，而函数调用则利用函数定义由具体的输入值得到实际的输出值。

（2）对实参求值；用实参对形参赋值；依次执行函数体中的语句。

7.2.2　函数声明的作用

函数必须先定义再使用。当一个函数在定义之前被调用时，编译系统会在函数调用处报错，即使该函数的定义就在下面。利用函数声明可以先使用后定义函数。

函数声明的一般形式为函数首部加上分号，即

　　　　返回值类型 函数名(参数列表)；

函数声明使得编译器可以在没有函数定义的情况下检查函数调用的合法性，如实参的个数是否与形参的一致，类型是否与形参的兼容。

例 7-8　使用函数交换两个变量的值。

```
#include<stdio.h>
void swap(int x,int y);                    /* 函数声明 */
void main()
{
    int m=3,n=5;
```

```
    printf("交换前:m=%d,n=%d\n",m,n);
    swap(m,n);                              /* 函数调用 */
    printf("交换后:m=%d,n=%d\n",m,n);
}
void swap(int x,int y)                      /* 函数定义 */
{
    int temp;
    temp=x;
    x=y;
    y=temp;
}
```

分析:

swap 函数在程序的最后才定义, 但由于在程序开始处对其进行了声明, 因此 main 函数中可以在 swap 函数还没有定义时就调用它。swap 函数有什么功能呢?

swap 函数在函数体中交换了形参 x 和 y 的值, 因此它的功能是交换两个整数的值。

程序的运行结果如图 7-3 所示。

由输出结果可知, swap 函数并没有交换变量 m 和 n 的值, 这是什么原因呢?

主调函数在调用函数时会先对实参求值, 再把值传递给被调函数, 也就是说函数调用 swap(m,n) 其实为 swap(3,5)。swap 函数根本就不知道变量 m 和 n 的存在! 用实参的值给形参赋值是 C 语言函数调用的最重要特征, 以赋值的方式在参数间传递值的函数调用又称为传值调用, 可用图 7-4 直观表示。

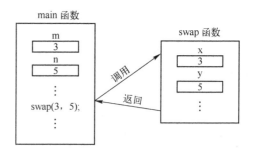

图 7-3 例 7-8 程序的运行结果   图 7-4 函数的传值调用

由图 7-4 可知, swap 函数执行后形参 x 的值为 5, 形参 y 的值为 3。swap 函数的功能是交换两个整数的值, 而不能理解为交换两个变量的值。swap 函数没有实际作用。

函数声明也称为函数原型。函数原型可用于对函数调用的合法性进行检查。所谓函数调用的合法性是指函数调用中实参的个数是否与形参的一致, 类型是否与形参的兼容。函数原型中形参列表中的参数名无助于合法性检查可以省略。

7.2.3 使用参数类型为一维数组的函数

数组类型也可作为形参, 如下面的例子所示。

例 7-9 分析下面的程序。

```
#include<stdio.h>
void printArray(int a[5])
{
    int i;
    for(i=0;i<5;++i)
        printf("%d ",a[i]);
}
void main()
```

```
{
    int b[5] = {1,2,3,4,5};
    printArray(b);
}
```

分析：

程序中 printArray 函数的形参类型是长度为 5 的一维整型数组，函数体中它依次输出了形参数组的 5 个数组元素的值。main 函数中调用该函数输出了实参数组 b 的 5 个元素。

程序的输出结果为：

1 2 3 4 5

虽然程序的运行结果与预期的一致，但仔细分析可以发现程序有"问题"。C 语言函数是传值调用，调用函数时会先对实参求值再把实参的值赋给形参。C 语言不允许数组间相互赋值，实参数组如何向形参赋值呢？实参 b 的值是什么呢？在学习指针变量之前，没有办法回答这些问题。由于数组是一种特殊的数据类型，因此当形参为数组时，函数会呈现出一些新的特点，具体表现为：

（1）函数定义中数组形参的长度可有可无，但方括号不能省略。printArray 函数中形参的类型应理解为一维整型数组，而不能理解为长度为 5 的一维整型数组，也就是说，只要是一维整型数组，不管有几个数组元素都可作为 printArray 函数的实参。有 int c[ ] = {1,2,3,4,5,6};，函数调用 printArray(c);可以正确执行，但只能输出数组 c 的前 5 个元素。用长度小于 5 的一维整型数组作实参时，尽管实参与形参依然匹配，但 printArray 函数在调用执行时会出现错误，因为它要输出 5 个数组元素。可以定义一个可以输出一维整型数组所有元素值的函数。

printArray 函数的定义可修改为：

```
void printArray(int a[ ],int n)
{
    int i;
    for(i=0;i<n;++i)
        printf("%d ",a[i]);
}
```

修改后的函数可用于输出一维整型数组的前 n 个元素。使用函数调用 printArray(b,5)就可输出例 7-9 中数组 b 的所有元素。

（2）形参的类型是数组时，在函数体中改变形参数组的数组元素的值，实参数组的同一下标的数组元素的值也会随之改变。

例 7-10 分析下面的程序。

```
#include <stdio.h>
void swap(int a[])
{
    int temp;
    temp=a[0];
    a[0]=a[1];
    a[1]=temp;
}
void main()
{
    int b[2] = {2,3};
    printf("b[0]=%d,b[1]=%d\n",b[0],b[1]);
    swap(b);
    printf("b[0]=%d,b[1]=%d\n",b[0],b[1]);
}
```

分析：

swap 函数的形参为一维整型数组，在函数体中 swap 函数交换了形参数组 a 中 a[0]和 a[1]两个数组元素的值。在 main 函数中以整型数组 b 为实参调用了 swap 函数，swap 函数能否交换实参数组

b 中两个相对应的数组元素 b[0] 和 b[1] 的值？

由数组作形参的"特殊性"可知，实参数组的数组元素也会交换的。程序的输出结果为：

b[0] = 2, b[1] = 3

b[0] = 3, b[1] = 2

程序输出结果表明，swap 函数中对形参数组的数组元素所做的改变确实影响到了实参数组中相对应的数组元素。

讨论：

例 7-8 中函数没能成功地交换两个作为实参的变量的值，既然是传值调用，为什么例 7-10 中却成功地交换了实参的两个数组元素，矛盾吗？

提示：

C 语言函数中不可能改变作为实参的变量的值。例 7-10 中 swap 函数的实参是数组变量 b，而 swap 函数中改变的是实参的数组元素 b[0] 和 b[1]，实参 b 的数组元素的改变与实参 b 本身的改变是不同的。

7.3　作用域

7.3.1　变量作用域

当程序由多个函数组成时，在一个函数中定义的变量能在其他函数中使用吗？

每个变量都有自己的作用域。变量的作用域是指程序中可以使用变量的区域。只有在变量的作用域内，才能使用变量。常见的变量作用域有两类：复合语句作用域和文件作用域。

在复合语句中定义的变量具有复合语句作用域，从变量定义处至复合语句结束处止。具有复合语句作用域的变量称为局部变量。函数体就是一个大的复合语句，因此函数体内定义的变量多为局部变量。另外，函数的形参也是局部变量，作用域覆盖整个函数体。显然，在一个函数中定义的变量只能在该函数中使用。

在复合语句之外定义的变量具有文件作用域，从变量定义处起至源文件结束处止。具有文件作用域的变量称为全局变量。

例 7-11　根据变量的作用域确定语句中使用的变量，并分析程序的输出。

```c
#include <stdio.h>
int g_i;
void test(int x)
{
    int i = 6;
    g_i = 3;
    g_i *= i + x;
    printf("x = %d,i = %d,g_i = %d\n",x,i,g_i);
}
int g_j = 2;
void main()
{
    int i = 3;
    test(i);
    g_i += i;
    printf("i = %d,g_i = %d,g_j = %d\n",i,g_i,g_j);
}
```

分析：

第 2 行中定义的变量 g_i 不属于任何复合语句为全局变量，作用域从定义处第 2 行起至源文件结束处第 17 行止。第 6、7、8、15、16 行语句中使用了全局变量 g_i。

test 函数的形参 x 是局部变量，作用域从第 4 行起到第 9 行止。第 7、8 行语句中使用了该局部变量。

test 函数中第 5 行定义的变量 i 是局部变量，作用域从第 5 行起到第 9 行止。第 7、8 行语句中使用了该局部变量。

第 10 行中定义的变量 g_j 不属于任何复合语句为全局变量，作用域从第 10 行起到第 17 行止。第 16 行语句中使用了该全局变量。

main 函数中第 13 行定义的变量 i 是局部变量，作用域从第 13 行起到第 17 行止。第 14、15、16 行语句中使用了该局部变量。

程序的运行结果如图 7-5 所示。

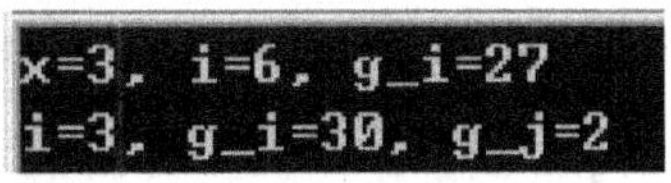

提示：

全局变量 g_i 的作用域从第 2 ~ 17 行止，test 函数和 main 函数都可以使用它。由于全局变量 g_i 只标识了一个存储单元，因此在 test 函数中改变全局变量 g_i（标识的存储单元）的值后，main 函数中就会使用全局变量 g_i（标识的存储单元）的新值。

```
x=3, i=6, g_i=27
i=3, g_i=30, g_j=2
```

图 7-5　例 7-11 程序的运行结果

例 7-12　分析下面程序中全局变量的作用。

```
#include < stdio.h >
#define PI 3.1415926
float g_circum = 0;
float calculate(float radius)
{
    g_circum = 2 * PI * radius;
    return PI * radius * radius;
}
void main()
{
    float f = 2.3;
    printf("面积为%.3f\n",calculate(f));
    printf("周长为%.3f\n",g_circum);
}
```

分析：

calculate 函数和 main 函数中都使用了全局变量 g_circum。函数调用 calculate(f)在执行过程中不仅会返回半径为 2.3 的圆的面积，它同时还把圆的周长赋值给了全局变量 g_circum。因此当主调函数 main 继续执行时，它通过使用全局变量 g_circum 也获得了圆的周长。calculate 函数向全局变量赋值，main 函数使用全局变量的值，通过全局变量，两个函数共享了数据。借助全局变量，calculate 函数提供了两个"返回值"。

```
面积为16.619
周长为14.451
```

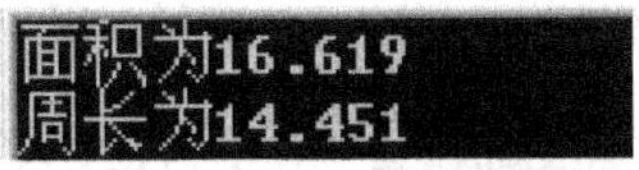

图 7-6　例 7-12 程序运行结果

程序的运行结果如图 7-6 所示。

讨论：

在使用团队其他成员开发的类似 calculate 具有两个"返回值"的函数时需注意什么问题？

函数中定义的局部变量不能在函数体外使用，这使得函数具有了封闭性。一方面，可以在函数体内使用任意的变量名而不必担心因变量重名而影响其他函数；另一方面，仅限在函数体使用的局部变量也不可能受其他函数的影响。所谓"函数的封闭性"是指用相同的实参调用函数时，函数会有相同的返回值。如果函数定义中只使用局部变量，函数显然具有封闭性。

局部变量有时会和此前定义的变量重名，在新定义的局部变量的作用域中，可能会出现两个同名变量"都可以使用"的情况。C 语言规定，多个作用域不同的同名变量在共同作用域内，后定义的变量有效，也就是作用域最小的变量起作用。打个比方理解此规定，某校有位张三老师，某班恰好有位张三同学。在这个班中提到的张三应默认是张三同学。

例 7-13　分析程序的输出。

```c
#include <stdio.h>
int i =1;
void main()
{
    int i =2;
    void test(int);            /* 函数声明 * /
    printf("(1)i =%d\n",i);
    {
        int i =3;
        printf("(2)i =%d\n",i);
    }
    test(i);
}
void test(int x)
{
    printf("实参为%d\n",x);
    printf("(3)i =%d\n",i);
}
```

分析:

在 main 函数中定义了多个整型变量 i。按照规定, 语句中出现的变量是可以出现在此处的同名变量中作用域最小的那个变量。虽然第 2 行和第 5 行定义的变量 i 的作用域都覆盖了第 7 行语句, 但由于第 5 行定义的变量 i 的作用域小, 因此第 7 行语句中出现的变量 i 是第 5 行定义的局部变量 i, 值为 2。第 10 行语句中出现的变量 i 是第 9 行定义的局部变量 i, 值为 3。第 12 行语句中出现的变量 i 是第 5 行定义的局部变量 i, 值为 2。作用域覆盖第 17 行语句的只有第 2 行定义的全局变量 i。

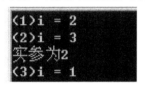

图 7-7　例 7-13 程序的
运行结果

程序的运行结果如图 7-7 所示。

讨论:

程序中有必要定义多个作用域不同的同名变量吗?

7.3.2　文件作用域扩展

函数也有作用域, 准确地说是函数名也有作用域。函数的作用域当然也是指可以使用函数的区域。

函数具有文件作用域, 从函数开始定义处起至源文件结束止。虽然不能在函数作用域之外使用函数, 但有了函数声明之后函数就可以先使用后定义了, 如例 7-8 所示。函数声明实际上用于扩展函数的作用域。具有文件作用域的全局变量可以像函数那样借助"声明"扩展其作用域。

在前面加个关键字 extern, 全局变量定义语句就变成了全局变量声明语句, 如全局变量定义语句为 int g_i;, 则它的声明语句为: extern int g_i;。声明的作用只是扩展作用域, 声明不能代替定义, 声明的函数和全局变量必须在程序中有定义。声明后, 全局变量的作用域将扩展为从声明语句处起。如果声明语句在一个函数体或复合语句中, 全局变量作用域的扩展将在封闭花括号"}"处止; 否则, 将在源文件结束处止。

例 7-14　分析程序的输出。

```c
#include <stdio.h>
#define PI 3.1415926

extern float g_circum;
```

```
float calculate(float);

void main()
{
    float f = 2.3;
    printf("面积为%.3f\n",calculate(f));
    printf("周长为%.3f\n",g_circum);
}

float g_circum = 0;

float calculate(float radius)
{
    g_circum = 2 * PI * radius;
    return PI * radius * radius;
}
```

分析：

程序与例 7-12 中程序的区别在于，通过全局变量声明语句 extern float g_circum;和函数声明语句 float calculate(float);，main 函数中可以在没有定义的情况下使用全局变量 g_circum 和函数 calculate。

程序运行情况为：

面积为 16.619

周长为 14.451

借助于声明还可以将函数和全局变量的作用域扩展到同一个工程的其他源文件中。

例 7-15 文件作用域的进一步扩展。

（1）创建一个名为 7_15 的控制台类型工程。

（2）向工程中添加名为 7_1501.c 的源文件，其内容为：

```
#include < stdio.h >
extern float g_circum;
void main()
{
    float calculate(float);
    float f = 2.3;
    printf("面积为%.3f\n",calculate(f));
    printf("周长为%.3f\n",g_circum);
}
```

（3）向工程中添加名为 7_1502.c 的源文件，其内容为：

```
#define PI 3.1415926
float g_circum = 0;
float calculate(float radius)
{
    g_circum = 2 * PI * radius;
    return PI * radius * radius;
}
```

（4）编译运行程序。

分析：

源文件 7_1502.c 和源文件 7_1501.c 同属一个工程，在 VC 6.0 中可以通过声明语句把一个文件中定义的全局变量的作用域扩展到同一个工程的其他源文件中。借助声明语句，在 7_1501.c 文件中定义的 main 函数就可以使用在 7_1502.c 文件中定义的全局变量 g_circum。calculate 函数的用法与之类似。

程序的运行结果如图 7-8 所示。

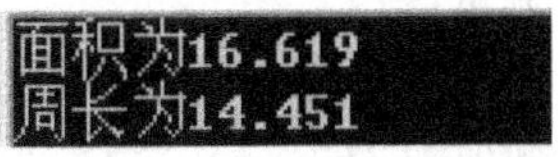

面积为16.619
周长为14.451

图 7-8　例 7-15 程序的运行结果

讨论：

使用位于其他文件中的函数时，可以通过文件作用域的扩展。也可利用 include 命令将文件内容复制到 main 函数所在的源文件（如例 7-6），两者有何区别？

提示：

通过声明使用位于其他文件中的具有全局作用域的标识符时，两个文件需属于同一个工程。使用 include 命令时，两个文件通常不能属于同一个工程，被包含文件只需位于指定文件夹中即可。

7.3.3 全局变量作用域可扩展的原因

与全局变量不同，局部变量的作用域无法扩展，这是因为它们的"生命期"不同。当内存中有存储单元与某变量相关联时，就认为该变量是有"生命"的。变量的"生命期"就是变量有"生命"的时间，从变量获得存储单元时开始到失去存储单元时结束。变量的作用域关于空间而变量的"生命期"关于时间，但两者关系密切。

可以认为变量定义语句执行时，变量获得存储单元，但全局变量在复合语句外定义，程序运行时不会执行全局变量的定义语句，全局变量的生命期从什么时间开始呢？

全局变量标示的存储单元通常在程序开始执行前已经分配，程序执行完毕才释放。在程序运行期间，与全局变量相关的存储单元一直属于变量所有，这是全局变量可以通过声明扩展其作用域的根本原因。局部变量标识的存储单元只有在执行到变量的"定义语句"时才分配，变量定义语句所在的复合语句执行完毕后就自动释放了。出了作用域之后，局部变量已经没有存储单元与之相关联，当然也就不能再使用了。

例 7-16 分析比较下面两个程序。

（1）
```
#include < stdio.h >
int g_i =0;
int vary1(int x)
{
    ++g_i;
    return(x +g_i);
}
void main()
{
    printf("vary1(2) =%d\n",vary1(2));
    printf("vary1(2) =%d\n",vary1(2));
}
```

（2）
```
#include < stdio.h >
int vary2(int x)
{
    int i =0;
    ++i;
    return(x +i);
}
void main()
{
    printf("vary2(2) =%d\n",vary2(2));
    printf("vary2(2) =%d\n",vary2(2));
}
```

分析：

程序 1 中第一个函数调用 vary1(2) 执行时，语句 ++g_i; 执行后全局变量 g_i 的值变为 1，函数的返回值为 3(2 +1)。第二个调用函数 vary1(2) 执行时，语句 ++g_i; 执行后全局变量 g_i 的值由 1 变为 2，函数的返回值为 4(2 +2)。

程序 2 中第一个函数调用 vary2(2)执行时，局部变量 i 被定义且获得了存储单元并被初始化为 0，
++i 后其值变为 1，函数的返回值为 3(2 + 1)。当函数 vary2 返回时，局部变量 i 的存储单元自动释
放。第二个函数调用 vary2(2)执行时，局部变量 i 再次被定义且又获得了存储单元，并被初始化为
0，++i 后其值又变为 1，函数的返回值仍为 3(2 + 1)。

局部变量动态地获得存储单元，定义时分配用完后释放，既节省了存储空间，又保证了函数的
封闭性。局部变量又称为动态变量。

讨论：

（1）对比分析全局变量和局部变量。

（2）变量可用时，它必定既有"生命"又在作用域内。什么情况下，变量不可用但它有
"生命"？

7.3.4 使用关键字 static 限制文件作用域

虽然使用全局变量可以让函数"返回"多个值，但误用全局变量很容易破坏函数的封闭性。
相同的实参却有不同返回值的函数不仅让函数的使用者困惑，而且也会严重影响程序的可读性。

例 7–17 全局变量的误用。

```
#include < stdio.h >
int g_i;
int vary(int x)
{
        return x + g_i;
}
void main()
{
    g_i = 0;
    printf("vary(2) = %d\n",vary(2));
    g_i = 1;
    printf("vary(2) = %d\n",vary(2));
}
```

分析：

vary 函数在 main 函数中被两次调用，虽然实参均为 2，但第一次的返回值为 2，第二次的返回
值为 3。相同的实参却有不同的返回值，这个 vary 函数的可用性非常差。

通过分析发现 vary 函数的功能是返回某个数与全局变量 g_i 的和，全局变量 g_i 也是函数的输
入，作用类似于形参。vary 函数的功能就是返回两个整数的和，因此应定义为 int vary(int x,int y)
{return x + y;}。用函数调用 vary(2,g_i)就能以直观的方式返回某个数与全局变量 g_i 的和。

函数处理的输入数据通常应仅限于形参。

通过声明把全局变量的作用域扩展到其他源文件后，程序的可读性变差，程序的复杂性增加，
程序将变得容易出错且难以定位出错的代码。为防止全局变量的误用，在定义全局变量时，类型前
加一个关键字 static 可以限制全局变量的作用域于当前源文件中。如有 static int g_i;，则全局变量
g_i 的作用域仅限于当前源文件中，程序中不能通过声明语句扩展其作用域到其他源文件中。利用
static 关键字甚至可以把全局变量的作用域限制到复合语句中。不过这种作法的可读性最差，在复
合语句中定义的变量，只是多了一个 static 关键字就变成了全局变量，而且还是一个具有局部变量
作用域的全局变量！

例 7–18 局部变量和全局变量示例

```
#include < stdio.h >
int vary3()
{
```

```
        static int g_i = 0;
        int i = 0;
         ++i;
        return(i + g_i ++);
    }
    void main()
    {
        int i;
        for(i = 0;i <= 2; ++i)
            printf("%3d",vary3());
    }
```

分析：

由于语句中有关键字 static，尽管变量 g_i 在复合语句中定义，但它是全局变量，是一个作用域局限于函数内的全局变量。

程序中 for 循环执行时将三次调用 vary3 函数。vary3 函数第一次执行时，语句 static int g_i = 0；执行，给全局变量 g_i 分配存储单元且初始化为 0；语句 int i = 0；执行，给局部变量 i 分配存储单元且初始化为 0；语句 ++i;把变量 i 的值由 0 变成了 1；最后，求出表达式 i + g_i ++ 的值 1 作为函数的返回值，函数执行完毕。此外，在子表达式 g_i ++ 求值时全局变量 g_i 的值由 0 变成了 1；局部变量 i 的存储单元自动被释放。vary3 函数第二次执行时，由于全局变量 g_i 已经有了存储单元，因此语句 static int g_i = 0;不会被执行；语句 int i = 0;执行，给局部变量 i 分配存储单元且初始化为 0；语句 ++i;把变量 i 的值由 0 变成了 1；最后，求出表达式 i + g_i ++ 的值 2 作为函数的返回值，函数执行完毕。此外，子表达式 g_i ++ 求值时把全局变量 g_i 的值由 1 变成了 2，局部变量 i 的存储单元自动被释放。

程序的运行结果为：

1　　2　　3

提示：

（1）有些书中认为变量 g_i 是静态局部变量。考虑到此类变量的存储单元与全局变量的相同，一旦分配就不会被释放，相对于作用域，生命期是变量更 "本质" 的属性，因此本书中称此类变量为全局变量。

（2）例 7-18 中 vary3 函数的可用性极差，没有 "外界" 的影响，多次执行同一条函数调用语句，函数的返回值每次都不同！

特殊情况下可能要求函数的返回值尽可能没有规律，如求随机数的函数。多次调用求随机数函数可以得到若干个在某范围内随机分布的返回值。

例 7-19　随机数函数。

```
    #include < stdio.h >
    #define N 100
    int randomize()
    {
        static unsigned int seed = 3;
        seed = seed * 214013L + 2531011L;
        return(seed/65536%32768);
    }
    void main()
    {
        int a[6] = {0};
        int i;
        for(i = 0;i < N; ++i)
            ++a[randomize()%5 + 1];
        for(i = 1;i <= 5; ++i)
            printf("%d:%d ",i,a[i]);
    }
```

分析:

randomize 函数可以产生 0 ~ 32767 间的随机数。调用一次 randomize 函数,它将"毫无规律"地返回一个 0 ~ 32767 间的整数;当再次调用它时,其仍将返回一个 0 ~ 32767 间的整数,而且这次的返回值与上一次的没有任何"关系"。多次调用 randomize 函数可以得到一个随机数序列。由 randomize 函数的实现可知,其返回值非真正"随机",但多数情况下可当作随机数。

讨论:

(1) randomize 函数是如何产生随机数的?

(2) randomize( )%5 +1 的值为一个 1 至 5 间的随机数。如何利用 randomize 函数产生 60 ~ 100 间的随机数?

(3) 随机数与随机序列有何关系?

关键字 static 也可用于修饰函数,把函数的作用域限制在当前文件中。作用域仅限在当前文件中而不能在其他源文件中使用的函数称为内部函数。作用域没被限制的函数称为外部函数。

内部函数的定义类似于 static int randomize( ){…}。

7.4 用函数编程

7.4.1 用函数编程示例

"用函数编程"并非什么新的编程理念,而是指尽量用函数实现算法中的某些步骤,还要尽量选用已经定义了的函数,如库函数。如算法中需求正弦值时,提倡用库函数 sin 实现。利用已有的函数既可以提高编程效率,又可以提高程序的可靠性。如果函数有问题,经常使用函数的问题暴露出来的可能性要比新定义函数的大。

例 7-20 编程求出 1000 以内的完全数,输出格式如 6 = 1 + 2 + 3。(练习 5.27)

分析:

用函数编程的思想来解决这个问题。

依然是先设计算法。用穷举法,main 函数的框架如下:

```
void main()
{
    int i;
    for(i =1;i <1000; ++i)
    {
        /*如果 i 为完全数,则输出成相加的形式 */
    }
}
```

假设存在一个能满足要求的函数 isPerfectNumber(首部为 int isPerfectNumber(int m)),如果整数是完全数,函数返回整数 1;否则,返回整数 0。借助 isPerfectNumber 函数,main 函数的实现如下:

```
void main()
{
    int i;
    for(i =1;i <1000; ++i)
        if(isPerfectNumber(i) ==1)
        {
            /*输出完全数 i 相加的形式 */
        }
}
```

虽然库函数种类繁多,但其中并不存在能满足要求的 isPerfectNumber 函数。自己定义一个

isPerfectNumber 函数可能比直接写代码更费事，为何还要提倡用函数编程呢？有两方面的好处。一方面，isPerfectNumber 函数可以交由团队其他成员实现，从而实现了程序的并行开发；另一方面，再遇到类似问题时无须重新编码，可以直接使用 isPerfectNumber 函数，便于代码的重用。

　　isPerfectNumber 函数实现时需求出整数 m 除它本身之外的因数和，设 sumUpFactor 函数（首部为 int sumUpFactor(int m)）可以实现该功能。程序最终的输出格式如 6 = 1 + 2 + 3 所示，故在使用函数 sumUpFactor 求整数的因数和时还需将这些因数保存起来用于输出。求整数因数和的过程要用到循环，所以整数的因数需用数组保存。在 sumUpFactor 函数中求出并保存的因数有可能输出时使用，因此存储这些因数的数组需要定义成全局变量。

　　函数 print 通过访问为全局变量的数组得到某完全数的因数，把它们输出成连加的形式（如 1 + 2 + 3）。

　　各个函数的算法分析略。

```c
#include <stdio.h>
#define N 100
int a[N] = {0};
int isPerfectNumber(int m);
void print();
void main()
{
    int i;
    for(i = 1; i < 1000; ++i)
        if(isPerfectNumber(i) == 1)
        {
            printf("%d = ",i);
            print();
        }
}
int sumUpFactor(int m)
{
    int i,j = 0,s = 0;
    for(i = 1; i <= m/2; ++i)
        if(m%i == 0)
        {
            s += i;
            ++j;
            a[j] = i;
        }
    a[0] = j;           /* a[0]存放因数的个数 */
    return s;
}
int isPerfectNumber(int m)
{
    return(m == sumUpFactor(m));
}
void print()
{
    int i;
    for(i = 1; i < a[0]; ++i)
        printf("%d + ",a[i]);
    printf("%d\n",a[a[0]]);
}
```

讨论：

（1）全局变量数组 a 用于存储整数的因数，怎样知道其中存储了几个因数呢？

（2）对于整数 m，除了它本身之外最大的因数为什么不会大于 m/2？（设 m = x * y，当 x 最小时，因数 y 最大）

（3）有必要定义 isPerfectNumber 函数吗？

程序运行期间函数的调用关系如图 7-9 所示。

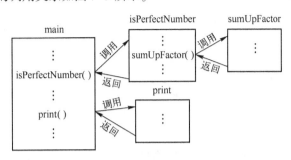

图 7-9 例 7-20 程序中函数的调用关系

main 函数中调用了 isPerfectNumber 函数，而后者又调用了 sumUpFactor 函数，这就形成了所谓的函数嵌套调用。C 语言中不允许函数的嵌套定义，即在一个函数的函数体中定义其他函数，但允许函数的嵌套调用。

讨论：

（1）程序中 sumUpFactor 函数和 print 函数是如何共享数据的？

（2）假设 isPerfectNumber 函数、sumUpFactor 函数和 print 函数分别由开发团队中的三个成员负责实现。项目负责人怎样做才能让团队成员只专注于自己的工作（即使团队成员不熟悉整个项目，他们开发的函数也能协同工作）？

7.4.2 函数重用

例 7-21 求 1000 以内的亲密数。如果整数 m 的因数和（本身除外）等于 n，而 n 的因数和（本身除外）等于 m，则整数 m 和 n 就是一对亲密数。如 $220(1+2+4+5+10+11+20+22+24+55+110=284)$ 和 $284(1+2+4+71+142=220)$ 就是一对亲密数。

分析：

用穷举法，循环变量 i 从 2～1000，每次自增 1。循环体中判断变量 i 是否有亲密数，具体算法如下：

先求出变量 i 的因数之和 m，再求出 m 的因数之和，若 m 的因数之和等于 i，则 i 和 m 是亲密数；否则，i 没有亲密数。

例 7-20 中自定义了一个可以求整数因数之和的 sumUpFactor 函数，使用它就可求出变量 i 和 m 的因数和。但仔细分析却发现在本例中直接使用 sumUpFactor 函数会有问题。

使用 sumUpFactor 函数求变量 i 的因数和时，其因数会保存在全局变量数组 a 中；当再次使用 sumUpFactor 函数求变量 m 的因数和时，其因数也会保存在全局变量数组 a 中。因此虽然 sumUpFactor 函数可以求出变量 i 和 m 的因数，但只能保存一个整数的因数，即使找到了亲密数，程序也无法按要求同时输出它们因数的连加形式。

可见 sumUpFactor 函数不仅需求出整数的因数和，而且还需将因数保存到一个指定的数组中。函数的首部可修改成 int sumUpFactor(int m, int x[ ])，函数将求出整数 m 的因数和，同时因数将保存在形参数组 x 的数组元素中。有整型数组 b，函数调用 sumUpFactor(n,b) 的返回值为整数 n 的因数和，同时整数 n 的因数也将保存在数组 b 中，因为形参为数组时，在函数中对形参数组的数组元素所作的修改就是对实参的相应的数组元素的修改。

print 函数的首部可修改成 void print(int x[ ])，功能为将存放在数组 x 中的因数以连加的形式输出。数组的首元素标记了数组中存放因数的个数。

```c
#include <stdio.h>
#define N 100
int sumUpFactor(int m,int x[])
{
    int i,j=0,s=0;
    for(i=1;i<=m/2;++i)
    if(m%i==0)
    {
        ++j;
        x[j]=i;
        s+=i;
    }
    x[0]=j;          /* x[0]存放因数的个数 */
    return s;
}
void print(int x[])
{
    int i;
    for(i=1;i<x[0];++i)
        printf("%d + ",x[i]);
    printf("%d",x[x[0]]);
}
void main()
{
    int a[N]={0};
    int b[N]={0};
    int i,m;
      for(i=2;i<1000;++i)
      {
          m=sumUpFactor(i,a);
          if(i==sumUpFactor(m,b)&& i<m)   /* 避免重复输出 */
          {
              printf("%d 和%d 是一对亲密数!\n",i,m);
              printf("%d(",i);
              print(a);
              printf(" =%d)\n",m);
              printf("%d(",m);
              print(b);
              printf(" =%d)\n",i);
          }
      }
}
```

讨论：

（1）用本例中的函数改写例 7-20。

（2）为什么本例中把存放因数的数组 a 和 b 定义成 main 函数的局部变量？多个函数共享数据时，一定要使用全局变量吗？

7.5　递归

7.5.1　递归算法与递归函数

分析问题时经常发现，一些难以直接解决的规模较大的问题，往往可以转化为一些规模较小且与原问题性质相同的子问题。问题的难易程度通常与其规模相关，问题的规模越小，问题就越容易解决。以求 523 的阶乘为例，523! 等于 $523 \times 522!$，原问题变成了 523 乘以 522 的阶乘。虽然还需计算乘法，但只要知道了 522 的阶乘，进行一次乘法运算求出 523 的阶乘应该不难。与原问题相比，现在问题的关键依然是求一个数的阶乘，问题的性质没有变，不过，原来需求 523 的阶乘，现在只要求出 522 的阶乘即可，问题的规模变小了，难度降低了。

与原问题性质相同就意味着子问题可以继续转化为规模更小性质相同的子问题，新得到的子问题还可以继续转化，……，只要性质相同，转化的过程就可以一直重复下去。当转化后子问题的规模小到可以很容易地求解时，转化的过程就可以停止了。子问题有解后，就可以按照转化的过程逆向求解，每次都得到规模稍大一点的子问题的解，最终就能得到原问题的解。

原问题转化子问题的过程可称为递进；由子问题的解构造原问题的解的过程可称为回归。通过递进和回归两个过程解决问题的方法称为"递归"。

求 522 的阶乘又可转化为求 521 的阶乘，……，最终，转化为求 1 的阶乘，而 1 的阶乘是 1，求出了 1 的阶乘就可以得到 2 的阶乘，……，最后，就可得到原问题的解，即 523 的阶乘。用递归算法求阶乘的过程用函数来实现。

下面以求一个整数的阶乘为例分析如何用函数实现"递归算法"。

例 7-22　用递归算法求阶乘。

分析：

求阶乘的递归算法上面已经分析过了，如何用函数模拟呢？

设函数 fac 可以求出整数 n 的阶乘，该函数的首部为 unsigned int fac(int n)。在求整数 n 的阶乘时，如果整数 n 的规模已经小到能轻易地求出它的阶乘时（如 0 或 1），就不再需要转化的过程了，直接返回结果；否则，求整数 n 的阶乘需要转化成求 $n-1$ 的阶乘，返回 $n*(n-1)!$ 的值。函数可定义为：

```
unsigned int fac(int n)
{
    if(n==0 || n==1)
        return 1;
    /*返回 n*(n-1)!的值*/
}
```

C 语言中有乘法命令，但没有求整数阶乘的命令，函数 fac 的功能是求一个整数的阶乘，函数是 C 语言中的自定义命令，可以用函数 fac 命令计算机求出 $(n-1)$ 的阶乘，C 语言允许在函数的函数体中调用它自身。fac(n) 的返回值为 n 的阶乘，相应地 fac(n-1) 的返回值就是 $(n-1)$ 的阶乘。求出了 $(n-1)$ 的阶乘，函数 fac 也就定义好了。

```
#include<stdio.h>
unsigned int fac(int n)
{
    if(n==0 || n==1)
        return 1;
    return n*fac(n-1);
}
void main()
{
    printf("3!=%u\n",fac(3));
}
```

图 7-10　例 7-22 程序的运行结果

程序的运行结果如图 7-10 所示。

函数调用 fac(3) 究竟是怎样执行的？

关键在于：在函数体中 fac 函数调用了它自身，但被调函数 fac 与主调函数 fac 仅仅是同名，仅仅有同样的函数体，除此之外，两者没有任何关系。当被调函数 fac 执行时，一个全新的 fac 函数开始执行。函数调用 fac(3) 的执行过程如图 7-11 所示。

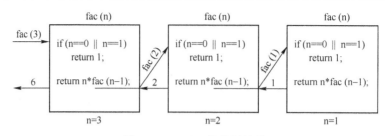

图 7-11 fac(3)的执行过程

函数调用 fac(3)执行时，形参 n 的值为 3，if 选择结构的条件为假不执行其包含语句；语句 return n * fac(n-1);执行时，表达式实为 3 * f(2)，需先执行函数调用 fac(2)；主调函数 fac 暂停执行，被调函数 fac 开始执行，两个函数虽然同名，但实为两个函数。主调函数 fac 的形参 n 的值为 3，而被调函数 fac 的形参 n 的值为 2。当函数调用 fac(2)返回后，形参 n 的值为 3 的主调函数 fac 才会恢复执行。

下面从递归算法的角度分析用 fac 函数求整数 3 的阶乘的过程。fac 函数先判断规模，整数 3 的规模较大，难以解决，转化为 3 * fac(2)；于是，第二个但全新的 fac 函数开始负责求整数 2 的阶乘，它先判断规模，整数 2 的规模较大，难以解决，转化为 2 * fac(1)；于是，第三个但全新的 fac 函数开始负责求整数 1 的阶乘，它先判断规模，整数 1 的规模较小可以直接求出阶乘，于是它不再转化直接返回了结果 1（1 的阶乘为 1）。有了返回值 1，得到了子问题的解，第二个 fac 函数进行了一次乘法计算（2 * 1）求出了整数 2 的阶乘，完成任务并返回；有了返回值 2，得到了子问题的解，第一个 fac 函数进行了一次乘法计算（3 * 2），求出了整数 3 的阶乘，完成任务并返回。可见，fac 函数完美地实现了递推和回归的过程。

fac 函数又称为递归函数。递归函数是指在函数的定义中直接或间接调用自身的函数。C 语言用递归函数优雅地模拟了递归算法。递归函数调用执行时，与之同名的但全新的函数通常会被调用执行，很容易形成函数的嵌套调用。

讨论：

（1）结合本例分析递归函数是如何实现递归算法的？

（2）递归算法通常对应递推公式，求阶乘的递推公式如下所示：

$$f(n) = \begin{cases} 1 & (n=0 \text{ 或 } n=1) \\ n * f(n-1) & (n>1) \end{cases}$$

例 7-23 用递归算法把用户输入的一行字符逆序输出，如输入 abc，则程序输出 cba。

分析：

以用户输入 abc 为例，可以分三步实现逆序输出：

（1）得到用户输入 abc 中的第一个字符 a；

（2）把剩余的字符 bc 逆序输出；

（3）把字符 a 输出，即输出了 cba。

这个算法中的第二步需要逆序输出剩余的字符，此问题与原问题相同，但规模变小了，因此此算法为递归算法。

用 reverse 函数实现上面逆序输出字符串的算法。reverse 函数可以逆序输出字符串，剩余的字符串自然也能用它逆序输出。在 reverse 函数中实现第二步时，不能直接调用它本身逆序剩余的字符，还需判断问题的规模。如果问题已经很容易解决了就没有必要再"递推"了。换行符是输入字符串的最后一个字符，如果第一步中得到的字符为换行符，就表明不再有剩余的字符，没有必要再执行第二步了；由于换行符无须逆序输出，故此时第三步也不必执行了。否则，即如果第一步中得到的字符不为换行符，则需执行第二步，调用 reverse 函数逆序输出剩余的字符串；还需执行第三步，输出第一个字符。

```c
#include <stdio.h>
void reverse()
{
    char c;
    c = getchar();
    if(c != '\n')
    {
        reverse();
        putchar(c);
    }
}
void main()
{
    reverse();
}
```

程序运行情况：

```
abc↙
cba
```

当用户输入数据后，输入缓冲区中的数据为"abc\n"，reverse 函数的执行情况如图 7-12 所示。

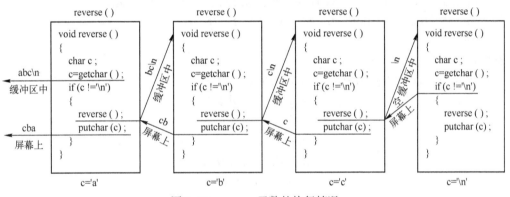

图 7-12　reverse 函数的执行情况

reverse 函数每次调用自身时，都有一个新的 reverse 函数被调用，与嵌套调用其他函数没有任何区别，新的 reverse 函数有自己的局部变量和独立的执行过程，与原来的 reverse 函数只是调用和被调用的关系。

讨论：

（1）从递归算法的角度分析 reverse 函数？

（2）请为 reverse 函数写一个使用说明以便开发团队中其他成员可以在不了解函数具体实现过程的前提下正确使用它。

（3）reverse 函数有什么功能？请用递归算法实现一个把字符型数组中的字符串逆序输出的 reverse 函数。

7.5.2　递归算法示例

例 7-24　猴子吃桃。有若干桃子，一只猴子第一天吃了一半多一个，第二天吃了剩下的一半多一个，每天如此，第十天吃时只有一个桃子了，一共有多少个桃子？

分析：

$f(n)$ 表示第 n 天原有的桃子。第十天吃时只有一个桃子了，则 $f(10)=1$。求共有多少个桃子，就是求第一天原有多少个桃子，即求 $f(1)$ 是多少。如果知道 $f(2)$（第二天原有的桃子也是第一天剩下的）就好了，因为有 $f(1)=(f(2)+1)*2$（由等式 $f(2)=f(1)-(f(1)/2+1)$ 可得），这样求 $f(1)$ 就变成了求 $f(2)$。问题的性质相同，但规模变小。猴子吃桃的规律相同，因此函数 $f(n)$ 可定义如下：

$$f(n)=\begin{cases}1 & (n=10)\\(f(n+1)+1)*2 & (1\leqslant n\leqslant 9)\end{cases}$$

```c
#include <stdio.h>
int calc(int n)
{
    if(n==10)
        return 1;
    return (calc(n+1)+1)* 2;
}
void main()
{
    printf("共有桃子%d\n",calc(1));
}
```

例 7-25 输入一个自然数，若为偶数，则把它除以 2；若为奇数，则把它乘以 3 再加 1，经过如此有限次处理，总可以得到自然数 1。编程模拟该过程。如输入 23 时输出

23　70　35　106　53　160　80　40　20　10　5　16　8　4　2　1

用了 16 步！

分析：

设函数 $f(n)$ 可以完成这个操作，则该函数的定义如下：

$$f(n)=\begin{cases}(1)\ 输出\ n，计算步数加\ 1。\\(2)\ 如果\ n\ 为\ 1，就返回；\\\quad\quad 否则\\\quad\quad ①\ 如果\ n\ 为偶数，n=n/2；\\\quad\quad\quad 否则，n=3\times n+1。\\\quad\quad ②\ 使用函数\ f\ 继续处理\ n，即\ f(n)\end{cases}$$

```c
#include <stdio.h>
int step=0;
void f(int n)
{
    printf("%d ",n);
    ++step;
    if(n==1)
        return;
    else
    {
        if(n%2 ==0)
            f(n/2);
        else
            f(3*n+1);
    }
}
void main()
{
    int n;
    printf("请输入一个自然数:\n");
    scanf("%d",&n);
```

```
        f(n);
        printf("\n用了%d步!\n",step);
    }
```

讨论：

（1）如何修改代码去掉函数 f 中的 return 语句？

（2）分析函数 f 的执行过程，并讨论变量 step 为什么需定义成全局变量。

例 7-26　编写一个递归函数 isPalin 判断字符数组中的一串字符是否为回文。

分析：

设字符数组 s 中从下标 left 到下标 right 的数组元素存储了一串字符，如图 7-13 所示。

如果 s[left]与 s[right]相等，数组 s 中的这串字符是否为回文就看其中从 left + 1 到 right - 1 的子段是否为回文。否则，该串字符不是回文。

图 7-13　数字符数组元素下标

"从 left + 1 到 right - 1 的子段是否为回文"这个问题与原问题性质相同，但规模变小了，原问题可用递归算法解决。

由于递归函数在执行时需调用自身解决子问题，因此递归函数 isPalin 不仅要判断数组 s 中的一串字符是否为回文，而且还要判断其中的某个子段是否为回文。

递归算法还需确定在什么条件下直接解决问题。随着问题的转化，子段越来越短。当子段只有一个字符，或者没有字符时，可以确定此子段是回文。

```
int isPalin(char s[],int left,int right)
{
    if(left >= right)
        return 1;
    if(s[left] == s[right])
        return isPalin(s,left + 1,right - 1);
    return 0;
}
```

递归函数 isPalin 可以确定数组 s 中从下标 left 到下标 right 的一串字符是否为回文。

例 7-27　楼梯有 n 阶台阶，上楼时一步可以上 1 阶，也可以上 2 阶，编程计算 n 阶楼梯共有多少种不同的走法。

分析：

设 n 阶台阶的走法为 $f(n)$，当楼梯只有 1 阶时，显然只有一种走法，$f(1) = 1$。只有 2 阶时，有两种走法，一步一阶地或一步两阶地走上楼梯，$f(2) = 2$。楼梯多于 2 阶的时，有几种走法呢？

上楼梯时，第一步可以上 1 阶也可以上 2 阶并且只有这两种情况，也就是说，楼梯的所有不同走法等于这两种情况下上完整个楼梯的不同走法之和，即 $f(n)$ 等于第一步上 1 阶时的走法加上第一步上 2 阶时的走法。第一步上 1 阶时上完整个楼梯的走法有多少种呢？

它等于余下的 n - 1 阶台阶的所有不同走法，于是问题变成了上有 n - 1 阶台阶的楼梯有多少种走法？性质相同，规模变小了。n 阶台阶的走法为 $f(n)$，所以上 n - 1 阶台阶的楼梯共有 $f(n-1)$ 种走法。

综上所述，$f(n)$ 的定义如下：

$$f(n) = \begin{cases} 1 & (n = 1) \\ 2 & (n = 2) \\ f(n-1) + f(n-2) & (n > 2) \end{cases}$$

```
#include <stdio.h>
int upstairs(int n)
{
    if(n==1 || n==2)
      return n;
    return upstairs(n-1)+upstairs(n-2);
}
void main()
{
    printf("4 阶楼梯共有%d 种走法!\n",upstairs(4));
}
```

4 阶楼梯的不同走法可用图 7-14 形象表示。

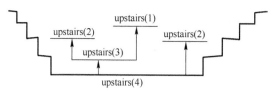

图 7-14　4 阶楼梯的不同走法

图中左边的走法为（2 种）：1 -> 1 -> 1 -> 1，1 -> 1 -> 2

图中中间的走法为（1 种）：1 -> 2 -> 1

图中右边的走法为（2 种）：2 -> 1 -> 1，2 -> 2

例 7-28　汉诺塔问题。古代有一个梵塔，塔内有 3 个标示为 A、B、C 的座，A 座上有 5 个大小不等的盘子，大的在下面，小的在上面，如图 7-15 所示。现要求把 5 个盘子从 A 座移动到 C 座，每次只允许移动一个盘子，在移动过程中可以利用 B 座，但是 3 个座上要始终保持大盘在下面，小盘在上面。

分析：

设 A 座上有 n 个盘子。

如果 n 为 1 时，即 A 座上只有一个盘子，把它直接移到 C 座上。

否则，用下面三步完成任务：

（1）把 A 座上的 $n-1$ 个盘子先利用 C 座移动到 B 座上。

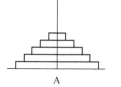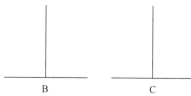

图 7-15　有 5 个盘子的汉诺塔问题

（2）把 A 座上仅有的第 n 个盘子移动到 C 座上。

（3）把 B 座上的 $n-1$ 个盘子利用 A 座移动到 C 座上。

这个算法中的第一步和第三步需要解决的子问题与原问题性质相同，仅是规模小了一点，这是一个典型的递归算法。

函数需要把 n 个盘子从源座利用临时座移动到目的座，因此函数的参数应该有 4 个，函数的首部为 void hanoi(int n,char src,char tmp,char dst)，函数将把 src 座上的 n 个盘子利用 tmp 座移到 dst 座上。

如果规模比较小（只有一个盘子），则直接把它从把源座 src 上移到目的座 dst 上，可以用语句 printf("%c ----->%c\n",src,dst);模拟。否则，分三步。

（1）把源座 src 上的 $n-1$ 个盘子利用目的座 dst 移到临时座 tmp，即 hanoi(n-1,src ,dst,tmp)。

（2）把源座 src 上剩下的第 n 个盘子移到目的座 dst 上，可以利用语句 printf("%c -----> %c\n",src,dst);模拟。

（3）把 tmp 座上的 $n-1$ 个盘子，利用 src 座移到 dst 座，即 hanoi(n-1,tmp ,src,dst)。

参考程序如下：

```
#include <stdio.h>
void hanoi(int n,char src,char tmp,char dst)
{
    if(n==1)
```

```
        printf("%c ----->%c\n",src,dst);
    else
    {
        hanoi(n-1,src,dst,tmp);
        printf("%c ----->%c\n",src,dst);
        hanoi(n-1,tmp,src,dst);
    }
}
void main()
{
    hanoi(3,'A','B','C');
}
```

图 7-16　例 7-28 程序的
执行结果

程序的执行结果如图 7-16 所示。

讨论：

利用具体的数据分析问题，设计函数时结合形参实现其功能，体会由具体到抽象的过程。

7.6　库函数简介

函数库是 C 语言必不可少的补充，常用的有标准输入/输出库（stdio. h）、数学函数库（math. h）、标准库（stdlib. h）、日期时间库（time. h）、字符函数库（ctype. h）和字符串处理库（string. h）等。使用库函数，既能提高编程效率，又能提高程序的可靠性。函数库的详细介绍可参考有关资料，本节仅介绍几个常用的库函数。

7.6.1　getchar 函数、getch 函数和 getche 函数

getchar 函数是标准输入/输出函数在 stdio. h 中声明。getch 函数和 getche 函数在 conio. h （控制台输入/输出）中声明。这三个函数的功能相同，可简单地理解为获得用户输入的字符，返回用户输入字符的 ASCII 码。但 getchar 函数使用输入缓冲区，而 getch 函数和 getche 函数不使用。使用输入缓冲区时，函数只会到输入缓冲区中获得数据，只有输入缓冲区为空时，程序才会暂停运行，等待用户输入；用户输入的所有数据都会保存在输入缓冲区中，仅当用户按 Enter 键确认输入完成后，输入函数才能从输入缓冲区中获得用户的输入并返回。getch 函数和 getche 函数只要执行就会暂停程序的运行让用户输入字符，当用户按下一个键时，它们会立即获得用户的输入并返回。getche 函数会在输出设备上显示用户输入的字符，而 getch 函数则不显示。

例 7-29　getch 函数、getche 函数和 getchar 函数的区别。

```
#include <stdio.h>
#include <conio.h>
void main()
{
    char ca,cb,cc;
    printf("请按任意键继续……\n");
    ca=getch();
    printf("请按任意键继续……\n");
    cb=getche();
    printf("请按任意键继续……\n");
    cc=getchar();
    printf("%c,%c,%c\n",ca,cb,cc);
}
```

分析：

程序中 getch 函数调用执行时，它会暂停程序的运行等待用户输入字符。只要用户按下任意一

个键，getch 函数就会立即获得用户的输入并返回，并且输出设备上不会显示用户输入的字符。

getche 函数调用执行时，它也会暂停程序的运行等待用户输入字符。只要用户按下任意一个键，getche 函数同样会立即获得用户的输入并返回，但同时输出设备上会显示用户输入的字符。

可见，使用 getch 函数和 getche 函数都可以暂停程序运行，并在用户按下任意键后继续程序的运行。

getchar 函数调用执行时，由于输入缓冲区中没有数据，它将暂停程序的运行等待用户输入字符。当用户输入字符时，输出设备上将显示用户输入的字符（显示用户输入数据的功能是由输入缓冲区实现），仅当用户按 Enter 键确认输入完成后，getchar 函数才会获得用户输入的首个字符并返回。

尽管 getchar 函数通常也能暂停程序的运行，但不能在用户按下任意键后继续程序的运行。

程序的运行情况如图 7-17 所示。

图 7-17 程序的运行情况

图 7-18 按两次 Enter 键后
程序运行情况

基于 Windows 操作系统的 C 语言编译器通常把 Enter 编码为换行符（\n）。不使用输入缓冲区的 getch 函数在用户输入 Enter 键时会返回什么字符呢？

例 7-30 Enter 键的编码。

```c
#include <stdio.h>
#include <conio.h>
void main()
{
    char ca,cb;
    ca = getch();
    printf("%d,%d\n",ca, \r );
    cb = getchar();
    printf("%d,%d\n",cb, \n );
}
```

按下两次 Enter 键后程序的运行情况如图 7-18 所示。

分析：

当按下 Enter 键后，getch 函数立即获得了用户输入的 Enter 键并返回。从程序输出结果的第一行可知，getch 函数把 Enter 键编码成了 13 号字符，即回车符（\r）。

接下来 getchar 函数暂停程序的运行等待用户的输入。当再次按下 Enter 键后，输入缓冲区在输出设备上显示了用户输入的"回车键"，即输入/输出光标移到了下一行的第一列，所以程序输出结果的第二行为空行。由于用户按下的是标志输入结束的 Enter 键，因此 getchar 函数会获得用户输入的 Enter 键。从程序输出结果的第三行可知，输入缓冲区将用户输入的 Enter 键编码成 10 号字符，即换行符（\n）。

7.6.2 rand 函数、srand 函数和 time 函数

rand 函数和 srand 函数在 stdlib.h 中声明。rand 函数的功能是返回一个 0 到 RANDMAX 之间的随机数。RANDMAX 是 stdlib.h 中定义的一个符号常量，VC 6.0 中它的值为 32767。VC 6.0 中 rand 函数所用的算法与例 7-19 的相同。虽然多次调用 rand 函数可以产生一系列的随机数，但当再次运行程序时，rand 函数将产生重复的随机序列。分析例 7-19 的算法可知，随机序列与 seed 变量的初值相关，故 seed 变量的初值又称为随机序列的"种子"，相同的种子会产生一样的随机序列。

srand 函数的首部为 void srand (unsigned int seed)。调用 srand 函数可以改变 rand 函数中 seed 变量的初值，从而使 rand 函数可以产生不同的随机序列。由 rand 函数的算法可知，使用 rand 函数产生随机序列之前，仅需调用 srand 函数一次。虽然通过 srand 函数可以使 rand 函数产生不同的随机

序列，但程序每次运行时让 rand 函数产生的随机序列都不同却并非易事，这需要程序每次运行时给 rand 函数设置的种子都不同。

　　使用 time 函数可以解决这个难题。time 函数在 time.h 中声明，它返回从公元 1970 年 1 月 1 日 0 时 0 分 0 秒起到现在（计算机当前的系统时间）所经过的秒数。它常用的调用形式为 time（NULL），其中 NULL 为 stdio.h 中定义的一个值为 0 的符号常量。程序总是在不同的时刻运行，因此 time（NULL）的返回值在每次程序运行时都不相同，把它作为 rand 函数的种子，就可以保证 rand 函数在每次程序运行时很难产生重复的随机序列。

　　例 7-31　不重复的随机序列。

```
#include <stdio.h>
#include <stdlib.h>
#include <time.h>
void main()
{
    int i,a[10];
    srand((unsigned)time(NULL));/*注释掉此条语句后再多次运行程序*/
    for(i=0;i<10;++i)
    {
        a[i]=rand()%100+1;/*生成[1,100]内的随机数*/
        printf("%4d",a[i]);
    }
}
```

7.6.3　字符串处理函数

　　字符串处理函数用来处理字符串，常用的有 strcat 函数、strcpy 函数、strncpy 函数、strcmp 函数和 strlen 函数等，它们都在 string.h 中声明。字符串处理函数通常会产生一个新的字符串，一定要保证存储新字符串的字符数组的长度不小于新字符串的实际长度。

1. strcat 函数

　　strcat 函数的一般形式为：

```
strcat(字符数组1,字符数组2)
```

　　strcat（string catenate 字符串连接）函数的作用是把字符数组 2 中的字符串 2 复制并连接到字符数组 1 中字符串 1 的后面，最终，字符数组 1 中的字符串由字符串 1 和字符串 2 连接而成，而字符数组 2 中的字符串不变。

　　例 7-32　strcat 函数的使用。

```
#include <stdio.h>
#include <string.h>
void main()
{
    char str1[30]={"The People s Republic of "};/*注意空格*/
    char str2[]="China";
    strcat(str1,str2);
    puts(str1);
}
```

程序的运行结果为：

```
The People s Republic of China
```

2. strcpy 函数

　　strcpy 函数的一般形式为：

```
strcpy(字符数组1,字符数组2)
```

strcpy（string copy 字符串复制）函数的功能是将字符数组2中的字符串2复制到字符数组1中，最终，两个数组中的字符串均为字符串2。此函数同样要求字符数组1能容纳新的字符串。如有 char str1[11] = "I love C!",str2[] = "Hehe";，当执行完 strcpy(str1,str2)后，字符数组str1的变化如图7-19所示。

I		l	o	v	e		C	!	\0	\0

字符数组 strl 原来的状态

H	e	h	e	\0	e		C	!	\0	\0

字符数组 strl 现在的状态

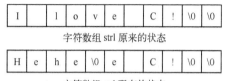

图7-19　字符数组 str1 的状态变化

提示：

（1）strcpy 函数执行后数组 str1 中的字符串为"Hehe"。

（2）不能用字符串常量给字符数组赋值，也不能用一个字符数组给另一个字符数组赋值，如语句 str1 = "come on!";或 str1 = str2;都是错误的。字符串的赋值操作需用 strcpy 函数，如 strcpy(str1,"come on!");或 strcpy(str1,str2);。

3. strncpy 函数

strncpy 函数的一般形式为：

```
strncpy(字符数组1,字符数组2,n)
```

strncpy 函数的功能是把字符数组2中的字符串2的前n个字符复制到字符数组1的前n个数组元素中。函数会复制n个字符，当字符串2的长度小于n时，会用 \0 字符凑数。此函数要求字符数组1至少有n个数组元素。

如有 char str1[11] = "I love C!",str2[] = "Hehe";，执行完语句 strncpy(str1,str2,2);后，字符数组 str1 中的字符串为"Helove C!"，其状态如图7-20所示。

如果执行了语句 strncpy(str1,str2,7);，则字符数组 str1 中的字符串为"Hehe"，其状态如图7-21所示。

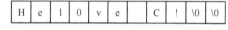

H	e	l	o	v	e		C	!	\0	\0

图7-20　字符数组 str1 的状态

H	e	h	e	\0	\0	\0	C	!	\0	\0

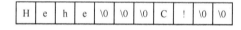

图7-21　字符数组 str1 的状态

4. strcmp 函数

strcmp 函数的一般形式为

```
strcmp(字符数组1,字符数组2)
```

strcmp（string compare 字符串比较）函数的功能为比较两个字符数组中字符串的大小，如果字符数组1中的字符串大于字符数组2中的字符串就返回一个正整数；如果等于，返回0；如果小于，返回一个负整数，函数的算法可参考例6-17。该函数常用的形式为：

```
if(strcmp(str1,str2) > 0)
    printf("%s 大于%s\n",str1,str2);
```

5. strlen 函数

strlen 函数的一般形式为：

```
strlen(字符数组)
```

strlen（string length 字符串长度）函数的功能是求字符数组中字符串的长度，它返回有效长度而非实际长度，即不计算末尾字符 \0 。如 strlen("China")的值为5，而 sizeof("China")的值为6。

讨论：

（1）字符串处理函数中哪些实参可以是字符串字面量（如" China"），哪些实参必须是一维字符数组？

（2）使用字符串处理函数时需注意什么？

7.7　综合实例

例 7-33　确定公元 y 年 m 月 d 日是星期几。

分析：

已知公元 1 年 1 月 1 日是星期一，则再过 7 天、14 天、……、7 * n 天后仍是星期一，因此只要求出公元 1 年 1 月 1 日到公元 y 年 m 月 d 日有多少天，设有 x 天，再计算 x%7 的值，若结果是 0，则公元 y 年 m 月 d 日为星期天，否则结果为几，公元 y 年 m 月 d 日就是星期几。如从公元 1 年 1 月 1 日到公元 1 年 1 月 20 日有 20 天，因为 20%7 的值为 6，所以 1 年 1 月 20 日为星期 6。算法如下：

（1）请用户输入年（year），月（month），日（day），并判断 year 年 month 月 day 日的合法性；

（2）求出从 1 年 1 月 1 日到（year - 1）年 12 月 31 日有多少天；

（3）求出从 year 年 1 月 1 日到 year 年 month 月 day 日有多少天；

（4）把第二步和第三步求出的天数累加起来，累加和与 7 进行模运算，并根据运算结果判断出 year 年 month 月 day 日为星期几。

设首部为 int check(int year,int m,int d)的 check 函数可以检测出日期数据的合法性，如果 y 年 m 月 d 日是合法的日期，则 check 函数返回 1，否则返回 0。

设首部为 int daysOfYears(int year)的 daysOfYears 函数可以返回 1 年 1 月 1 日至 year 年 12 月 31 日有多少天。

设首部为 int daysOfThisYear(int y,int m,int d)的 daysOfThisYear 函数可以返回 y 年 1 月 1 日至 y 年 m 月 d 日有多少天。

则求公元 y 年 m 月 d 日是星期几的主函数如下：

```c
#include <stdio.h>
int check(int y,int m,int d);
int daysOfYears(int year);
int daysOfThisYear(int y,int m,int d);
void main()
{
    int year,month,day,sum;
    do
    {
        printf("\n 请输入年月日(年份不大于 0 时退出):\n");
        scanf("%d%d%d",&year,&month,&day);
        if(year <=0)
            return;
        if(check(year,month,day) ==0)
        {
            printf("输入数据非法!\n");
            continue;
        }
        sum = daysOfYears(year -1);
        sum + = daysOfThisYear(year,month,day);
        printf("%d 年%d 月%d 日:星期",year,month,day);
        switch(sum%7){
        case 0:
            printf("日 \n");
            break;
        case 1:
```

```
            printf("一\n");
            break;
        case 2:
            printf("二\n");
            break;
        case 3:
            printf("三\n");
            break;
        case 4:
            printf("四\n");
            break;
        case 5:
            printf("五\n");
            break;
        case 6:
            printf("六\n");
            break;
        }
    } while(1 >0);
}
```

运行 VC 6.0，新建一个名为 7_33 类型为控制台的工程，再新建一个名为 7_3301.c 的源文件加入工程，在编辑器中输入上述程序，此时只能通过编译源文件检查有无语法错误，而不能编译执行程序，因为还有函数没有定义。

分析 check 函数。日期合法性的检查内容主要是月份值应在 1 到 12 之间，每月的天数应不超过该月的最大天数。在工程 7_33 中加入名为 7_3302.c 的源文件，其内容如下：

```
int m_days[13] = {0,31,28,31,30,31,30,31,31,30,31,30,31};
int check(int y,int m,int d)
{
    int leap = 0;
    if(m <1 || m >12 || d <1)
        return 0;
    if(m!= 2&&d >m_days[m])
        return 0;
    if((y%4 ==0&&y%100 !=0) || y%400 ==0)
        leap = 1;
    if(m ==2&&d >m_days[2] +leap)
        return 0;
    return 1;
}
```

分析 daysOfYears 函数。天数需从 1 年累加到 year 年，平年为 365 天，闰年为 366 天，但是考虑到最终的天数要与 7 进行模运算，余数才是关键，因此没有必要累加出实际天数，只需累加实际天数除以 7 所得的余数即可，也就是平年按（365%7）1 天计算，闰年按 2 天计算。在工程 7_33 中加入名为 7_3303.c 的源文件，其内容如下：

```
int daysOfYears(int year)
{
    int i,sum = 0;
    for(i =1;i <=year; ++i)
        if((i%4 ==0&&i%100 !=0) || i%400 ==0)
            sum + = 2;
        else
            ++sum;
    return sum;
}
```

分析 daysOfThisYear 函数。计算天数时先把 1 月至（m-1）月的天数累加起来，再加上 d 的值即可。在工程 7_33 中加入名为 7_3304.c 的源文件，其内容如下：

```
extern int m_days[13];/*全局变量作用域扩展 */
```

```
int daysOfThisYear(int y,int m,int d)
{
    int i,sum = 0;
    for(i = 1;i < m; ++ i)
        sum + = m_days[i];
    sum + = d;
    if(m > 2&&((y%4 == 0&&y%100 != 0) ‖ y%400 == 0))
        ++ sum;
    return sum;
}
```

至此，全部函数定义完毕，现在可以编译运行程序了。

知识扩展

1. 例 7-23 中 reverse 函数存在的问题

函数与程序的区别在于两者的用户不同。函数是 C 语言的自定义命令，程序员用函数控制计算机完成某种功能，而用户使用程序把输入变成所需的输出。

例 7-23 中 reverse 函数的作用是把用户输入的字符串逆序后输出，它直接获得了用户提供的输入，严格地说函数只能处理形参中的输入数据，而用户输入的数据通常应在 main 函数中获得。reverse 函数的作用应改为逆序输出位于一个字符型数组中的字符串。

用 reverse 函数模拟递归算法时，由于需调用它本身解决"子问题"，所以 reverse 函数的功能应为把一个字符型数组中从某个位置开始的子字符串逆序输出。reverse 的首部为 void reverse(char str [ ],int start)，作用是把 str 数组中以下标 start 的数组元素为首字符的子字符串逆序输出。修改后的例 7-23 程序如下：

```
#include <stdio.h>
void reverse(char str[],int start)
{
    if (str[start] != '\0')
    {
        reverse(str,start + 1);
        putchar(str[start]);
    }
}
void main()
{
    char string[100];
    gets(string);
    reverse(string,0);
}
```

讨论：

（1）分析 reverse 函数参数的特点和执行过程。

（2）从函数重用的角度，对比本例和例 7-23 中的 reverse 函数。

2. 变量的存储类型

有些 C 语言教材中常常会提到变量的存储类型。C 语言中变量的定义语句可包括两方面的内容：变量类型和变量的存储类型。存储类型用于指示如何分配和保存变量，有 auto、extern、static 和 register 四种。存放程序中数据的内存通常分为两个区：静态存储区和动态存储区。关键字 auto 用于局部变量的定义，指示在动态存储区为局部变量分配存储单元，如 {auto int i;}。定义时 auto 可省略，故局部变量定义中不多见存储类型。关键字 extern 用于扩展全局变量的作用域，因此语句

extern int g;中的 extern 指示不要为全局变量 g 分配存储单元，即全局变量 g 已在别处定义。关键字 static 用于限制全局变量的作用域。被 static 限制的全局变量只能用于此处，因此须同时为全局变量分配存储单元。语句 static int g;中的 static 指示应在静态存储区为变量 g 分配存储单元。关键字 register 用于定义 "寄存器变量"。位于运算器中的存储单元称为寄存器。语句 register int i；中的 register 指示把局部变量 i 的放在寄存器中。寄存器的存取速度远超内存的，故寄存器变量可用于改善代码的执行效率，如 {register int i;for(i=0;i<1000;++i){…}}。现代编译器能根据需要自动将某些变量放在寄存器中，因此不必刻意使用关键字 register。

练习7

1．编写一个处理字符的函数。当字符为字母时，返回与该字母相邻的后面的第 3 个字母，如字符为 A 时，函数返回值为 D，为 y 时返回 b；当字符不是字母时，返回该字符。

2．编写一个函数实现第 4 章练习 11 中的数学函数。

3．编写一个函数，用于返回正整数的倒序数。

4．编写一个函数，判断一个三位的正整数是否为 "水仙花数"。

5．编写一个函数，计算两个正整数的最大公约数。

6．把第 4 章练习 21 改写成一个函数，函数的输出值为整数，每种情况对应一个整数。

7．对于例 7-2 中的函数，函数调用 convertGrade(-3)的值是多少？函数中能否用语句 if(grade<0 || grade>100)　return;排除非法数据的干扰？

8．库函数中求绝对值的函数有 fabs 和 abs，这两个函数可以互换使用吗？举例说明。

9．利用本章练习 3 中定义的函数，判断用户输入的正整数是否为回文数。

10．编程获得用户输入的一串字符，并用本章练习 1 中定义的函数处理字符串中的每个字符，输出处理后的字符串。

11．利用本章练习 6 中定义的函数，判断用户输入的 10 个正整数能否被 2、3 或 5 整除，并输出详细信息。

12．分析例 7-8 中变量及形参的作用域。

13．把例 7-8 中变量 m、n 定义为全局变量，程序如下所示，分析程序的运行情况。

```
#include <stdio.h>
void swap(int x,int y);
int m=3,n=5;
void main()
{
    …
}
```

14．把例 7-8 改为如下程序，请分析程序的运行情况。

```
#include <stdio.h>
int m=3,n=5;
void swap();
void main()
{
    printf("交换前:m=%d,n=%d\n",m,n);
    swap();
    printf("交换后:m=%d,n=%d\n",m,n);
}
void swap()
{
    int temp;
    temp=m;
    m=n;
    n=temp;
}
```

15．写出下面程序的运行结果。

```
#include < stdio.h >
int n =10 ;
void f(int m)
{
    n /=2 ;
    m% =2 ;
}
void main()
{
    int m =10 ;
    f(m);
    printf("m = %d,n = %d \n",m,n);
}
```

16. 分析下面程序的运行结果。

```
#include < stdio.h >
int m =30,n =20;
void f(int x,int y)
{
    m =x;
    x =y;
    y =m;
}
void main()
{
    int i =10,j =15;
    f(i,j);
    printf("%d,%d \n",i,j);
    printf("%d,%d \n",m,n);
    f(m,n);
    printf("%d,%d \n",m,n);
}
```

17. 比较例 7-14、例 7-16（1）、例 7-17 和例 7-18 中全局变量的使用，讨论全局变量对函数封闭性的影响。

18. 分析变量的作用域与生命期的关系。例 7-8 中 swap 函数调用执行时，在 main 函数定义的局部变量 m 和 n 可以在 swap 函数中使用吗？它们的生命期结束了吗？

19. 分析下面程序的运行结果。

```
#include < stdio.h >
int m =1 ;
int f1(int m)
{
    int n =1 ;
    static int i =1 ;
    ++n;
    ++i;
    return m +n +i;
}
void main()
{
    int i;
    for (i =1 ;i <3 ; ++i)
        printf("%4d",f1(m ++));
}
```

20. 当再次编译运行例 7-19 时，程序的输出结果和上次运行时的相同吗？randomize 函数产生的随机序列与什么有关？

21. 函数 sort 的头部为 void sort(int a[ ],int n)，它的功能是把数组 a 的 n 个元素按升序排列，参考例 6 - 7 的算法给出该函数的定义。

22. 利用例 7-19 中的 randomize 函数为一个整型数组随机赋值，并调用本章练习 21 中定义的 sort 函数给该数组排序。

23. 分析下面程序的运行情况。

```
#include <stdio.h>
void abc(char str[])
{
    int i,j;
    for(i = j = 0;str[i]!= '\0' ;++i)
        if(str[i]!= 'd' )
            str[j ++] = str[i];
    str[j] = '\0' ;
}
void main()
{
    char str2 [] = "adcdef";
    abc(str2);
    puts(str2);
}
```

24. 数组作为形参时通常需要用一个整型形参标记数组的长度, 如本章练习 21 中所示。分析例 7-21 和本章练习 23 中的有关函数是如何标记数组长度的。

25. 用递归算法求 $1 + 2 + 3 + \cdots + n$ 的值。

26. 用递归算法求一个正整数的各位数之和。

27. 用递归算法求两个正整数的最大公约数。

28. 以下程序是应用递归算法求 a 的平方根, 请把省略的部分补充完整。求平方根的公式为 $x_n = \dfrac{1}{2}\left(x_{n-1} + \dfrac{a}{x_{n-1}}\right)$, 其中 $x_0 = \dfrac{1}{2}a$。

```
#include <stdio.h>
#include <math.h>
double mySqrt(double a,double x0)
{
    double x1,y;
    x1 = _____
    if(fabs(x1 - x0) > 1e - 6)
        y = mySqrt(_____);
    else
        y = x1;
    return y;
}

void main()
{
    double x;
    scanf("%lf",&x);
    printf("%lf 的平方根为%lf \n",x,mySqrt(x,x/2));
    printf("%lf 的平方根为%lf \n",x,sqrt(x));
}
```

29. 分析下面程序的运行情况。

```
#include <stdio.h>
int fun(int n)
{
    int sum;
    if(n ==0 || n ==1)
        return 2;
    sum = n - fun(n - 2);
    return sum;
}
void main()
{
    printf("%d \n",fun(9));
```

```
}
```

30. 分析下面函数的功能和程序的运行结果。

```c
#include <stdio.h>
int recMin(int array[],int size)
{
    int min;
    if(size ==1)
        return array[0];
    min = recMin(array,size -1);
    if(array[size -1] <min)
        return array[size -1];
    return min;
}
void main()
{
    int a[] = {72,12,5,20,23};
    printf("%d\n",recMin(a,5));
}
```

31. 一个函数的功能为在数组 a 中查找值为 key 的数组元素，如果找到则返回该数组元素的下标，如果找不到则返回 -1，请分别用普通算法和递归算法实现该函数。如果数组 a 中有多个值为 key 的数组元素时，你设计的函数会返回哪个值为 key 的数组元素的下标？

32. 分析下面程序的运行情况。

```c
#include <stdio.h>
int space =0;
void fun(int n)
{
    int i;
    if(n ==1)
    {
        for(i =1;i <= space; ++i)
            printf(" ");
        printf("%d\n",n);
        return;
    }
    ++space;
    fun(n -1);
    --space;
    for(i =1;i <= space; ++i)
        printf(" ");
    for(i =1;i <=2 * n -1; ++i)
        printf("%d",n);
    printf("\n");
}
void main()
{
    fun(5);
}
```

33. 使用递归算法把一个正整数按二进制形式输出，并与例 6 -5 比较。

本章讨论提示

（1）数组作函数参数时，究竟赋了什么值，使得实参数组的元素可以随着形参数组的元素的改变而改变，这个问题与第 9 章的指针有关。

（2）关键在于 & 操作符，这个问题也与第 9 章的指针有关。

第8章 预 处 理

章节导学

编译程序的过程分为预处理、编译汇编和链接三个阶段：预处理阶段把源文件中的预处理命令替换成 C 语言语句；编译汇编阶段把源文件翻译成由机器指令组成的目标文件；链接阶段把编译汇编阶段产生的属于同一个工程的所有的目标文件合并成一个可执行文件。链接阶段的主要任务是处理具有全局作用域的标识符在多个文件中的使用问题。

严格地说，预处理阶段的操作只是简单的文本"替换"。使用预处理命令可以提高编程效率。常用的预处理命令有：宏定义、文件包含和条件编译。宏定义命令只是"查找替换"操作，但要定义一个没有副作用的宏却并非易事。文件包含命令只是"文件级别"的查找替换，但需特别注意同一个文件在程序中被多次包含的问题。条件编译命令只是"有条件"的查找替换，既可用于解决头文件被多次包含的问题，又可用于开发可移植的代码。

本章讨论

（1）如何在不暴露函数算法的前提下让别人使用函数呢？

8.1 程序编译

一个 C 语言程序可能由多个源文件组成，VC 6.0 用工程（Project）把多个相关的源文件组织在一起。编译系统把一个 C 语言程序编译成可执行文件的过程可简单地分成两个阶段：编译汇编阶段和链接阶段。

编译汇编阶段把源文件翻译成由相应的机器指令组成的目标文件。在 VC 6.0 中单击【组建（Build）】|【编译（Compile）】命令就可以把源文件编译汇编了。每个源文件都会单独编译汇编成一个目标文件。编译汇编时可以检查出源文件中的语法错误。

链接阶段把编译汇编阶段产生的属于同一个工程的所有的目标文件合并成一个可执行文件。在 VC 6.0 中单击【组建（Build）】|【组建（Build）】命令就可以生成一个可执行文件。链接阶段的主要任务是处理具有全局作用域的标识符在多个文件中的使用问题。当两个源文件中定义了相同的全局作用域标识符或一个源文件中使用了其他源文件中并没有定义的全局作用域标识符时，链接阶段就会出错。

源文件通常由预处理命令如 include 和 C 语言语句两部分组成。在源文件被编译之前，源文件中的预处理命令需要由称作"预处理器"的程序处理。预处理命令可以提高编程效率，与 C 语言语句相比，它常以#开头，不以分号结尾。C 语言编译系统如 VC 6.0、TC 等都集成有预处理器，编译源文件时，预处理器首先被调用执行。因此编译过程分为预处理阶段、编译汇编阶段和链接阶段。

常用的预处理命令有：宏定义、文件包含和条件编译。

8.2 宏定义

C 语言中宏用 define 命令定义，一般形式为：

```
#define 标识符 值
```

其中，标识符称为宏名，值称为宏体。宏定义后，源文件中出现的宏体就可以用宏名代替了。在程序中使用宏又称为宏引用。预处理时以标识符形式出现的宏名会替换成宏体，这个过程称为"宏展开"。宏展开只是简单的查找替换操作。

一个值会多次出现在程序中且比较"复杂"（如 3.1415926）时，可以把这个值定义为宏（#define PI 3.1415926）。一个值在程序中多次出现，且在编程期间这个值可能会变动，可以把它定义为宏。在程序中用宏名替换该值，当值改变时，只需修改宏定义，不必在程序中逐个修改值。例 6-4 中把数组的长度定义为宏就属于这种情况。

宏分为两类：简单宏和参数化宏。

8.2.1 简单宏

以"#define 标识符 值"形式定义的宏就是一个简单宏。

例 8-1 简单宏的示例。

```
#include <stdio.h>
#define STR "Hello,C!"
void main()
{
    printf("STR = %s\n",STR);
}
```

程序的输出为：

```
STR = Hello,C!
```

小知识：

（1）define 命令不是 C 语句，宏定义的结尾不需要分号。出现分号时，分号会被认为是宏体的一部分，如#define PI 3.1415926;中，宏 PI 的宏体为 3.1415926;。而语句 area = PI * r * r;会被展开成 area = 3.1415926;* r * r;，语句有语法错误。宏展开只是简单的替换操作。

（2）源文件中以标识符形式出现的宏名才会被展开，因此 STR = %s\n 语句中的 STR 只是字符串的一部分并非宏名，预处理时不会被替换。

（3）简单宏的宏名也常称为符号常量，如#define PI 3.1415926，宏名 PI 也可称作符号常量 PI。

undef 命令可以取消一个宏定义，一般形式为：

```
#undef 宏名
```

宏名是标识符，也有作用域，在作用域内的宏名才会被替换。一个宏名的作用域起自定义之处，终止于被取消定义的命令行或定义该宏的源文件结束处。

在定义宏时，可以引用已定义的宏。宏展开是个"重复"的过程，在预处理时第一次宏展开后，宏展开的结果会被再次"扫描"，如果发现其中仍然含有宏，就会进行第二次宏展开。当宏展开的结果中不再包含宏时，宏展开才算完成。

例 8-2 宏展开的示例。

```
#include <stdio.h>
#define A 3
#define B A +1
#define C B * B
void main()
{
    printf("%d\n",C);
}
```

分析：

宏 C 展开的过程为：

第一次宏展开的结果为：B * B；

第二次宏展开的结果为：A + 1 * A + 1；

第三次宏展开的结果为：3 + 1 * 3 + 1。

程序的输出为

7

8.2.2　参数化宏

参数化宏就是带参数的宏，可以实现复杂的替换，定义形式如下：

　　#define 标识符(参数列表)值

其中，左圆括号必须紧跟在宏名之后，当标识符和左圆括号之间有空格时，"（参数列表）值"就会被认为是宏体，宏也就成了简单宏。参数列表与函数的类似，由零个或多个参数组成，但宏的参数没有类型说明，因为宏展开只是简单的查找替换，且预处理器也不"懂" C 语言数据类型。参数化宏的使用方法类似函数调用，形式如下：

　　宏名(实参列表)

预处理时，参数化宏的引用会被展开，并且宏体中以标识符形式出现的"形参"会被相对应的"实参"代替，接着，预处理器会继续扫描宏体以便进行必要的宏展开。

例 8-3　参数化宏的示例。

```
#include <stdio.h>
#define N 3 +1
#define SQUARE(x) x * x
void main()
{
    printf("SQUARE(3) = %d\n",SQUARE(3));
    printf("SQUARE(N) = %d\n",SQUARE(N));
}
```

分析：

宏引用 SQUARE(3)展开后为 3 * 3，值为 9。

宏引用 SQUARE(N)展开后为 N * N，再次展开后为 3 + 1 * 3 + 1，值为 7。

程序的输出为：

```
SQUARE(3) = 9
SQUARE(N) = 7
```

提示：

（1）参数化宏的展开也是简单的查找替换。

（2）把 SQUARE 宏定义为#define SQUARE(x)(x) * (x)后再次分析程序的输出。

例 8-4　参数化宏与函数。

```
#include <stdio.h>
#define ABS(x)((x) > 0?(x): - (x))
int myAbs(int x)
{
    return x > 0? x: - x;
}

void main()
{
    printf("ABS(-3) = %d\n",ABS(-3));
    printf("myAbs(-3) = %d\n",myAbs(-3));
    printf("ABS(-3 -1) = %d\n",ABS(-3 -1));
    printf("myAbs(-3 -1) = %d\n",myAbs(-3 -1));
```

```
        printf("ABS(-3.5)=%.1f\n",ABS(-3.5));
        printf("myAbs(-3.5)=%.1f\n",myAbs(-3.5));
    }
```

分析：

参数化宏 ABS 和函数 myAbs 的功能相同，但两者有本质的区别。参数化宏在预处理阶段处理，宏展开只是简单的替换。函数属于 C 语言的核心部分，其定义和调用有着严格的规定，函数调用执行时会进行执行状态切换等复杂的操作。

程序的运行结果为：

```
ABS(-3)=3
myAbs(-3)=3
ABS(-3-1)=4
myAbs(-3-1)=4
ABS(-3.5)=3.5
myAbs(-3.5)=0.0
```

提示：

（1）程序中 myAbs(-3.5)的返回值为整数 3，当用格式字符 f 解码时，printf 函数的输出为 0.0，因此输出结果中的最后一行为"myAbs(-3.5)=0.0"。

（2）宏定义#define ABS(x)((x)>0?(x):-(x))不能改为#define ABS(x)((x)>0?(x):(-x))。（考虑 ABS(-3)的展开）

8.3 文件包含

文件包含命令 include 前面介绍过，它的作用是让预处理器以指定文件的内容取代该命令行。文件包含命令的常见形式有两种：

```
#include <文件名>
#include "文件名"
```

这两种形式的区别在 7.2 节中已有过详细的介绍。文件包含命令同宏类似，也是简单的替换。文件包含中的文件通常被称为头文件，扩展名为 .h。头文件的内容一般为全局变量和函数的声明及宏定义。头文件中也可包含 include 命令及其他的预处理命令。

当一个头文件被多次包含进源文件时，就有可能出现某个标识符被多次定义的错误。

例 8-5 头文件的多次包含。

新建一个名为 8_5 的工程，在其中添加两个头文件和一个源文件。

头文件一，文件名为 header1.h（新建时注意文件类型应选择 c/c++ Header File），内容如下：

```
int myAbs1(int n)
{
    return n>0?n:-n;
}
```

头文件二，文件名为 header2.h，内容如下：

```
#include "header1.h"
int myAbs2(int n)
{
    return myAbs1(n);
}
```

源文件，文件名为 8_5.c，内容如下：

```
#include <stdio.h>
#include "header1.h"
#include "header2.h"
void main()
{
```

```
        printf("myAbs1(-1):%d\n",myAbs1(-1));
        printf("myAbs2(-1):%d\n",myAbs2(-1));
    }
```
编译运行此程序时，会出现函数 myAbsl 多次定义的错误。

分析：

预处理器第一次处理后 8_5.c 的内容如下：
```
    …/*stdio.h 文件中的内容*/
    int myAbs1(int n)   /*header1.h 文件中的内容*/
    {
            …
    }
    #include "header1.h"   /*header2.h 文件中的内容*/
    int myAbs2(int n)
    {
            …
    }
    void main()
    {
            …
    }
```
第二次处理后：
```
    …/*stdio.h 文件中的内容*/
    int myAbs1(int n)   /*header1.h 文件中的内容*/
    {
            …
    }
    int myAbs1(int n)   /*header2.h 文件中的内容*/
    {
            …
    }
    int myAbs2(int n)
    {
            …
    }
    void main()
    {
            …
    }
```
显然，由于头文件 header1.h 被包含了两次，所以最终的源文件中函数 myAbs1 被定义了两次。

讨论：

是编译汇编阶段还是链接阶段发现了程序中的错误？

8.4 条件编译

条件编译命令可以使预处理器保留或删除源文件中的某段代码，利用条件编译命令能解决头文件多次包含引起的全局作用域标识符被重复定义的问题。条件编译命令的一般形式为：
```
    #ifndef 宏名
        代码段
    #endif
```
其中，ifndef 和 endif 是条件编译命令。如果宏名在源文件中没有被定义，则"#ifndef 宏名"的预处理结果为真，ifndef 和 endif 之间的代码段就会保留在源文件中；如果宏名在源文件已经定义过了，则"#ifndef 宏名"的预处理结果为假，相关的代码段就会被删除。

把例 8-5 中 header1.h 的内容改为：
```
    #ifndef _HEADER1_H_
```

```
#define _HEADER1_H_          /* 也为代码段的一部分 */
int myAbs1(int n)
{
        return n > 0? n: -n;
}
#endif
```

头文件 header1.h 修改后，文件包含命令完成时例 8-5 源文件的内容如下：

```
… /* stdio.h 文件中的内容 */
#ifndef _HEADER1_H          /* header1.h 文件中的内容 */
#define _HEADER1_H          /* 也为代码段的一部分 */
int myAbs1(int n)
{
        …
}
#endif
#ifndef _HEADER1_H          /* header2.h 文件中的内容 */
#define _HEADER1_H          /* 也为代码段的一部分 */
int myAbs1(int n)
{
        …
}
#endif
int myAbs2(int n)
{
        …
}
void main()
{
        …
}
```

再次预处理上述源文件时，第一次出现的 #ifndef _HEADER1_H 为真，相关的代码段被保存在源文件中，其中也包括了宏定义 #define _HEADER1_H。继续预处理时，第二次出现的 #define _HEADER1_H 为假，因为宏 _HEADER1_H 已经在上面定义过了，因此相关的代码段会被删除，也就保证了 myAbs1 函数在程序中只定义一次。

由于预处理命令 ifndef 只根据宏名是否存在而决定是否保留相关的代码段，因此程序中用宏定义 #define _HEADER1_H 定义了一个宏体为空的宏。

预处理命令中有一个内部函数 defined，它需一个宏名作参数。若作为参数的宏已经定义了，defined 函数就返回 1，否则它返回 0。defined 也被看作是"操作符"，因此"函数调用"defined（宏名）也可写作 defined 宏名。defined 前面不带#号。

实际上，"#ifndef 宏名"等价于"#if !defined(宏名)"。"#if"是一个条件编译指令，它后面表达式中的操作数只能是整型字面量。如果表达式的值是非 0 的整数，即真，则相关代码段会被留在源程序中；否则，相关代码段在预处理时会被删除。"#ifdef 宏名"等价于"#if defined（宏名）"。

条件编译指令还有 elif（相当于 else if）和 else（#else），它们的作用与 C 语言中类似关键字的作用相同，只是 elif 后面表达式中的操作数也只能是整型字面量。预处理器只能判断整数的真假。

条件编译命令还用于编写能适应多种平台的可移植代码。

例 8-6 "可移植代码"的示例。

```
#include <stdio.h>
#define LINUX
void main()
{
#ifdef MSDOS
    printf("Hello,MSDOS!\n");
#elif defined(WINDOWS)
```

```
        printf("Hello,Windows!\n");
    #elif defined(LINUX)
        printf("Hello,Linux!\n");
    #elif defined(MAC)
        printf("Hello,MAC!\n");
    #else
        printf("Hello,world!\n");
    #endif
    }
```

程序运行结果为：

```
    Hello,Linux!
```

定义的宏不同，源文件中被编译的代码段会随之改变，以适应不同的平台。

练习8

1. 预处理的作用是什么？预处理器和 C 语言编译器有什么联系？

2. 下面程序中宏和整型变量的标识符都为 A，有问题吗？说明理由并上机测试。

```
    #include <stdio.h>
    #define A n
    void main()
    {
        int A = 5;
        printf("A = %d\n",A);
    }
```

3. 指出下面宏定义的宏名和宏体。

（1）#define LSTR "This is a long string!"

（2）#define AREA(r) 3. 1415926 * r * r

（3）#define N 100；

4. 有宏定义#define M 5

```
    #define N 3 * 2 + M
```

求宏引用 N、N * 2 和 N * 3 的值。

5. C 语言关键字 const 用于定义"常量"，如语句 const int i = 23；或 int const i = 23；定义了一个不能再改变其值的变量 i，也可称为 const 常量 i。const 常量实际是"只读变量"，即只能读不能改变其值的变量。在程序中试图改变 const 常量的值的操作，如 i ++；、i += 3；等都将导致语法错误。编程体会 const 常量的用法。比较 const 常量和符号常量。

6. 有#define ZERO(x)　x - x，则宏引用 ZERO 的值为 0 吗？计算 ZERO(5)和 ZERO(3 + 2)的值。

7. 有宏定义#define A10

```
    #define B(x)((A + 2) * x)
```

写出宏引用 B(A + 3)的展开过程。

8. 有宏定义#define MAX(x,y)　x > y? x:y。

写出宏引用 MAX(3 + 2,3 * 2)的展开过程。

9. 有#define F(x)　3. 2 + x

```
    #define PR(n)printf("%d\n",(int)(n))
```

写出宏引用 PR(F(3) * 3)的展开过程。

10. 有#define ZERO(x)　(x) - (x)，计算 ZERO(3 + 2)、10 * ZERO(5)和 ZERO(3)/ZERO(3)的值。

11. 定义参数化宏时怎样保证其"无歧义"？

12. 例 8-3 中把宏定义改为#define SQUARE(x)　(x) * (x)后还会有歧义吗？举例说明。

13. 定义一个求两个数中较小者的宏，并编程测试。

14. 从例 8-4 最后两行的输出结果分析参数化宏与函数的差别。

15. 下面两个宏都可以交换两个变量的值，请分析它们的不同之处。

(1) #define SWAP1(x,y)   {int t;t = x;x = y;y = t}

(2) #define SWAP2(x,y,t)   {t = x;x = y;y = t;}

16. include 命令中的文件可以带路径吗？（如#include "D:\\test\\test.h"）

17. 头文件（.h）为什么不能借助编译检查其语法错误？

18. 新建一个名 805 的工程，先添加一个名为 header1.h 的头文件，内容与例 8-5 同名文件的相同，再添加一个名为 test2.c 源文件，内容与例 8-5 中的 header2.h 文件的相同；最后再添加一个名为 8_5.c 源文件，内容与例 8-5 同名文件的相同，但需把#include "header2.h"命令改为函数声明语句 int myAbs2(int n);。

在编译汇编阶段会发现错误吗？为什么？在链接阶段会发现错误吗？说明理由。

19. 新建工程，包含如下文件：

头文件一：文件名 header1.h，内容如下：

```
int myAbs1(int n);
```

头文件二：文件名 header2.h，内容如下：

```
int myAbs2(int n);
```

源文件一：文件名 myAbs1.c，内容如下：

```
int myAbs1(int n)
{
    return n > 0? n:-n;
}
```

源文件二：文件名 myAbs2.c，内容如下：

```
#include "header1.h"
int myAbs2(int n)
{
    return myAbs1(n);
}
```

源文件三：文件名 8_5.c，内容如下：

```
#include < stdio.h >
#include "header1.h"
#include "header2.h"
void main()
{
    printf("myAbs1(-1):%d\n",myAbs1(-1));
    printf("myAbs2(-1):%d\n",myAbs2(-1));
}
```

头文件在程序中被多次包含了吗？程序有问题吗？头文件有何特点？分析其与例 8-5 的不同之处。

20. 查看 stdio.h 文件的内容。

21. 对比条件编译和选择结构。

22. 分析下面程序的输出结果。

```
#include < stdio.h >
#define N 0
void main()
{
    #ifdef N
        printf("宏 N 已经定义!\n");
    #endif
    #if N
        printf("宏 N 的值为真!\n");
    #else
        printf("宏 N 的值为假!\n");
    #endif
    #if N > 0
```

```
        printf("宏 N 的值大于 0!\n");
    #elif N==0
        printf("宏 N 的值等于 0!\n");
    #else
        printf("宏 N 的值小于 0!\n");
    #endif
}
```

23. 输入一串字符。如果程序中定义了宏 UPPER，就把字符串中的字母全部改为大写；否则，把字符串中的字母全部改为小写。输出改写后的字符串。

24. 输入一串字符和一个整数。如果整数为 1，就把字符串中的字母全部改为大写；如果整数为 2，就把字符串中的字母全部改为小写。输出改写后的字符串。分析练习 23 与 24 的不同之处。

25. 在 int 的长度为 2 个字节的编译系统中，可以用如下程序测试整数的溢出。

```
#include <stdio.h>
void main()
{
    int a,b;
    a=32767;
    b=a+1;
    printf("%d,%d\n",a,b);
}
```

在 VC 6.0 中，由于 int 的长度为 4 个字节，上面的程序不会溢出。为了测试整数的溢出，能否用在程序的开始部分定义一个如下的宏：#define int short，把关键字 int 定义为宏会导致错误吗？

本章讨论提示

有了定义，函数才能使用，如何不暴露函数的算法呢？函数所在的源文件编译汇编之后将变成一个由机器指令组成的目标文件，可以用这个文件代替源文件。

第 9 章 指 针

章节导学

scanf 函数的实参有时要加一个操作符 &，在函数体中改变形参数组的数组元素而实参数组的数组元素会随之改变，这些都与指针有关。

C 语言中用变量标识内存中的存储单元，借助变量可以把数据存入计算机中，这些数据多为整数、小数和字符。指针是存储单元的地址，即存储单元的编号。为什么要在 C 语言中引入指针呢？毕竟存储单元的地址只是计算机内部使用的数据。

有了地址就可以找到并使用相关的存储单元。但自然会有新的疑问：可以通过变量方便地使用存储单元，C 语言中何必要通过指针使用存储单元呢？

只有在变量的作用域内才能通过变量使用存储单元，但当知道了某存储单元的地址后，程序中无论何处都可以通过地址使用该存储单元。有了指针，存储单元的使用范围不再受限，这就是 C 语言中引入指针的目的。

存储单元中可以存储某类存储单元地址的变量就是指针变量。整型变量的值是整数，而指针变量的值是地址。通过指针变量找到地址，再通过地址使用存储单元的方式可称为"间接引用"。通过变量使用存储单元的方式可称为"直接引用"。

函数的形参为指针类型时，与其说实参为某类型存储单元的地址，不如说，实参就是一个某类型的存储单元。

数组变量标识了内存中一组地址连续的存储单元，只要确定了首元素，就能找到其他的数组元素，因此数组变量的值被定义为其首元素的地址。

指针变量的用法：先把某存储单元的地址赋值给指针变量，即让指针变量指向某存储单元；再以间接引用的方式使用指针变量指向的存储单元。指向数组的指针变量怎样使用？指向函数的指针变量怎样使用？指向堆空间中存储单元的指针变量怎样使用？

遇到类型为地址的变量或表达式，通常并不关心其具体值而只强调它指向了哪个存储单元。虽然知道了地址就可以在程序的任意地方使用存储单元，但以间接引用方式使用的存储单元必须属于程序。

有了指针，C 语言中多了一种使用存储单元的方式，但编程依然是设计和实现算法，尽管使用指针，算法可能会实现得更精彩。

本章讨论

（1）与普通变量相比，指针变量有什么特殊之处？

（2）数组作形参时为什么需转化为与之兼容的普通指针变量？

（3）函数 list（首部为 int * list（int n））用于在堆空间中申请一个长度为 n 的 int 型数组。模仿例 9-6 将 list 函数改成没有返回值的函数。

（4）printf 函数和 scanf 函数是 C 语言中的可变参数函数，查找资料，了解可变参数函数。

指针是 C 语言中特殊的数据。整型变量所标识的存储单元中存放整数，浮点型变量中存放浮点数，指针变量所标识的存储单元中存放的显然是指针。

9.1　指针类型

9.1.1　变量的左值和右值

　　变量用于标识存储单元，而存储单元由字节构成。计算机中内存空间以字节为单位编号，通过内存编号（又称内存地址简称地址）可以确定字节的位置。在 VC 6.0 中地址为 32 位的二进制数，从 0 号开始，即 0x0000 0000、0x0000 0001、……、0xffff ffff。

　　提示：

　　一个字节有 8 位，可存储一个 8 位的二进制数，而标识字节的地址却有 32 位。字节的地址与字节中存储的数据是不同的。把一个字节看成一个房间时，字节的地址就是房间的门牌号，尽管门牌号的位数比房间可存储数据的位数还多。

　　语句 int i = 5; 定义并初始化了一个整型变量 i，计算机中变量 i 的存储状态可能如图 9-1 所示。

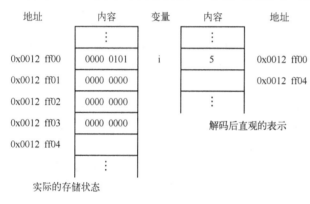

图 9-1　变量 i 的存储状态

　　由图 9-1 可知，整型变量 i 所标识的存储单元中存储的是整数 5 的 32 位的二进制编码，但编程时通常没有必要考虑变量 i 的实际存储状态，简单地认为变量 i 的值为 5 即可。与变量 i 相关的存储单元共 4 个字节，它们的地址分别为 0x0012 ff00、0x0012 ff01、0x0012 ff02 和 0x0012 ff03，怎样确定该存储单元在内存中的位置，它的地址是多少呢？

　　存储单元由相邻的字节组成时，首字节的地址就是存储单元的地址，因此变量 i 的存储单元的地址是 0x0012 ff00。仅凭地址只能确定存储单元（首字节）的位置，无法确定存储单元的大小，还不能使用存储单元。存储单元的类型可以确定存储单元的大小和编码格式。使用存储单元时，存储单元的地址和类型缺一不可。当存储单元是整型时就认为其地址是整型的，那么利用某类型的地址就可以确定并使用其标识的存储单元。地址 0x0012 ff00 仅能确定一个字节或某个存储单元的首字节，但 int 型地址 0x0012 ff00 就确定了一个整型存储单元。

　　在图 9-1 中，int 型地址 0x0012 ff00 标识的存储单元就是变量 i 标识的存储单元。存储单元用于存放数据，因此有关存储单元的操作主要有两个：存入或读取。常见的存入操作是赋值。赋值表达式 i = 5 可把整数 5 存入变量 i 标识的存储单元，表达式中变量 i 的值实为 int 型地址 0x0012 ff00，计算机将把整数 5 存入 int 型地址 0x0012 ff00 标识的存储单元中。读取操作常表现为使用存储单元的内容。表达式 i + 3 中，变量 i 的值为存储单元存放的数据，即整数 5，故表达式的值为 8。可见表达式中变量的值有时表现为地址，有时表现为存储的内容（数据）。

　　位于赋值操作符的左边时，变量的值多表现为存储单元的地址，故可称存储单元的地址为变量的左值；位于赋值操作符的右边时，变量的值多表现为存储单元的内容，故可称存储单元存储内容为变量的右值。左值和右值仅是一种形象的说法，"只要变量出现在赋值操作符的左边，变量就会表现为左值（地址）"的结论是错误的。通常在对变量赋值时，变量才表现为左值。有变量 p，无论表达式 p + 1 出现在赋值操作符的左边还是右边，操作数 p 都表现为右值，因为在进行加法运算时只有变量的存储内容参与运算才更合情理。

指针变量也用于标识存储单元，故指针变量的左值也是存储单元的地址。所有变量的左值都是存储单元的地址，而右值因变量的类型而定，可能为整数、浮点数、字符等。指针变量用于存储地址，因此指针变量的内容也是某种类型的地址。指针变量的特殊之处在于其左值和右值均是地址。存储内容为地址的变量又称为地址型变量。

讨论：

（1）字面量 0x0012ff00 是什么类型的数据？地址是整数吗？整数是地址吗？怎样理解"有用的"地址一定是有类型的？

（2）指针变量的存储单元有多大呢？

（3）存储了某存储单元地址的指针变量有什么用呢？

提示：

（1）有类型的地址既确定了存储单元的位置，又确定了存储单元的大小和编码格式，可以通过有类型的地址使用存储单元。

（2）指针变量存储某种类型的地址，虽然存储单元的类型各异，但它们的地址却有相同的长度。

（3）整型变量 j 存储一个整数 5，使用变量 j 通常就是使用整数 5。指针变量 p 存储了一个存储单元的地址，使用变量 p 就是使用一个地址，地址有什么用呢？

9.1.2　指针变量的定义和赋值

指针变量用"＊"号定义。"＊"号在变量定义语句中表示申请的存储单元用于存储"指针"，即某类存储单元的地址。定义指针变量的一般形式为：

　　　类型 ＊标识符

其中，类型规定了指针变量存储的地址的类型。存储单元的类型有许多种，如整型、浮点型、数组等，甚至还有"函数类型"，与之相对应，存储单元的地址就有整型地址、浮点型地址、数组型地址等。由定义可知，一个指针变量只能存储一种类型存储单元的地址。

语句 int ＊pi;定义了一个指针变量 pi，pi 的存储单元可存储一个 int 型存储单元的地址，即 int 型地址；语句 double ＊pf;定义了一个指针变量 pf，pf 可存储一个 double 型存储单元的地址，即 double 型地址。可存储整数的变量称为整型变量，因此可存储 int 型地址的变量可称为 int 型指针变量。

语句 int i＝5,＊pi;定义了两个变量，一个是整型变量 i，一个是整型指针变量 pi。设变量 i 的地址为 int 型地址 0x0012 ff00，且整型指针变量 pi 存储的内容为 int 型地址 0x0012 ff00，则相关的内存状态可能如图 9-2 所示。

由图 9-2 可知，整型指针变量 pi 的地址为 0x0012 ff80，内容为 int 型地址 0x0012 ff00；整型变量 i 的地址为 int 型地址 0x0012 ff00，内容为 5。当指针变量存储了另一个变量（或存储单元）的地址时，常形象地说指针变量指向了该变量（或存储单元）。图 9-2 中整型指针变量 pi 指向了整型变量 i。

两个同类型的指针变量可以相互赋值。如有 int ＊pj;，语句 pj＝pi;使得整型指针变量 pj 也指向了指针变量 pi 指向的整型变量 i，即

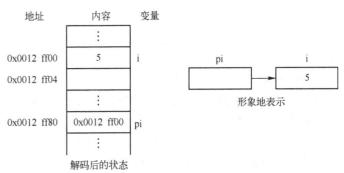

图 9-2　整型变量 i 和整型指针变量 pi 的存储状态

指针变量 pj 也存储了 int 型地址 0x0012 ff00。怎样把变量 i 的地址赋值给整型指针变量 pi，让整型指针变量 pi 指向变量 i 呢？

第一种作法：pi = 0x0012ff00;。语句 pi = 0x0012ff00; 中，0x0012ff00 只是一个十六进制的整型字面量，指针变量要求用地址为其赋值，两者类型不匹配。

第二种作法：pi = i;。语句 pi = i; 中变量 i 表现为存储内容 5，因此语句 pi = i; 相当于 pi = 5;，同样类型不匹配。

类型不匹配时可以用强制类型转换，语句 pi = (int *)0x0012ff00; 中，强制类型转换操作的优先级高先执行，整型字面量 0x0012ff00 强制转换成了 int 地址 0x0012ff00，然后，赋值操作正常进行。语句执行之后，整型指针变量 pi 就指向了整型变量 i。

讨论：

怎样理解语句 pi = (int *)i;？

若语句 int j; 定义了一个整型变量 j，但它的地址是多少呢？由于编程时并不知道变量的地址，因此通过强制类型转换把某变量的地址赋给一个指针变量的方法实际上不可行。

尽管指针变量中存储了变量（内存单元）的地址，但地址只是计算机内部使用的数据，确切地知道指针变量存储的地址的具体值并没有多大意义，因此遇到指针变量时通常强调它指向了哪个变量（存储单元）。如语句 pj = pi; 的作用应理解成让指针变量 pj 也指向了 pi 所指向的变量，即 pj 和 pi 都指向了变量 i，不必像上面那样分析 pj 的具体值。

9.2 指针变量的作用

9.2.1 指针操作符

取地址操作符 & 和间接引用操作符 * 与指针变量相关，故称为指针操作符。

单目操作符 & 的操作对象是一个变量，操作结果是该变量的地址，使用 &i 就可以获得变量 i 的地址。有 int i = 5, *pi;，用语句 pi = &i; 就可把变量 i 的地址赋值给指针变量 pi，从而使整型指针变量 pi 指向整型变量 i。

间接引用操作符 * 也是单目操作符，操作对象是一个存储单元的地址，操作结果为该地址所标识的存储单元的内容。

例 9-1 设整型变量 i 和整型指针变量 pi 的存储状态如图 9-2 所示，如有整型变量 j，分析语句 j = *pi; 和语句 j = *i;。

分析：

在语句 j = *pi; 中，指针变量 pi 表现为存储内容，即整型地址 0x0012 ff00，间接引用操作符 * 会获得此地址处的存储单元（即变量 i 标识的存储单元）的内容，整数 5，故语句 j = *pi; 相当于 j = 5;。

在语句 j = *i; 中，变量 i 也表现为存储内容，即整数 5，间接引用操作符 * 的操作对象必须是一个存储单元的地址而不能是整数，因此类型不匹配，该语句有语法错误。

有两种方法可以改正这个错误。

方法一，用取地址操作符 & 获得变量 i 的地址，把原语句改为 j = *(&i);。在语句 j = *(&i); 中，&i 的操作结果为变量 i 的地址，即整型地址 0x0012 ff00，间接引用操作会获得此地址处存储单元的内容，整数 5，故语句 j = *(&i); 相当于 j = i;。

方法二，用强制类型转换操作，原语句可修改为 j = *(int *)i;，此处变量 i 的值为 5，语句实为 j = *(int *)5;。强制类型转换操作会把整数 5 强制转换成整型地址 0x0000 0005，接着间接引用操作读取该地址处存储单元的内容。地址为 0x0000 0005 的整型存储单元不允许应用程序读/写，试图读取该存储单元将导致非法内存访问错误，语句 j = *(int *)5;有逻辑错误。

9.2.2　指针变量的用法

指针变量的使用通常需两步：第一步，对指针变量赋值，即让它指向某存储单元；第二步，以间接引用的形式使用指针变量所指向的存储单元。有 int i = 5, *pi;，可以这样使用整型指针变量 pi：先对指针变量赋值 pi = &i;，让它指向整型变量 i；然后在程序中以 *pi 的形式使用指针变量 pi 指向的存储单元，即 *pi 和变量 i 标示了同一个存储单元，也可把 *pi 理解成一个整型变量。*pi 和变量 i 通常可在程序中互换使用。

例 9-2　分析下面的程序。

```
#include <stdio.h>
void main()
{
    int i,*pi,*pj,j;
    pi = &i;
    i = 5;
    printf("%d\n",*pi);
    *pi + =3;
    printf("%d\n",i);
    (*pi)++;
    printf("%d\n",i);
    pj = pi;
    *pj =23;
    printf("%d,%d,%d\n",i,*pi,*pj);
    pj = &j;
    *pj =5;
    printf("%d,%d\n",j,*pj);
}
```

分析：

语句 pi = &i;执行后，整型指针变量 pi 指向了整型变量 i，表达式 *pi 和变量 i 标示了同一个存储单元，*pi 和变量 i 在程序中可互换使用，程序通过变量 i 或表达式 *pi 改变该存储单元的状态后，*pi 和变量 i 的值会同时改变。

语句 pj = pi;执行后，整型指针变量 pj 也指向了整型变量 i，此时，*pj、*pi 和变量 i 三者在程序中可互换使用，且同时改变，因为它们标示了同一个存储单元。

当语句 pj = &j;执行后，整型指针变量 pj 通过赋值操作从指向变量 i 改为指向变量 j。

程序的输出结果如图 9-3 所示。

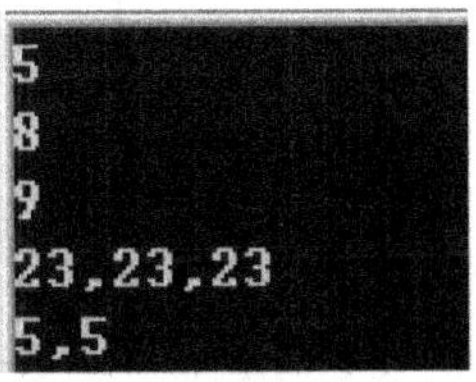

图 9-3　程序的输出结果

讨论：

（1）对指针变量赋值可以使其指向一个存储单元。程序中对指针变量 pj 的两次赋值操作各有什么特点？

（2）有整型指针变量 pj，pj 标示了一个存储单元，*pj 也标示了一个存储单元，两者有何区别？

（3）用普通变量以"直接引用"的方式使用存储单元非常直观，为什么还要用指针变量以"间接引用"的方式使用存储单元？

例 9-3　分析下面程序的运行情况。

```
#include <stdio.h>
```

```
#define PR(x,y) printf("%3.1f,%3.1f\n",x,y)
void main()
{
    float fa =2.3,fb =3.2,*pf1 =&fa,*pf2 =&fb;
    float *pt,f;
    PR(*pf1,*pf2);
    pt =pf1;
    pf1 =pf2;
    pf2 =pt;
    PR(*pf1,*pf2);
    PR(fa,fb);
    f = *pf1;
    *pf1 = *pf2;
    *pf2 =f;
    PR(*pf1,*pf2);
    PR(fa,fb);
}
```

分析：

变量 fa，fb，pf1 与 pf2 定义并初始化后的关系如图 9-4（a）所示，＊pf1 与 fa 可互换，＊pf2 与 fb 可互换。语句 pt = pf1；执行后，pt 也指向了 pf1 所指向的存储单元，变量的关系图如图 9-4（b）所示。语句 pf1 = pf2；执行后，pf1 也指向了 pf2 所指向的存储单元，变量的关系图如图 9-4（c）所示。语句 pf2 = pt；执行后，pf2 也指向了 pt 所指向的存储单元，变量关系图如图 9-4（d）所示。三条语句交换了 pf1 和 pf2 的值，可理解为让 pf1 指向了 pf2 原指向的存储单元，让 pf2 指向了 pf1 原指向的存储单元。此时，＊pf1 与 fb 可互换，＊pf2 与 fa 可互换。接下来交换 ＊pf1 和 ＊pf2 的值，实际上交换了 fa 与 fb 的值。

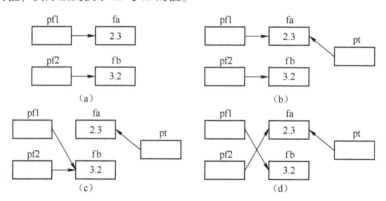

图 9-4　例 9-3 中变量的关系图

指针变量 p 标示了一个存储单元，而 ＊p 也标示了一个存储单元。使用标识符 p 时，如赋值操作 p = &i，p 代表它本身所标示的"指针型"存储单元；遇到表达式 ＊p 时，如 ＊p = 5，＊p 代表指针变量 p 指向的存储单元，即一个整型存储单元。程序中交换 pf1 和 pf2 的值时借助了一个单精度型指针变量，而交换 ＊pf1 和 ＊pf2 的值时借助了一个单精度型变量。

9.2.3　空指针

例 9-4　分析这段程序。

```
#include <stdio.h>
void main()
{
    int *pi;
    *pi =5;
```

```
        printf("%d\n",*pi);
    }
```

分析：

语句 * pi = 5;中，* pi 标示了整型指针变量 pi 所指向的整型存储单元，整数 5 将存储在此存储单元中，但指针变量 pi 在程序中没有赋值，指针变量 pi 指向了哪个存储单元呢？

C 语言中变量没有赋值时，全局变量的值默认为 0，局部变量的值则没有规定。指针变量 pi 为局部变量，程序中没有为其赋值，因此它的存储内容应理解为"随机的"，这就意味着 * pi 标示了一个"随机"的存储单元，语句 * pi = 5;执行时将向一个"随机"的存储单元中写入数据。间接引用时只能使用属于程序的存储单元。变量所标示的存储单元就属于程序，有语句 int j;，变量 j 所标示的存储单元就是属于程序的存储单元。指向了不属于程序的存储单元的指针变量称为"野指针变量"，简称"野指针"。本例中指针变量 pi 就是一个野指针。通过间接引用使用野指针指向的存储单元将导致非法内存访问错误或其他不可预知的错误。

程序运行情况如图 9-5 所示。

讨论：

例 9-4 程序在执行时为何会提示"引用的 0xcccccccc 内存不能为写"？

预防程序中出现野指针的方法很简单，始终保证指针变量指向"合法"的存储单元。那些定义后暂时没有明确指向的指针变量应设置成"空指针"。

图 9-5 程序运行情况

所谓空指针是指存储了 0 号地址的指针变量。编号为 0 的存储单元不可能分配给应用程序使用，因此约定指向此处的指针变量为空指针。

0 是一个特殊的整数，在 VC 6.0 中不用类型转换就能直接赋值给指针变量，有 int * pi;，语句 pi = 0;合法。虽然合法，但容易让人误解为变量 pi 是整型变量，毕竟整数与地址不同。于是在 stdio. h 中定义了一个值为 0 的 NULL 宏来取代 0。语句 int * pi = NULL;和 float * pf = NULL;定义了两个指针变量 pi 和 pf，并且它们被初始化成了空指针。

把没有明确指向的指针变量赋值为空指针(p = NULL)，在使用指针变量时，先检测其是否为空指针(if(p == NULL))，如果为空指针就不再使用其指向的存储单元。遵循这个原则，可以避免间接引用不属于程序的存储单元。

在使用指针变量前检查其是否为空指针应成为一种编程习惯。

讨论：

怎样理解避免间接引用不属于程序的存储单元的机制？

9.3 指针与函数

9.3.1 指针作为函数参数

函数的参数可以是指针类型。

例 9-5 分析下面的函数，并编程测试。

```
    void swap(int *px,int *py)
    {
        int temp;
        if(px == NULL || py == NULL)
            return;
        temp = *px;
        *px = *py;
```

```
            *py = temp;
        }
```

分析：

　　*px 表示指针变量 px 指向的整型存储单元，*py 表示指针变量 py 指向的整型存储单元，swap 函数交换了 px 和 py 指向的整型存储单元的值。有变量 i(int i = 2;)和 j(int j = 3;)，函数调用 swap(i, j)合法吗？

　　C 语言是传值调用，函数调用 swap(i, j)相当于 swap(2, 3)。函数执行之前会用实参给形参赋值，整数 2 和 3 显然不能作为地址赋值给指针变量，函数调用 swap(i, j)有语法错误。

　　swap 函数的两个形参都是整型指针变量，因此调用 swap 函数时要用整型地址作实参，正确的调用形式应为 swap(&i, &j)。测试程序如下：

```
#include <stdio.h>
void main()
{
    int i = 2, j = 3;
    printf("%d,%d\n", i, j);
    swap(&i, &j);
    printf("%d,%d\n", i, j);
}
```

　　程序运行过程中相关变量的内存状态可能如图 9-6 所示。

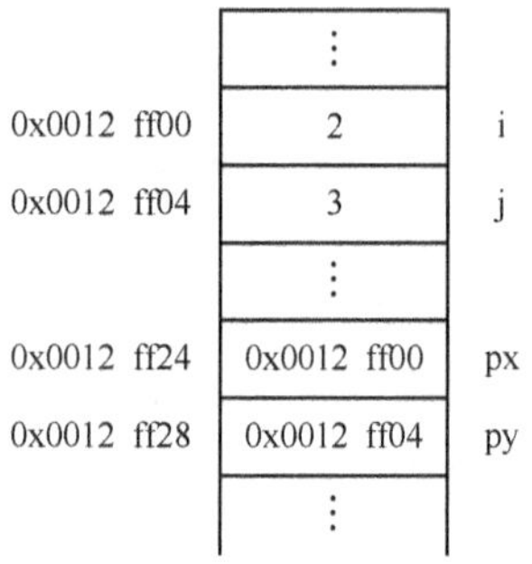

	⋮	
0x0012 ff00	2	i
0x0012 ff04	3	j
	⋮	
0x0012 ff24	0x0012 ff00	px
0x0012 ff28	0x0012 ff04	py
	⋮	

图 9-6　相关变量的
内存状态图

　　函数调用 swap(&i, &j)执行时，实参向形参赋值后，指针变量 px 的值为变量 i 的地址，指针变量 py 的值为变量 j 的地址。函数体中，*px 标示了变量 i 的存储单元，*py 标示了变量 j 的存储单元，swap 函数交换 px 和 py 指向的整型存储单元的值，实际上是交换了变量 i 的存储单元和变量 j 的存储单元的值。如图 9-6 所示。存储单元的值改变后，相关变量的值自然也会随之改变，因此 swap 函数执行完毕在 main 函数中再次输出变量 i 和 j 的值时，它们的值已交换。

　　程序的运行结果为：

```
2,3
3,2
```

讨论：

（1）swap 函数有什么功能？分析 swap 函数的执行过程。

（2）测试程序中，swap 函数执行时 *px 标识的整型存储单元属于程序吗？

提示：

（1）swap 函数交换了形参 px 和 py 指向的整型存储单元的值，但函数调用执行时形参会被实参赋值，因此 swap 函数交换了实参整型地址标示的存储单元的值。

（2）*px 标示的整型存储单元实际上就是变量 i 标示的存储单元，它属于程序。变量 i 是局部变量，它的作用域局限在 main 函数中。当 swap 函数执行时，虽然在 swap 函数中不能使用变量 i，但 main 并没有执行完毕，因此变量 i 的生命期并没有结束，它所标示的存储单元没有被收回仍然属于程序。

　　形参为指针时，实参为某存储单元的地址，如果在函数中通过指针变量以间接引用的方式修改了实参地址标示的存储单元，则在主调函数中标示此存储单元的变量自然也会随之改变。形参为指针时，实参和形参间传递的是"地址"，因此称此类函数的调用为"传地址调用"。形参为其他数据类型时，称相关函数的调用为"传值调用"。实际上，地址只是一种特殊的值，C 语言中只有"传值调用"。

讨论：

（1）形参为指针时，与其说实参是"地址"，不如说实参是"存储单元"，从这个角度分析，函数 swap 有什么作用?

（2）指针变量有什么作用?

提示:

（1）例 9-5 中 swap 函数的形参是两个整型指针变量,使用 swap 函数时需要提供两个整型存储单元的地址,swap 的作用是交换两个整型存储单元的值。

（2）例 9-5 中,由于有作用域的限制,在 swap 函数中不能通过局部变量 i 使用它的存储单元,但在函数中通过指针变量以间接引用的方式还是使用了该存储单元,可见指针变量可以扩展存储单元的使用范围。

例 9-6 分析下面的程序。

```c
#include <stdio.h>
void add(int x,int y,int *pr)
{
    if(pr==NULL)
        return;
    *pr=x+y;
}
void main()
{
    int i=23,j=32,k;
    add(i,j,&k);
    printf("%d+%d=%d\n",i,j,k);
}
```

分析:

add 函数有三个形参,其中一个为指针类型,与之对应的实参应为某个整型存储单元的地址,也就是说,add 函数需要一个整型存储单元作实参。

函数参数原本用于输入数据,但在 add 函数中通过指针变量 pr 把函数的返回值存入了作为“输入值”的存储单元中。当 add 函数执行完毕返回后,在主调函数中利用普通变量使用该存储单元时,实际上使用了 add 函数的返回值。

讨论:

（1）当整型指针变量 pi 指向整型变量 i 时,什么情况下 *pi 与 i 不能互换?

（2）通过“形参”可以改变“实参”的值吗?

（3）形参为指针变量时,检查其是否为空指针有什么意义?

（4）使用 scanf 函数时,普通变量前面为什么要加取地址操作符?

（5）把例 6-16 改写成函数,函数首部为 void scanInt(char *buf,int *pm,int *pn);。

9.3.2　指针作为函数返回值

函数的返回值类型也可以是指针。

例 9-7 分析下面的程序。

```c
#include <stdio.h>
int *test()
{
    int i=5,*pi=&i;
    return pi;
}
void main()
{
    int *pj;
    pj=test();
```

```
        printf("%d\n",*pj);
    }
```

程序的输出结果为：

```
    5
```

分析：

　　test 函数返回值是 int *，一个整型地址，可理解为一个整型存储单元。test 函数体中返回了整型指针变量 pi 的值，其实就是局部变量 i 的地址。main 函数中，test 函数返回的地址赋值给了指针变量 pj，指针变量 pj 指向了变量 i 所标识的存储单元，接着利用 * pj 输出了该存储单元的值，即整数 5。

　　输出结果看似正确，但实际上这个程序有问题。

　　程序拥有变量 i 所标示的存储单元仅限 test 函数执行期间，因为变量 i 的生命期仅限于此。main 函数中，指针变量 pj 指向了变量 i 所标示的存储单元，但此存储单元已不再属于程序，因此指针变量 pj 是野指针，不能以间接引用的方式使用 pj 指向的存储单元。可是程序的运行结果"正确"！此处有两个疑问。

　　（1）程序运行时为什么没有出现非法内存访问错误？

　　只有使用了程序无权访问的存储单元时，才会出现非法内存访问的错误。本例中，虽然 * pj 标示的存储单元不再属于程序，但程序有权访问它，故不会出现非法内存访问错误。

　　（2）变量 i 的生命期结束了，为何读取存储单元的内容时仍然能得到整数 5？

　　变量 i 的生命期结束时它所标示的存储单元会自动释放，释放的存储单元不再属于程序且可以再次分配给其他变量使用，但释放存储单元时，其内容不会改变，因此即使存储单元已不再属于程序了，读取其内容时可能还会得到原来的数据。

　　当存储单元不再属于程序时，即使在程序中可以通过指针访问该存储单元，也不应该再使用，以免出现不可预知的错误。

　　例 9-8　分析下面的程序。

```
#include <stdio.h>
int * test()
{
    int i = 5, * pi = &i;
    return pi;
}
void test2()
{
    int j = 3;
}
void main()
{
    int *pj;
    pj = test();
    test2();
    printf("%d\n",*pj);
}
```

程序的输出结果：

```
    3
```

分析：

　　与例 9-7 不同，程序的输出结果为 3，尽管指针变量 pj 仍然指向了变量 i 曾经标示的存储单元，且该存储单元的值曾经是 5。

　　main 函数中，指针变量 pj 指向了变量 i，但变量 i 的存储单元随着变量生命期的结束而释放。在 main 函数中调用 test2 函数时，该存储单元又被分配给了变量 j 且被初始化为 3。尽管 test2 函数返回后，该存储单元再次成了可分配存储单元，但其内容已经变成了 3，因此当以 * pj 的方式使用该存储单元时，它的值为 3。

讨论：

（1）为什么一定要保证指针变量指向属于程序的存储单元？

（2）为什么说没有赋值的局部变量的值默认是 "随机的"？

9.4 地址可以参与的运算

存储单元的地址可以与一个整数做加法或减法运算，如图 9-2 所示，int 型指针变量 pi 指向了 int 型变量 i，表达式 pi + 1 的值是多少呢？

即使表达式 pi + 1 位于赋值操作符的左边，做加法运算时变量 pi 的值表现为存储的内容 int 型地址 0x0012 ff00，这个地址加 1 的值是多少呢？地址是计算机内部使用的数据，地址参与加法运算有什么意义呢？

指针变量 pi 指向了变量 i，pi + 1 指向了与变量 i 相邻的下一个整型存储单元，即表达式 pi + 1 的值为 int 型地址 0x0012 ff04。对于指针变量及值为地址的表达式，通常只强调其指向了哪个变量或存储单元，不强调其具体的值。

例 9-9 分析下面程序的输出。

```
#include <stdio.h>
void main()
{
    double a[] = {1.1,2.2,3.3}, * p;
    int i;
    p = &a[0];
    for(i = 0; i < 3; ++i)
        printf("%5.1f", * (p + i));
}
```

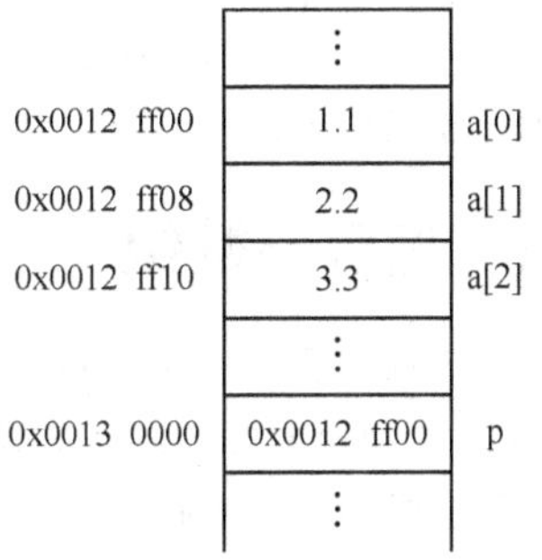

图 9-7　例 9-10 的内存状态图

分析：

设程序运行时变量的内存状态如图 9-7 所示。

当 i 的值为 0 时，p + 0 即 p，指向了数组元素 a[0]，（其值为 double 型地址 0x0012 ff00，）所以 * (p + 0) 与变量 a[0] 可以互换。

当 i 的值为 1 时，p + 1 指向了与 a[0] 相邻的下一个整型存储单元，即数组元素 a[1]，（其值为 double 型地址 0x0012 ff08，）所以 * (p + 1) 与变量 a[1] 可以互换。

当 i 的值为 2 时，p + 2 指向了与 a[0] 相邻的第二个整型存储单元，即数组元素 a[2]，（其值为 double 型地址 0x0012 ff10，）所以 * (p + 2) 与变量 a[2] 可以互换。

综上所述，当指针变量 p 指向了数组元素 a[0] 时，p + i 指向了与 a[0] 相邻的第 i 个同类型的变量，即 a[i]，故 * (p + i) 与 a[i] 可互换。

例 9-10 设指针变量 p 的存储内容为 0x0012 ff00，求变量 p 的定义如下时 p + 1 的值。

（1）char * p;　　　（2）char (* p)[5];

分析：

（1）指针变量 p 为字符型指针变量，其指向了 char 型地址 0x0012 ff00 标示的字符型存储单元，p + 1 指向了与之相邻的下一个字符型存储单元，其值为字符型地址 0x0012 ff01。

（2）语句 char (* p)[5]; 中圆括号操作符与下标操作符的优先级相同，左结合，因此先解释括号操作符，* p 说明变量 p 为指针变量。定义中的剩余部分 char[5] 说明了指针变量所指向存储单元的类型，即长度为 5 的一维字符型数组。指针变量 p 指向了一个地址为 0x0012 ff00 有 5 个元素的一维字符型数组，p + 1 指向了与之相邻的下一个同类型（可简记为 char[5] 型）的存储单元，其值为 0x0012 ff05，即 char[5]型地址 0x0012 ff05。

讨论：

(1) 语句 char * p[5];定义了一个什么类型的变量？怎样理解复杂的变量定义语句？

(2) char[5]型存储单元是什么？与 char[5]型地址 0x0012 ff05 相邻的下一个同类型的存储单元的地址是多少？

(3) 有 int a[3];，数组变量 a 的存储单元是什么？怎样定义一个可以指向它的指针变量 p？有 p = &a;后，* p 和 a 可以互换吗？a[0]可改写成 * p[0]，还是(* p)[0]？

指针变量也可以减去一个整数。p − 1 指向了与指针变量 p 指向的存储单元相邻的上一个同类型存储单元。

两个同类型的指针变量可以相减，结果为整数，表示两个变量之间相差几个同样的存储单元。对于图 9−7 的指针变量 p，(p + 2) − p 的值为 2。

对于指针变量 p，p = p + 1;同样可简写为 p + = 1;或 ++ p;、p ++ ;。p = p − 1;与之类似。

两个同类型的指针变量可以进行等于(==)或不等于(!=)比较运算，如果两个指针变量相等，就表示它们指向了同一块存储单元。

两个同类型的指针变量还可以进行 >、<、>= 和 <= 比较运算。p + 1 显然大于 p。如有 int 型指针变量 pi 和 pj，当 pi > pj 为真时，有什么意义呢？

通过比较两个地址的大小，可以确定两个存储单元的相对位置。通常数组元素的地址参与运算时才有实际意义。

9.5　指针与数组

方括号[]是下标操作符，多用于数组变量。下标操作符与间接引用操作符关系密切，有数组 a，a[e]等价于 * (a + e)。表达式 * (a + e)中，数组变量 a 参与了加法运算。数组元素的存储单元在内存中相邻，只要确定了首元素的位置，就能找到数组的其他元素，因此数组变量 a 的值在 C 语言中就定义为其首元素的地址(&a[0])。C 语言中数组变量指向其首元素。与指针变量一样，数组变量也是地址型变量。

下标操作符也能用于指针变量，有指针变量 p，* (p + e)等价于 p[e]。

有数组变量 a，a[0]标示了数组的首元素，但 a[0]实际上是一个表达式，一个标示了存储单元的表达式。有指针变量 p，表达式 * p 也标示了一个存储单元，即 p 指向的存储单元。

9.5.1　指针与一维数组

例 9−11　有 int a[3] = {1,2,3};int * pi;。

(1) 分析表达式 sizeof(a)、a = 3、sizeof(a + 1)、* a + 1、* (a + 1)和 pi = a。

(2) pi = a 后，分析表达式 pi ++ 、* pi ++ 、* ++ pi 和 pi[2]。

分析：

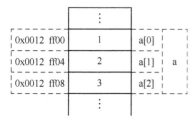

| 0x0012 ff00 | 1 | a[0] |
| 0x0012 ff04 | 2 | a[1] | a
| 0x0012 ff08 | 3 | a[2] |

图 9−8　一维数组 a 的内存状态

设数组变量 a 在内存中的状态如图 9−8 所示。

从图 9−8 可知，数组变量 a 没有专属于自己的存储单元，并不是一个真正的变量，数组变量 a 的值是 C 语言规定的。从这个角度分析，数组变量 a 是一个符号常量。数组变量 a 代表了所有的数组元素，数组元素的存储单元都属于数组变量 a，从这个角度分析，数组变量 a 又"有"存储单元，不同于普通的符号常量。

（1）sizeof 操作符可以求出相关存储单元的长度，数组变量 a 有 3 个 int 型数组元素，标示的存储单元占 12 个字节，故 sizeof(a) 的值为 12。

表达式 a = 3 把整数 3 存储到数组变量 a 标示的存储单元中。数组变量 a 的存储单元虽然有 12 字节，但并不真正属于数组变量 a 所有，因此不能给数组变量赋值。这个赋值表达式有语法错误。

数组变量 a 指向了其首元素 a[0]，故表达式 a + 1 指向了数组元素 a[1]，其值为一个 int 型地址。VC 6.0 中无论何种类型的地址都占 4 个字节，所以 sizeof(a + 1) 的值为 4。

*(a + e) 与 a[e] 可以互换，*a 可写作 *(a + 0)，因此 *a 可与 a[0] 互换，表达式 *a + 1 即 a[0] + 1，值是 2，int 型。(a 指向了其首元素 a[0]，*a 与 a[0] 标示了同一个存储单元，可互换。)

*(a + 1) 与 a[1] 标示了同一个整型存储单元，可互换，如 *(a + 1) = 3 也是 a[1] = 3。

在 pi = a 中数组变量 a 表现为存储内容即 a[0] 的地址，故 pi = a 相当于 pi = &a[0]。表达式 pi = a 可理解为让指针变量 pi 也指向 a 所指向的存储单元（数组元素 a[0]）。

提示：

① 操作数为变量时，sizeof 返回变量所标示存储单元的长度，如 sizeof(a) 的值为 12 字节。做操作数的表达式标示存储单元时，sizeof 返回标示的存储单元的大小，如有 double *p;，则 sizeof(*p) 的值为 8，因表达式 *p 标示了一个 double 型存储单元，占 8 字节。

② 操作数为由取地址操作符构成的表达式时，sizeof 返回与该地址标示的存储单元的长度，如 sizeof(&a) 的值为 12（个字节），其与 sizeof(a) 的作用相同。

③ 通常情况下，sizeof 返回存储做操作数的表达式的值所需存储单元的字节数，如有 double *p;，则 sizeof(p + 1) 的值为 4，因表达式 p + 1 的值为一个 double 型地址，需用 4 个字节存储。

讨论：

有指针变量 p，分析 sizeof(p)、sizeof(p + 1) 和 sizeof(*p) 的值。

（2）pi = a 后，整型指针变量 pi 也指向了数组变量 a 指向的整型数组元素 a[0]。

表达式 pi ++ 的值为指针变量 pi 自增前的值，pi 指向了整型变量 a[0]，故表达式 pi ++ 也指向了 a[0]，其值为 int 型地址 0x0012 ff00。求值时指针变量 pi 的值会自增 1，因此表达式求值之后，指针变量 pi 指向了整型数组元素 a[1]，其值为 int 型地址 0x0012 ff04。

表达式 *pi ++ 的求值顺序为 *(pi ++)，子表达式 pi ++ 指向了 a[0]，所以表达式 *(pi ++) 与 a[0] 标示了同一个存储单元。求值时 pi 的值会自增 1，求值后，指针变量 pi 指向了 a[1]。

表达式 * ++pi 的求值顺序为 *(++pi)，pi 指向 a[0]，子表达式 ++pi 为 pi 加 1 后的值，因此子表达式 ++pi 指向了 a[1]，表达式 * ++pi 和数组元素 a[1] 标示了同一个存储单元。

pi[2] 可理解为 *(pi + 2)。指针变量 pi 指向 a[0]，因此 pi + 2 指向了 a[2]，*(pi + 2) 和 a[2] 标示了同一个存储单元，pi[2] 和 a[2] 可以互换使用。

讨论：

① 怎样理解本例中的一维整型数组变量 a？

② 一维整型数组变量 a 与普通的整型指针变量如 pi 有何区别？pi = a 后，a[i]、p[i]、*(a + i) 和 *(p + i) 的关系如何？

③ 数组变量可以赋值给什么类型的指针变量？

④ 表达式 *a + 1 的值是 2，int 型，而表达式 *(a + 1) 就是 a[1]，标示了一个存储单元，两者有什么不同？

提示：

① 虽然数组 a 是一个变量，但它没有属于自己的存储单元，它的值只是规定的，因此一维整

型数组 a 应理解成一个虚拟的变量。数组变量 a 指向了其首元素，数组变量 a 与其首元素 a[0] 的关系可用图 9-9 所示。

②整型指针变量用于存储整型地址，故它的存储单元只有 4 个字节，类型为 int *。虽然一维整型数组变量 a 也"存储"了一个整型地址，但它的存储单元有 12 个字节，类型为 int[3]。在图 9-9 中，数组变量 a 的存储单元的地址 0x0012 ff00 是 int[3] 型的，而存储的内容却是 int 型地址 0x0012 ff00，这是数组变量的特殊之处。数组变量 a 的地址也可用 &a 求出，sizeof(&a) 的值为 12，而 sizeof(*a) 或 sizeof(a[0]) 的值为 4。

当 pi = a 后，指针变量 pi 也指向了数组的首元素 a[0]，三者的关系可用图 9-10 表示。

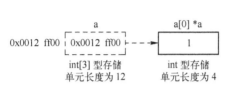

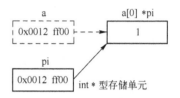

图 9-9　a 与其首元素 a[0] 的关系　　　　图 9-10　pi、a、a[0] 三者关系

在表达式 a[i]、p[i]、*(a+i) 和 *(p+i) 中，a[i] 与 *(a+i) 等价，p[i] 与 *(p+i) 等价。在表达式 *(a+i) 和表达式 *(p+i) 中，变量 pi 和变量 a 均表现为存储内容，即整型地址 0x0012 ff00，因此表达式 *(a+i) 和表达式 *(p+i) 等价。

综上所述，当 pi = a 后表达式 a[i]、p[i]、*(a+i) 和 *(p+i) 可互换使用。

例 9-12　分析下面的程序。

```c
#include <stdio.h>
void main()
{
    int a[5],i,*pi;
    pi = a;
    for(i = 0;i <= 4;++i)
        scanf("%d",pi + i);
    for (i = 0;i <= 4;++i)
        printf("%d\t",*(a + i));
}
```

分析：

指针变量 pi 赋值为数组变量 a 后，pi 指向了数组元素 a[0] 所标示的存储单元，因此 pi + i 指向了数组元素 a[i]，pi + i 的值为 &a[i]。语句 scanf("%d",pi + i); 等价于语句 scanf("%d",&a[i]);。在语句 printf("%d\t",*(a + i)); 中，*(a + i) 与 a[i] 标示了同一个存储单元，可互换使用。

程序把用户输入的 5 个整数放入数组 a 中并输出了这 5 个整数。

例 9-13　分析下面的程序。

```c
#include <stdio.h>
#define N 5
int a[N] = {23,32,25,52,21};
void main()
{
    int i,j,min,temp,*pi;
    pi = a;
    for(i = 0;i < N - 1;++i)
    {
        min = i;
        for(j = i + 1;j < N;++j)
            if(*(pi + min) > *(pi + j))
                min = j;
```

```
        temp = pi[i];
        pi[i] = pi[min];
        pi[min] = temp;
    }
    for(i = 0;i < N; ++i)
        printf("% -3d",*pi ++);
}
```

分析:

程序把数组元素按升序排序。排序时先从待排序的数组元素中找出最小的,再把此数组元素与待排序数组元素中的第一个交换。重复这个过程直到整个数组有序。

语句 pi = a;执行后,变量 pi 也指向了 a 指向的存储单元 (a[0]),*(pi + min)与 a[min]标示了同一个存储单元,可以互换使用。

尽管下标操作符和间接引用操作符可以互相改写,但指针变量常用间接引用操作符,数组变量常用下标操作符,尽量不要混用。

例 9-14 分析下面的程序 (例 7-10)。

```
#include < stdio.h >
void swap(int a[])
{
    int temp;
    temp = a[0];
    a[0] = a[1];
    a[1] = temp;
}
void main()
{
    int b[2] = {2,3};
    swap(b);
    printf("b[0] = %d,b[1] = %d\n",b[0],b[1]);
}
```

分析:

C 语言规定,形参的类型为数组时,数组类型会转化为与之"兼容"的指针类型。如果一个指针变量可以用某数组变量赋值,就称该类型的指针变量与此数组"兼容"。也可说能指向数组首元素的指针变量与该数组变量兼容。swap 函数的形参为一维整型数组,其首元素为整型,因此与之兼容的指针变量为整型指针变量,swap 函数的首部应理解成: void swap(int * a)。

在 main 函数中,函数调用 swap(b)执行时,实参 b 的值为 b[0]的地址,实参向形参赋值后指针变量 a 指向了 b[0],在函数体中 a[0]即 * a 也标示了与数组元素 b[0]相关的存储单元,a[1]即 *(a+1)也标示了数组元素 b[1]的存储单元,交换 a[0]和 a[1]的值也就是交换了相关存储单元的值,因此当 swap 函数执行完毕,main 函数继续执行并输出 b[0]和 b[1]的值时,它们的值已经交换。

讨论:

一维数组做形参时为何可以省略数组的长度?

例 9-15 编写一个可以输出一维字符数组中字符串的函数。

分析:

函数的形参为一维字符数组,但一维字符数组做形参时会转化成字符型指针变量,因此可直接用字符型指针变量作函数的形参。函数调用执行时,作形参的指针变量将指向存储了待输出字符串中第一个字符的存储单元。函数体中用循环依次输出字符,遇到字符串的结束字符为止。

```
void putstring(char * p)
{
    if(p == NULL)
```

```
        return;
    while(*p!= \0 )
        putchar(*p++);
}
```

9.5.2 指针与二维数组

例 9-16 如何理解二维数组?

分析:

以二维数组 int a[3][2] = {{1,2},{21,22},{31,32}}为例, 设它的内存状态如图 9-11 (1)所示。

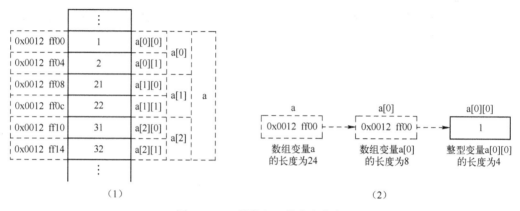

图 9-11 二维数组 a 的内存状态

二维数组 a 有 3 个数组元素 a[0]、a[1]和 a[2], 数组元素的类型是长度为 2 的一维整型数组, 即它们标示一个 int[2]型存储单元。

二维数组变量 a 是一个虚拟的变量, 它标示的存储单元的长度为 24 个字节(sizeof(a)的值为 24), 类型为 int[3][2]。二维数组变量 a 也指向了首元素 a[0], 其值为 int[2]型地址 0x0012 ff00, *a 与 a[0]可以互换使用, sizeof(*a)与 sizeof(a[0])的值为 8。

一维数组 a[0]所标示的存储单元长度为 8 个字节, 类型为 int[2]。一维数组变量 a[0]指向了首元素 a[0][0], 其值为 int 型地址 0x0012 ff00, *a[0]与 a[0][0]可互换使用, sizeof(*a[0])或 sizeof(a[0][0])的值为 4。

二维数组变量 a, 一维数组变量 a[0], 整型变量 a[0][0]三者的关系如图 9-11 (2) 所示。

讨论:

(1) 数组元素 a[0]的地址 (&a[0]) 和内容都是 0x0012 ff00, 它们相同吗?

(2) 如何分析数组变量 a 的地址和存储内容 (左值和右值)?

提示:

(1) 数组元素 a[0]的地址是指它本身存储单元的地址, 正如整型变量 j 的存储单元是整型的, 它的地址 (&j) 就是一个整型地址, 由于数组元素 a[0]的存储单元是 int[2]型的, 故它的地址 (&a[0]) 是 int[2]型地址 0x0012 ff00。数组元素 a[0]指向了其整型的首元素, 因此它的内容是 int 型地址 0x0012 ff00。尽管数组元素 a[0]的左值和右值都是地址 0x0012 ff00, 但这两个地址的类型不同, 它们标示了两个不同的存储单元。

下面通过分析一些表达式来帮助二维整型数组 a。

(1) a,a+1,a+2

分析:

变量 a 标示了一个 int[3][2] 型存储单元，长度为 24，但它是虚拟的变量，相关存储单元不可写入数据。变量 a 指向了其首元素，其右值为 &a[0]，一个 int[2] 型地址。

表达式 a+1 指向了与 a 指向的存储单元（a[0]）相邻的下一个同类型存储单元，即指向了 a[1]，故 a+1 的值为 &a[1]，一个 int[2] 型地址。

表达式 a+2 指向了 a[2]，值为 &a[2]，一个 int[2] 型地址。

(2) ∗a，∗a+1，∗(a+1)+1 和 ∗∗a

分析:

∗a 标示了 a 指向的存储单元（a[0]），∗a 和 a[0] 标示了同一个 int[2] 型存储单元，即 ∗a 也是一个有两个元素的一维整型数组，∗a 指向了其首元素 a[0][0]，其值为 &a[0][0]，一个 int 型地址。

∗a+1 中 ∗a(a[0]) 指向了其首元素 a[0][0]，故表达式 ∗a+1 指向了与 a[0][0] 相邻的下一个同类型存储单元 a[0][1]，其值为 &a[0][1]，一个 int 型地址。

在 ∗(a+1)+1 中，∗(a+1) 与 a[1] 标示了同一个存储单元，且存储单元的类型是一维整型数组，因此 ∗(a+1) 指向了数组类型为存储单元的首元素 a[1][0]，∗(a+1)+1 指向了与 a[1][0] 相邻的下一个同类型存储单元 a[1][1]，其值为 &a[1][1]，一个 int 型地址。

∗∗a 就是 ∗(∗a)，也为 ∗(a[0])，a[0] 指向其首元素 a[0][0]，故 ∗∗a 与 a[0][0] 标示了同一个 int 型存储单元，可以互换。

9.5.3 指向数组型存储单元的指针变量

例 9-17 有 int ∗p=(int ∗)0x0012 ff00，对于图 9-11 中的二维数组 a，表达式 p==a 是否为真?

分析:

在进行比较操作时，整型指针变量 p 和二维数组变量 a 均表现为存储内容。整型指针变量 p 的右值为 int 型地址 0x0012 ff00，而二维数组变量 a 的右值为 int[2] 型地址 0x0012 ff00，两者类型不一致，比较操作没有实际意义，因此表达式 p==a 有问题。不能用二维数组变量 a 给整型指针变量 p 赋值，因为整型指针变量 p 与二维数组变量 a 并不兼容。

指向数组 a 首元素的指针变量与二维数组变量 a 兼容。二维数组变量 a 的首元素 a[0] 为 int[2] 型，即长度为 2 的一维整型数组，a[0] 的地址是 int[2] 型的。可以存储 int[2] 型地址的指针变量理想的定义方式为 int[2] ∗p，而 C 语言中实际的定义方式为 int (∗p)[2]。定义了可以指向 int[2] 型存储单元的指针变量 p 后，就可以用 p=a（或 p=&a[0]）让指针变量 p 指向数组 a 的首元素 a[0] 了。此时指针变量 p、二维数组变量 a、一维数组变量 a[0] 及 a[0][0] 的关系如图 9-12 所示。

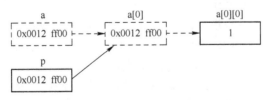

图 9-12 二维数组与指针

讨论:

(1) 语句 int ∗p[2]; 定义了一个什么类型的变量?

(2) 分析图 9-12 中指针变量 p 左值和右值的类型?

提示：

（1）在 int ＊p[2]中下标操作符的优先级最高，int ＊p[2]应理解为 int ＊（p[2]），变量 p 为一个数组变量。

（2）指针变量 p 可以存储一个 int[2]型地址，因此它右值的类型就是 int[2]地址。用于存储 int[2]型地址，指针变量 p 可称作 int[2]型指针变量，故它的左值是 int［2］型指针的地址。

如图 9-12 所示，当指针变量 p 指向了 a[0]后，＊p 与 a[0]标示了同一个 int[2]型存储单元，表达式＊p 也是一个长度为 2 的一维整型数组名。a[0]是数组名，a[0]的数组元素分别为 int 型的 a[0][0]和 a[0][1]。数组＊p 的数组元素分别为 int 型的（＊p）[0]和（＊p）[1]。a[0][0]与（＊p）[0]标示了同一个 int 型存储单元。表达式（＊p）[0]不能写成＊p[0]，（＊p）[0]是指针变量 p 指向的数组型存储单元的首元素，而＊p[0]标示了数组 p 的首元素 p[0]指向的存储单元。

例 9-18　分析下面的程序。

```
#include <stdio.h>
void main()
{
    int a[3][2] = {{1,2},{21,22},{31,32}};
    int i,j,(*p)[2],*pi;
    p = a;
    for(i = 0;i < 3; ++i)
    {
        for(j = 0;j < 2; ++j)
            printf("%3d",(*(p + i))[j]);          /*printf("%3d",p[i][j]);*/
        printf("\n");
    }
    printf("\n");
    for(i = 0;i < 3; ++i)
    {
        pi = a[i];
        for(j = 0;j < 2; ++j)
            printf("%3d",*(pi + j));
        printf("\n");
    }
    printf("\n");
    pi = a[0];/*pi = &a[0][0];*/
    for(i = 0;i < 3; ++i)
    {
        for(j = 0;j < 2; ++j)
            printf("%3d",*pi ++);
        printf("\n");
    }
}
```

分析：

程序用三种方式输出了二维数组 a。

p = a;执行后，指针变量 p 也指向了数组 a 的首元素 a[0]，故 p+i 指向了 a[i]，＊（p+i）与 a[i]标示了同一个长度为 2 的一维整型数组，表达式（＊（p+i））[j]标示了该数组型存储单元的第 j 个数组元素，表达式（＊（p+i））[j]与 a[i][j]可互换。

pi = a[i];执行后，pi 也指向了 a[i]的首元素 a[i][0]，故 pi+j 指向了 a[i][j]，因此表达式＊（pi+j）与 a[i][j]标示同一个整型存储单元。

pi = a[0];执行后，pi 也指向了 a[0]的首元素 a[0][0]。表达式＊pi ++ 求值时，两个操作符优先级相同，右结合，先计算子表达式 pi ++，值为 pi，原表达式的值为＊pi，但求值的同时，变量 pi 的值自增 1，pi 指向了与原指向的存储单元相邻的下一个同类型存储单元。第一次求值时，表达式＊pi ++ 与 a[0][0]标示了同一个存储单元，且 pi 指向了 a[0][1]；第二次求值时，表达式

＊pi ++ 与 a[0][1]标示了同一个存储单元，且 pi 指向了 a[0][2]；……。由于数组的数组元素依次相邻，故通过重复地输出表达式＊pi ++ 的值就可以输出数组 a 的所有数组元素。

例9-19 用函数输出二维数组 a。

```
#include <stdio.h>
void printA(int a[3][2],int m)
{
    int i,j;
    for(i =0;i <m;++i)
    {
        for(j =0;j <2;++j)
          printf("%3d",a[i][j]);
        printf("\n");
    }
}
void main()
{
    int a[3][2] ={{1,2},{21,22},{31,32}};
    printA(a,3);
}
```

分析：

函数 printA 中，形参 a 是一个二维数组变量。二维数组作形参时同样会转化为与之兼容的指针类型。二维数组变量 a 指向其首元素 a[0]，一个 int[2]型存储单元。能指向 int[2]型存储单元的指针变量的定义为 int (＊a)[2]，因此函数 printA 的首部应理解成 void printA(int (＊a)[2],int m)。做形参的二维数组变量 a 也可省略数组的长度写成 int a[][2]，由 int a[][2]依然可知 a[0]的类型为 int[2]，但不能写成 int a[3][]。

9.5.4 指针与字符串

1. 字符串常量

C 语言中字符串常用一维字符数组存储。一维字符数组变量指向的首元素是字符型存储单元，因此可以把字符数组变量赋值给字符型指针变量，同时，一维字符数组作形参时转化为一个字符型指针变量。

例9-20 分析下面的程序。

```
#include <stdio.h>
void main()
{
    char ch[] = "Hello!";
    char * str;
    char * str1 = "Hello!";
    str = ch;
    puts(str);
    *(str +1) = 'i';
    str[2] = '!';
    *(str +3) = '\0';
    puts(ch);
    puts(str1);
    *str1 = 'A';
}
```

程序的运行结果如图9-13 所示。

分析：

语句 str =ch;执行后，字符型指针变量 str 指向了字符数组 ch 的首元素 ch[0]，puts(str)与 puts

图 9-13　例 9-20 程序的运行结果

(ch)输出结果相同。当利用指针变量 str 修改了相关数组元素的值后,通过输出可以看出数组 ch 中存储的字符串也随之改变。

　　语句 char ＊ str1 = "hello!";定义了一个字符型指针变量 str1,初始化后它指向了字符串常量"hello!"。C 语言中字符串常量是指用一对双撇号括起来的一串字符型字面量。字符串常量中的字符依次存储在地址连续的字符型存储单元中,并且这些存储单元位于一个"只读"的内存区域。整个字符串常量的值为存放其首字符的存储单元的地址,因此字符串常量可以赋值给一个字符型指针变量。指针变量 str1 与字符串常量"Hello!"的内存状态可能如图 9-14 所示。语句 puts(str1);输出了这个字符串常量,而语句 putchar(＊ (str1 + 1));输出了其中的字符 e。语句 ＊ str1 = A ; 将使字符串常量的首字符变为字符 A , 但由于 ＊ str1 标识的存储字符串常量中字符的存储单元只能读取不能写入, 故此语句会引发内存访问错误。

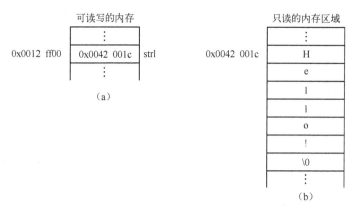

图 9-14　字符串常量

　　字符串常量的生命期为整个程序运行期间,因此程序中两个完全相同的字符串常量可能使用相同的存储单元。

讨论:

(1) 字符串常量的值为什么定义成存储其首字符的存储单元的地址?

(2) 参照例 9-15 实现库函数 puts。

2. 指针数组与指向指针型存储单元的指针变量

　　指针数组是数组元素为指针类型的数组,如语句 char ＊ a[3] = { "C","C ＋ ＋ ","Java" };就定义并初始化了一个一维字符型指针数组。数组 a 有三个数组元素 a[0]、a[1] 和 a[2],数组元素的类型为字符型指针,a[0] 指向了字符串常量"C", a[1] 指向了字符串常量"C ＋ ＋ ", a[2] 指向了字符串常量"Java"。一维字符型指针数组变量 a 的存储状态可能如图 9-15 所示。

　　数组变量 a 与什么类型的指针变量兼容呢?

　　数组变量 a 指向了首元素 a[0],一个类型为字符型指针的存储单元 (char ＊ 型)。能指向 char ＊

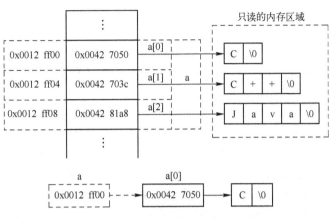

图 9-15 一维字符型指针数组变量 a 的存储状态

型存储单元的指针变量可用语句 char *(*pp);定义，其中，*pp 表示变量 pp 为指针变量用于存放存储单元的地址，而 char * 表示与地址相关的存储单元的类型。单目操作符 * 是右结合，因此 char *(*pp);可写成 char **pp;。

变量 pp 是一个指向字符型指针变量的指针变量。语句 pp = a;可使变量 pp 也指向数组变量 a 所指向的首元素 a[0]，一个 int * 型存储单元，也可用语句 pp = &a[0];让指针变量 pp 指向数组元素 a[0]。此时指针变量 pp，数组变量 a 和数组元素 a[0] 的关系如图 9-16（a）所示。

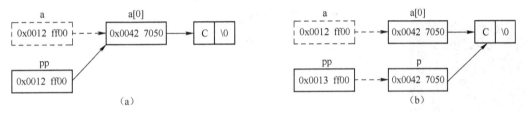

图 9-16 指向字符型指针变量的指针变量

有字符型指针变量 p，可以用 p = a[0] 让指针变量 p 也指向 a[0] 所指向的字符串常量"C"，可以用 pp = &p 让指针变量 pp 指向字符型指针变量 p。设指针变量 p 的地址为 0x0013 0000，指向字符型指针变量的指针变量 pp，指向字符型变量的指针变量 p 和字符串常量"C"的关系如图 9-16（b）所示。

例 9-21 分析程序的输出。

```c
#include <stdio.h>
void main()
{
    char *a[3]={"C","C ++ ","Java"};
    char *p,**pp;
    puts(a[1]);
    printf("%c\n",*(a[2]+2));
    pp = a;
    puts(*(pp +1));
    puts(*(pp +1) +1);
    printf("%c\n",*(*(pp +1) +1));
    p = a[1];
    puts(p +1);
    pp = &p;
    puts(*pp);
    puts(*(pp -1));
```

```
    }
```

分析：

可结合图 9-15 和图 9-16 分析。数组元素 a[1]指向了字符串常量"C++"，故 puts(a[1])会输出这个字符串。数组元素 a[2]指向了字符串常量"Java"，故 a[2]+2 指向了字符串常量中的存储了字母 v 的存储单元，*(a[2]+2)表示了此字符型存储单元。

变量 pp 用数组变量 a 赋值后，它也指向了数组的首元素 a[0]，故 pp+1 指向数组元素 a[1]，*(pp+1)与数组元素 a[1]标示了同一个 char *型存储单元，指向了字符串"C++"，*(pp+1)+1 指向了字符串常量"C++"中存储了第一个字符 + 的存储单元，语句 puts(*(pp+1)+1)；将输出从此地址标示的存储单元开始的相邻字符型存储单元中存放的字符串，即字符串"++"。*(*(pp+1)+1)标示了一个字符型的存储单元，其存储内容为字符 +。

p=a[1]后，指针变量 p 也指向了字符串常量"C++"，故 p+1 指向了字符串常量"C++"中存储了第一个字符 + 的存储单元。pp=&p；执行之后，*pp 与 p 标示了同一个 char *型存储单元，指向了字符串"C++"，语句 puts(*pp)；的输出也为字符串"C++"。从图 9-16（b）中可知，pp-1 指向了与变量 p 相邻的上一个同类型存储单元，其值为字符型指针的地址 0x0013 fefc，但这个存储单元不属于程序所有，不能以 *(pp-1)的方式使用该存储单元，语句 puts(*(pp-1))；有问题。

程序的运行结果如图 9-17 所示。

从输出结果可知，语句 puts(*(pp-1))；的输出为乱码。

作形参时，一维指针数组将转化成指向指针型存储单元的指针变量。

图 9-17　例 9-21 程序的
　　　　　运行结果

例 9-22 分析程序的输出。

```c
#include <stdio.h>
void printA(int n,char **pp)
{
    int i;
    for(i=0;i<n;++i)
      puts(*pp++);
}
void main()
{
    char *a[]={"C","C++","Java","C#"};
    printA(sizeof(a)/sizeof(*a),a);
}
```

分析：

函数 printA 的形参 pp 是一个指向字符型指针变量的指针变量，故实参需是一个类型为字符型指针（char *型）的存储单元的地址。

一维字符型指针数组 a 有 4 个 char *型数组元素（字符型指针变量），a[0]指向了字符串常量"C"，a[1]指向了字符串常量"C++"，a[2]指向了字符串常量"Java"，a[3]指向了字符串常量"C#"。数组 a 指向首元素 a[0]，数组 a 的值为 char *型地址，因此当用数组变量 a 作实参调用函数 printA 后，形参 pp 也指向了数组 a 指向的数组元素 a[0]。第一次求值时，表达式 *pp++ 与 a[0]标示了同一个 char *型存储单元，指向了字符串常量"C"，且 pp 指向了 a[1]；第二次求值时，表达式 *pp++ 与 a[1]标示了同一个 char *型存储单元，指向了字符串常量"C++"，且 pp 指向了 a[2]；……。由于函数 printA 中用表达式 *pp++ 作实参多次调用了库函数 puts，因此 printA 函数会依次输出 a[0]指向的字符串常量，a[1]指向的字符串常量，……。

数组 a 有 4 个 char *型数组元素，故 sizeof(a)的值为 16。数组 a 指向了其首元素 a[0]，*a 与 a[0]标示了同一个 char *型存储单元，故 sizeof(*a)的值为 4。用表达式 sizeof(a)/sizeof(*a)可求出数组 a 中数组元素的个数。

程序的运行结果为：

```
C
C ++
Java
C#
```

讨论：

（1）void printA(int n,char ＊pp[ ])中形参 char ＊pp[ ]也应理解成 char ＊＊pp。当形参的形式为 char ＊pp[ ]时，表达式＊pp ++ 应写作 pp[i]。用 printA 函数输出数组 a 的数组元素指向的字符串时，函数用哪种形式的首部会有更好的可读性呢？

（2）参照图 9-15 画出数组变量 a 的存储状态，并分析程序的运行过程。

9.6　main 函数的标准形式

虽然 VC 6.0 中允许 main 函数没有返回值，但 C 语言标准规定 main 函数的定义形式为：int main(void){…} 或 int main(int argc,char ＊argv[ ]){…}。程序不需要使用命令行参数时用第一种形式，需要时用第二种形式。

命令行参数是指以命令行方式运行程序时所带的参数。有一个程序编译后得到了一个名为 test. exe 的可执行文件，以命令行方式运行该程序的方法为：先启动命令提示符窗口（单击【开始】|运行命令，在窗口中输入 cmd 后，按 Enter 键或单击【开始】|【程序】|【附件】|【命令提示符】命令），再把当前目录转到可执行文件所在的目录（如 E：\csample\test\debug），然后输入 test a b cd 按 Enter 键运行程序。运行情况如图 9-18 所示。

命令行中的输入"test a b cd"被空格分成了四个字符串，如果 main 函数用第二种形式定义，当程序运行时参数 argc 的值是命令行中字符串的个数即 4，并且 argv[0]指向第一个字符串"test"（可执行文件名，具体内容与编程程序有关），argv[1]指向第二个字符串"a"，argv[2]指向字符串"b"，argv[3] 指向字符串"cd"。4 个字符串中除文件名之外的字符串"a"、"b"和"cd"就是所谓的命令行参数。

例 9-23　分析下面的程序。

```c
#include <stdio.h>
#include <stdlib.h>
int main(int argc,char *argv[])
{
    int i,j,sum =0;
    if(argc >1)
    {
        while(argc -->1)
        {
            printf("%s +",argv[argc]);
            sum + = atoi(argv[argc]);
        }
        printf("\b\b = %d\n",sum);
    }
    else
    {
        printf("请输入两个整数：\n");
        scanf("%d%d",&i,&j);
        printf("%d + %d = %d\n",i,j,i + j);
    }
    return 0;
}
```

图 9-18　以命令行方式运行 test 程序

分析：

以带命令行参数的方式运行程序时，形参 argc 的值肯定大于 1，argc >1 的值为真，程序将计算命令行参数的和；以不带命令行参数的方式执行时，argc > 1 的值为假，程序会让用户输入两个整数并输出它们的和。

库函数 atoi 在头文件 stdlib. h 中声明，它可以把由数字构成的字符串转换为相应的整数。

提示：

（1）在 VC 6.0 中也可以用带命令行参数的方式运行程序。在运行程序之前，单击【工程（Project）】|【设置（Setting…）】命令，在弹出的对话框中选择"调试（Debug）"标签找到与"程序变量（Program arguments）"相关的文本框，此处可以输入程序运行时使用的命令行参数。如输入 23 32 52 后运行程序（Ctrl + F5），程序将输出 52 + 32 + 23 = 107。

（2）操作系统会获得 main 函数的返回值，main 函数的返回值为 0 时表示程序运行顺利，正常退出。不正常的退出可能由各种各样的原因引起，所以用特殊的 0 表示正常退出。

（3）在 main 函数的第二种定义形式中，参数类型固定，但参数名可变，如可将 main 函数定义为 int main(int n,char **pp) {…}。尽管形参写成 char * argv[ ]或 char **argv 本质上一样，但前者的可读性更好。直观上理解，形参为 char * argv [ ] 时，实参应为字符型指针数组的首元素的地址；形参为 char **argv 时，实参只要是字符型指针变量的地址即可。

讨论：

（1）怎样理解指向指针变量的指针变量？（它指向什么类型的存储单元，存储什么类型的数据，它本身又是什么类型的存储单元?）

（2）二维数组变量与指向指针变量的指针变量有何异同?

9.7　指向函数的指针变量

函数也需存储，用于存放函数的存储单元通常位于内存中称为代码段的区域。函数在内存中也用相邻的字节存放，与数组名类似，函数名的值在 C 语言中也被规定为存储该函数的存储单元的首字节地址。可以定义指向存储了函数的存储单元的指针变量，这样的指针变量又称为指向函数的指针变量。通过指向函数的指针变量就能以间接引用的方式使用相关的存储单元，调用函数。

函数用于把输入变成输出，因此形参的个数、类型以及返回值类型确定了存储函数的存储单元的类型。定义指向函数的指针变量的语句类似函数的首部，但需把函数首部中函数名部分改为（*指针变量名），并省略形参名。求两个整数和的函数的首部为 int add(int m,int n)，而语句 int (*pf)(int,int);就定义了一个可以指向此函数的指针变量 pf。其中，* pf 表示变量 pf 是指针变量；int(int,int)表示指针变量指向的存储单元的类型，其中的一对括号表示存储单元用于存储函数，函数的形参为 2 个 int 型变量，函数的返回值为 int 型。指针变量 pf 并非只能指向 add 函数，它可以指向有 2 个 int 型形参，返回值为 int 型的所有函数。

语句 int * pf(int,int);中圆括号的优先级高，故标识符 pf 是函数名，语句是函数声明语句。函数 pf 有两个 int 型形参，返回值为 int 地址。

例 9-24　使用指向函数的指针变量调用函数。

```c
#include <stdio.h>
#include <math.h>
double func(double x)
{
    return (x * (x - 3) + 2);
}
int main()
{
    double (*pf)(double);
    pf = func;
    printf("func(3) = %.0f\n",(*pf)(3));
```

```
        pf = fabs;
        printf("│ -2.3 │ = %.1f\n",(*pf)(-2.3));
        return 0;
    }
```

分析:

函数 func 的功能是求多项式 $x^2 - 3x + 2$ 的值，而指针变量 pf 指向了与该函数，因此 $*$ pf 与 func 可以互换。

函数 fabs 是求浮点数绝对值的库函数，当指针变量 pf 指向了它后，就能以 $*$ pf 的形式调用 fabs 函数了。

提示:

（1）计算机中计算一次乘法所用的时间要远大于计算一次加法所用的时间，所以把 $x^2 - 3x + 2$ 改写成了 $x*(x-3)+2$。

（2）利用指向函数的指针变量 pf 调用函数时，应写成（ $*$ pf）（3）不能写成 $*$ pf(3)，但可以直接用 pf(3) 的形式。

例 9-25 利用梯形法求 f(x) 定积分的公式为

$$\int_a^b f(x)\,\mathrm{d}x = h*((f(a) + f(b))/2 + \sum_{i=1}^{n-1} f(a + i*h)) \qquad \text{其中 } h = (b-a)/n$$

将该公式定义为函数。

分析:

求定积分的函数有 3 个输入值，double 型形参 a，double 型形参 b 和 f(x)；输出为一个 double 型数。利用函数既可求出 sin(x) 的定积分，也可求出 cos(x) 的定积分，因此形参中的 f(x) 是一类函数，它们的特点是有一个 double 型的输入值，输出一个 double 型的函数值。形参 f(x) 可定义为指向此类函数的指针类型。

```
double calDefInt(double(*pf)(double),double a,double b)
{
    double value,h;
    int i,n = 3000;
    value = ((*pf)(a) + (*pf)(b))/2.0;
    h = (b > a?b - a:a - b)/n;
    for(i = 1;i < n; ++i)
      value + = (*pf)(a + i*h);
    value * = h;
    return value;
}
```

该函数可以用下面的程序测试。

```
#include <stdio.h>
#include <math.h>
/*此处省略了 calDefInt 函数和与例 9-24 相同的 func 函数的定义 */
int main()
{
    printf("func(x)在[1,3]上的定积分为:%lf\n",calDefInt(func,1,3));
    printf("sin(x)在[0,3.1415926/2]上的定积分为:%lf\n",calDefInt(sin,0,
    3.1415926/2));
    return 0;
}
```

程序中直接使用了数学库中的 sin 函数，其参数为弧度。

9.8 使用堆空间

用于存放数据的内存空间通常分为两个区：静态存储区和动态存储区。与全局变量相关的存储单元位于静态存储区，它们在程序运行之前分配，在程序运行期间始终为程序所有。与局部变量相关的存储单元位于动态存储区的栈中，它们在程序运行期间"遇到变量定义语句"时分配，超出变量作用域后释放。动态存储区中还有一种称为堆的存储空间，其中的存储单元也在程序运行期间分配或释放，但堆空间的管理方式与栈空间的不同。栈空间中的存储单元由系统自动地分配和释放，而堆空间中的存储单元必须利用库函数显式地分配和释放。如果申请的位于堆空间中的存储单元在使用完毕后没有显式地释放，这些存储单元就会一直为程序所拥有，直至程序运行结束。

库函数 malloc 用于在堆空间中申请一块字节相邻的存储空间，它的形参是一个无符号整型，表明申请存储空间以字节为单位的长度。如果存储空间分配成功，则 malloc 函数返回该存储空间的首字节地址，否则它将返回 NULL。显然，需要使用指针变量接受 malloc 函数返回的地址，

malloc 函数分配的存储空间仅仅是一个字节相邻的内存块，没有指定的类型。当函数调用 malloc(8) 返回地址 0x0044 02b0 时，分配的存储空间从 0x0044 02b0 至 0x0044 02b7 共 8 字节，没有类型。如果用此存储空间存储整数，可以存储两个整数，类型像一个长度为 2 的一维整型数组。如果用此存储空间存储双精度的浮点数，可以存储一个双精度的浮点数，类型又像一个双精度的浮点型变量。malloc 函数"返回"了一个字节相邻没有类型的内存块。

关键字 void 可用于表示存储单元的类型为"没有类型"。语句 void * pv;定义了一个指向 void 型存储单元的指针变量 pv。无论何种类型的指针变量在 VC 6.0 中均占 4 个字节，因此指针变量 pv 的存储单元的长度为 4 个字节，它可存储 void 型存储单元的地址。void 型存储单元通常是指编码方式不定，长度不定，但字节相邻的内存块。显然不能用语句 void v;定义一个 void 型变量 v，因 void 型变量的长度不能确定，系统无法为其分配存储单元。malloc 函数返回一个无类型存储单元的地址，其返回值类型就是 void * 型，因此可以用指针变量 pv 保存 malloc 函数的返回值，如 pv = malloc(8);。当 malloc 函数成功地分配了一个 8 字节的内存块后，void 型指针变量 pv 指向了该存储单元，但此时能以 * pv 的方式使用分配的存储单元吗？如语句 * pv = 2.3;能执行吗？

* pv 标示了一个没有类型的存储单元，不能确定长度及编码格式，只能使用类型确定的存储单元，因此不能以间接引用的方式使用 void 型指针变量指向的存储单元。可以先借助强制类型转换操作把无类型的存储单元"变成"特定类型的存储单元，然后再使用。如果 malloc 函数分配的 8 个字节的存储空间用于存储整数，可以用 * (int *)pv = 2; * ((int *)pv + 1) = 3;，的方式使用分配的存储单元，但更简洁的用法为：int * pi = (int *)malloc(8); * pi = 2; * (pi + 1) = 3;。如果分配的存储单元用于存储双精度的浮点数，相应的用法为：double * pf = (double *)malloc(8); * pf = 2.3;。调用 malloc 函数分配存储单元时，为了获得更好的可读性，通常写成 int * pi = (int *)malloc(sizeof(int) * 2);。sizeof(int) * 2 表示分配了 2 个 int 型存储单元，并用(int *)把首字节地址强制类型转换成 int 型地址。这条语句可理解为使用 malloc 函数分配了一个长度为 2 的 int 型数组，且整型指针变量 pi 指向了数组的首元素。

C 语言中任意类型的存储单元都可以自动变为"无类型"的存储单元，也就是说，其他类型的指针变量无须强制类型转换就能直接赋值给 void 型指针变量。反之则不行，不能直接用 void 型指针变量给其他类型的指针变量赋值。

库函数 free 用于释放 malloc 函数申请的堆空间，其首部为 void free(void * memblock)。释放堆空间时只需把 malloc 函数返回的地址传给 free 函数即可，无须考虑该地址已被强制转换成何种类型了。

VC 6.0 的头文件 stdlib. h 和 malloc. h 中均包含了 malloc 函数和 free 函数的声明，使用时只需选择其中一个即可。

例 9-26　分析下面的程序。

```
#include <stdio.h>
```

```
#include <stdlib.h> /*或<malloc.h>*/
int main()
{
    int i,n,*pi,temp;
    printf("请输入整数的个数\n");
    scanf("%d",&n);
    pi = (int *)malloc(sizeof(int) * n);
    if(pi!=NULL)
    {
        printf("请输入%d个整数\n",n);
        for(i=0;i<n;++i)
          scanf("%d",pi+i);
        for(i=0;i<n/2;++i)
        {
            temp = *(pi+i);
            *(pi+i) = *(pi+n-i-1);
            *(pi+n-i-1) = temp;
        }
        printf("转置后的整数为:\n");
        for(i=0;i<n;++i)
            printf("%d ",*(pi+i));
        free(pi);
        pi = NULL;                /*防止出现野指针*/
        return 0;
    }
    else
    {
        printf("申请空间失败!\n");
        return 21;                /*程序运行失败!*/
    }
}
```

分析：

程序在堆空间中申请了 n 个 int 型的存储单元，并且用整型指针变量 pi 指向了第 1 个 int 型存储单元。实际上，整型指针变量 pi 指向了一个长度为 n 的 int 型数组的首元素。

使用堆空间时要防止内存泄露。内存泄露指由于疏忽或错误未能释放不再使用的用 malloc 函数申请的存储空间。堆空间由所有程序共享，其容量有限，当一个程序因内存泄露占用了大量的堆空间时，其他程序可能会因申请不到需要的堆空间而不能正常运行。

例 9-27　分析下面的函数。

```
void leak()
{
    char *str;
    str = (char *)malloc(sizeof(char) * 50);
    if(str!=NULL)
    {
        printf("请输入一串字符:\n");
        gets(str);
        puts(str);
    }
}
```

分析：

函数在堆空间中申请了 50 个字符型存储单元，然后用它存储了用户输入的字符串，最后又输出了用户的输入。

函数在调用执行时会发生内存泄露。指针变量 str 是局部变量，函数执行完毕它的存储单元会自动释放。指针变量 str 保存的地址将随着它生命期的结束而无法访问，因此程序中将无法释放此块堆空间，即这块堆空间"泄露"了。每调用函数一次，就会泄露一块堆空间。

9.9　典型例题

例 **9-28**　分析下面的程序。

```
#include <stdio.h>
int main()
{
    int a[2][3][4] = {{{100,101,102,103},{110,111,112,113},{120,121,122,123}},
    {{200,201,202,203},{210,211,212,213},{220,221,222,223}}};
    int i,j,k;
    int (*p2)[3][4],(*p1)[4],*p0;
    printf("用指向二维数组的指针变量输出三维数组:\n");
    p2 = a;
    for(i = 0;i < 2;++i)
    {
        for(j = 0;j < 3;++j)
        {
            for(k = 0;k < 4;++k)
                printf("%5d",(*(p2 + i))[j][k]);
            printf("\n");
        }
        printf("\n\n");
    }
    printf("用指向一维数组的指针变量输出三维数组:\n");
    for(i = 0;i < 2;++i)
    {
        p1 = a[i];
        for(j = 0;j < 3;++j)
        {
            for(k = 0;k < 4;++k)
                printf("%5d",(*(p1 + j))[k]);
            printf("\n");
        }
        printf("\n\n");
    }
    printf("用指向整型的指针变量输出三维数组:\n");
    p0 = (int *)a;
    for(i = 0;i < 2;++i)
    {
        for(j = 0;j < 3;++j)
        {
            for(k = 0;k < 4;++k)
                printf("%5d",*p0 ++);
            printf("\n");
        }
        printf("\n\n");
    }
    return 0;
}
```

分析：

三维整型数组 a 有 2 个数组元素 a[0] 和 a[1]，数组元素的类型为 3 行 4 列的二维整型数组，即 int[3][4] 型。语句 p2 = a;执行后，指针变量 p2 也指向了三维整型数组变量 a 的首元素 a[0]，一个 int[3][4] 型存储单元。p2 + i 指向了与 a[0] 相邻的下面的第 i 个同类型存储单元，即 a[i]，故 *(p2 + i) 与 a[i] 标示了同一个 int[3][4] 型存储单元，一个 3 行 4 列的二维整型数组。表达式 (*(p2 + i))[j][k] 标示了该二维数组中第 j 行第 k 列的 int 型数组元素，也就是 a[i][j][k]。

数组元素 a[i] 是一个 3 行 4 列的二维整型数组，它有 3 个数组元素 a[i][0]、a[i][1] 和 a[i][2]，且它们是长度为 4 的一维整型数组。语句 p1 = a[i];执行后，指针变量 p1 也指向了二维整型数组变量

a[i]的首元素 a[i][0]，一个 int[4]型存储单元。p1 +j 指向了与 a[i][0]相邻的下面第 j 个同类型存储单元，即 a[i][j]，故 * (p1 +j)与 a[i][j]标示了同一个 int[4]型存储单元，长度为 4 的一维整型数组。表达式(* (p1 +j))[k]标示了该数组中的第 k 个 int 型数组元素，也就是 a[i][j][k]。

三维整型数组变量 a 指向了首元素 a[0]，其值为 &a[0]，虽然 &a[0]与 &a[0][0][0]的类型不同，但 a[0]和 a[0][0][0]标示的存储单元有着相同的首字节地址。因此把 a 的值强制类型转换成 int 型地址后，也就变成了 a[0][0][0]的地址。语句 p0 = (int *)a;与语句 p0 = &a[0][0][0];都能让整型指针变量 p0 指向数组元素 a[0][0][0]。又因为数组元素的存储单元相邻，故可以利用整型指针变量 p0 依次输出三维整型数组 a 所有的数组元素。

讨论：

（1）参照图 9-11 画出三维整型数组的内存状态图。

（2）(* (p2 +i))[j][k]等价于 * (* (* (p2 +i) +j) +k)，请分析表达式 * (* (* (p2 +i) +j) +k)。

（3）如何使用指向数组型存储单元的指针变量？

例 9-29 有 n 个人围坐一圈，用 1，2，…，n 按顺时针方向为每个人编号。从某个人起，按顺时针方向进行 1 至 m（m >0）的报数，报到 m 的人出圈；接着从下一个人继续 1 至 m 的报数，报到 m 的人出圈；一直进行这样的报数，直到所有的人都出圈为止，试问他们出圈的次序。

分析：

用一维整型数组的数组元素表示参加报数的人，数组元素的值为报数人的编号，用指针变量 p 指向当前要报数的数组元素，整型变量 k 的值为上一个人报的数，整型变量 g 的值表示已经出圈的人数，报数人需出圈时就把对应数组元素赋值为 0。

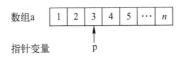

整个报数活动的过程如下：

（1）判断当前要报数的人是否已经出圈（判断当前数组元素是否为 0），如果没有出圈（不为 0）就先报数（++k），再判断报的数（变量 k 的值就是报的数）是否为 m，如果是，输出报数人的编号后让其出圈（变量 k 的值需清零，即重新开始报数；变量 g 的值需加 1，即又出圈了一个人）。

（2）调整指针变量 p 指向下一个数组元素。

重复上面两步，直到变量 g 的值为 n 时停止。

```
#include <stdio.h>
#define MAX 100
int a[MAX];
int main()
{
    int n,s,m,k,g =0, *p;
    printf("请输入总人数,开始者编号和出圈者所报数字:\n");
    scanf("%d%d%d",&n,&s,&m);
    /*初始化数组 */
    for(p =a;p <a +n; ++p)
      *p = ++g;
    /*准备报数 */
    p =a + (s -1)%n;          /*变量 p 指向了开始报数的人 */
    k =g =0;
    /*重复报数 */
    while(g <n)
    {
        if(*p!=0)
        {
            ++k;
```

```
            if(k==m)
            {
                if(g%10==0)
                    printf("\n");
                printf("%5d",*p);
                *p=0;           /*出圈者的值为 0*/
                k=0;
                ++g;
            }
        }
        /*调整指针变量 p 指向下一个数组元素*/
        if(p==a+n-1)
            p=a;
        else
            ++p;
    }
    return 0;
}
```

讨论：程序中能否用一个整型变量代替指针变量 p？

例 9-30 库函数 qsort 在头文件 stdlib.h 中声明为 void qsort(void * base,unsigned n,unsigned size,int (* fcmp)(const void * ,const void *))。库函数 qsort 采用快速排序算法对从 base[0] 到 base[n-1]（从 base 指向的存储单元起的 n 个相邻存储单元）按升序进行排序。排序时库函数 qsort 用指针变量 fcmp 指向的函数来确定数组元素的大小。库函数 qsort 把两个待比较大小的数组元素的地址作为实参调用指针变量 fcmp 指向的函数，如果指针变量 fcmp 指向的函数返回一个小于 0 的整数，就表示与第一个参数相关的数组元素小于第二个参数相关的数组元素；若返回 0 时，两者相等；返回一个大于 0 的整数时，第一个大于第二个。每个数组元素的存储单元为 size 个字节。

调用 qsort 函数对一个整型数组的数组元素按升序排序。

分析：

qsort 函数需要一个比较函数做实参。现在使用 qsort 函数对一个整型数组中的整数排序，因此需定义一个比较整数大小的函数。由形参指针变量 fcmp 的类型可知，需要定义一个首部类似 int intcmp(const void * p1,const void * p2) 的比较函数。指针作参数时，无论指针向何种类型的存储单元，实参与形参之间只传递 4 个字节的数据，因此一些函数使用指针变量作为参数的目的仅仅是为了提高函数的执行效率，并不需要在函数体中以间接引用的方式改变形参指向的存储单元。怎样限制在函数体中修改形参指向的存储单元呢？毕竟函数的设计者与实现者可能不是同一个人。

C 语言关键字 const 用于限制存储单元的修改，关键字 const 修饰的变量又称常量。如有 const int i=23 或 int const i=23;，变量 i 就是一个常量，只能读，不能再赋值，用语句 i=5; 或 ++i; 给变量 i 赋值时会出现语法错误。

当 const 修饰指针变量时，情况变得复杂。如有 double m=2.3,n=3.2;const double * p=&m;，指针变量 p 为常量，但此时是变量 p 标示的存储单元不能修改呢（p=&n;出错），还是变量 p 指向的存储单元不能修改呢（即 p=&n 合法，而 *p=5.2 非法）？

函数 intcmp 用于比较两个整数，它的形参为 void 型指针变量，使用该函数时可以用两个 int 型地址做实参，所以函数 intcmp 实际上需比较两个用 void 型指针变量指向的两个 int 型变量的大小。

参考程序如下：

```
#include <stdio.h>
#include <stdlib.h>
int intcmp(const void *p1,const void *p2)
{
    return * ((int *)p1) - * ((int *)p2);
}
int main()
```

```
{
    int i,a[5] = {23,32,21,52,25};
    qsort(a,5,4,intcmp);
    for(i = 0;i < 5;++i)
        printf("%3d",a[i]);
    return 0;
}
```

讨论：

（1）怎样利用库函数 qsort 将整型数组的数组元素降序排序？

（2）怎样利用库函数 qsort 将双精度数组的数组元素升序排序？

（3）对数组排序时肯定要交换两个数组元素的值，库函数 qsort 怎样在不知道数组元素类型的前提下做到这一点的？

（4）自选排序算法，参照库函数 qsort 的首部定义一个与"类型"无关的排序函数。

例 9-31　调用 qsort 函数对数组 str 中数组元素指向的字符串常量按升序排序，即排序后 str[0] 指向的字符串最小，str[2] 指向的字符串最大。

```
char * str[] = {"Henan","Beijing","Guangzhou"};
```

分析：

qsort 函数用于对数组的数组元素排序，而数组 str 的数组元素的值为字符型地址，可以定义一个比较字符型地址大小的比较函数，qsort 函数借助这个比较函数完成对数组元素的排序。str[0] 指向了字符串"Henan"，设其值为字符型地址 0x00420034；str[1] 指向了字符串"Beijing"，设其值为字符型地址 0x00420028；str[2] 指向了字符串"Guangzhou"，设其值为字符型地址 0x0042001c。对于数组元素 str[1] 和 str[2]，地址是编号，如看成整数，显然 str[1] 大于 str[2]。但题目中要求按数组元素指向的字符串常量排序，并非按数组元素的值排序，因此地址的大小需由相关字符串决定。str[1] 指向的字符串为"Beijing"，str[2] 指向的字符串为"Guangzhou"，故 str[1] 小于 str[2]。

```
#include <stdio.h>
#include <stdlib.h>
#include <string.h>
int stringcmp(const void * p1,const void * p2)
{
    char * * pp1 = (char * * )p1;
    char * * pp2 = (char * * )p2;
    return strcmp(* pp1,* pp2);
}

int main()
{
    char * str[] = {"Henan","Beijing","Guangzhou"};
    int i;
    qsort(str,3,4,stringcmp);
    for(i = 0;i < 3;++i)
        puts(str[i]);
    return 0;
}
```

排序前后 str 数组的状态变化可能如图 9-19 所示。

讨论：

（1）qsort 函数执行时会用什么样的实参调用 stringcmp 函数？

（2）使用下面的比较函数时，结合图 9-19 中的数据分析程序的输出。

```
int stringcmp(const void * p1,const void * p2)
{
    char * pp1 = (char * )p1;
    char * pp2 = (char * )p2;
```

```
        return strcmp(pp1,pp2);
    }
```

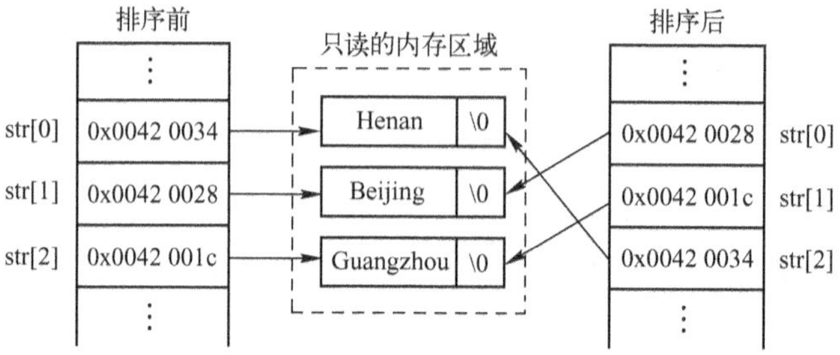

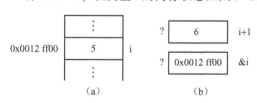

图 9-19　str 数组的状态变化

知识扩展

1. 有 pi = &i，怎样理解 * pi 与变量 i 标示了同一个存储单元？

如有 int i = 5, * pi = &i;，设整型指针变量 pi 与整型变量 i 的内存状态如图 9-2 所示。

由例 9-2 可知，* pi 在赋值操作符右边时，其值就为变量 i 的内容 5，即 j = * pi；与 j = i；相同，因此当变量 i 位于赋值操作符右边表现为内容时，* pi 与变量 i 可以互换使用。

在语句 i = 3；中变量 i 的值为整型地址 0x0012 ff00。在语句 * pi = 3；中，指针变量 pi 表现为左值，整型指针地址 0x0012 ff80，间接引用操作符 * 将取此地址处存储单元的内容，也就是说，* pi 的结果为整型地址 0x0012 ff00，语句 * pi = 3；的作用也是将整数 3 存储到地址为 0x0012 ff00 的整型存储单元中，与语句 i = 3；的作用相同。

综上所述，当整型指针变量 pi 指向整型变量 i 时，* pi 与变量 i 标示了同一个存储单元，通常可以互换使用。

2. 表达式的值

有 int i = 5，设变量 i 的内存状态如图 9-20（a）所示。

图 9-20　表达式的值

表达式在运算器中求值，计算结果也位于运算器中。程序只能读取运算器中存储单元的内容而不能向其中写入数据。存放表达式 i + 1 的结果的存储单元可理解为一个无名临时变量。C 语言中表达式的结果通常可理解为无名临时变量，程序中只能读取其值而不能为其赋值。以赋值语句 i + 1 = 3；为例，该语句先对子表达式 i + 1 求值，此时变量 i 虽然在赋值操作符的左边，但要进行加法运算，变量 i 的值为 5，求值结果 6 由图 9-20（b）所示的无名临时变量存放。应用程序不能使用无名临时变量的左值向其写入数据，因此语句 i + 1 = 3；不可能把整数 3 存入相关存储单元，也就是说该语句非法！

C 语言表达式可以出现在赋值操作符的右边，但只有一些表达式可以出现在赋值操作符的左边。可以出现在赋值操作符左边的表达式具有左值性，而只能出现在赋值操作符右边的表达式具有右值性。表达式 i + 1 不具有左值性。把一个普通的变量也看成一个表达式时，它显然具有左值性。变量指针变量 pi 指向变量 i 时，表达式 * pi 和变量 i 标示了同一个存储单元，因此表达式 * pi 也可以位于赋值操作符的左边从而具有左值性。"间接引用"表达式常标识了一个存储单元,多具有左值性。

表达式 * (&i)是否具有左值性?

分析:

子表达式 &i 的结果由图 9-20 (b) 所示的无名临时变量存放,其左值不知,右值为 int 型地址 0x0012 ff00。当表达式 * (&i)在赋值操作符左边时,子表达式 &i 即无名临时变量表现为左值,虽然具体地址不知,但程序中可以读此存储单元的内容,即间接引用操作可以获得此无名临时变量的存储内容,也就是说,表达式 * (&i)此时的值为 int 型地址 0x0012 ff00,因此语句 * (&i) = 3;执行时,整数 3 将存入地址为 0x0012 ff00 的整型存储单元。该存储单元实际为变量 i 标示的存储单元,程序可以读/写该存储单元,赋值操作正常执行。表达式 * (&i)可以位于赋值操作符的左边。

当表达式 * (&i)在赋值操作符右边时,子表达式 &i 即无名临时变量表现为右值 int 型地址 0x0012 ff00,间接引用操作会获得此地址标示的存储单元的存储内容,即整数 5。

综上所述,表达式 * (&i)和变量 i 标识了同一个的存储单元,具有左值性。

3. 指针变量的称谓

有语句 int i = 5;,与变量 i 相关的存储单元存放了一个整数 5(int),因此称变量 i 为 int 型变量 i,相关的存储单元为 int 型存储单元,其地址为 int 型地址。

有语句 int * pi = &i;,与指针变量 pi 相关的存储单元存放了一个 int 型地址 (int *),因此变量 pi 可称为整型指针 (int * 型) 变量,相关的存储单元为 int * 型存储单元,其地址为 int * 型地址。

变量的左值和右值在类型上是不同的。

表达式(int *)5 可理解为把整数 5 强制类型转换为 int 型地址 5,一个 int 型存储单元的地址。(int * *)5 可理解为把整数 5 强制类型转换为 int * 型地址 5,一个类型为 int * (整型指针) 的存储单元的地址。有 int * pj;,变量 pj 就标示了一个类型为整型指针的存储单元,当它的地址 (&pj 的值) 为 5 时,这个地址就是整型指针地址 5 或 int * 型地址 5。表达式 (int * * *) 5 同样为一个存储单元的地址,无非这个存储单元的类型为 int * * 。

4. 数组元素 a[i]的理解

有一维整型数组变量 a,通常称 a[i]为一个数组元素,一个整型变量名,标示了数组 a 中第 i 个整型存储单元,但严格地说它是一个表达式,可理解成表达式 * (a + i)。在子表达式 a + i 中,数组名 a 指向了数组首元素 a[0],因此子表达式 a + i 指向了数组的第 i 个整型存储单元,表达式 * (a + i) 标示了数组中第 i 个整型存储单元,所以 a[i]确实是一个整型变量名。

数组 a 只是几个相邻的整型存储单元,只要知道了第 0 个存储单元的地址,就能以间接引用的方式使用其中的某个存储单元,因此数组的重要属性就是其首元素的地址及数组元素的个数。

5. 数组变量与指针变量

数组变量与指针变量都是地址型变量,它们存储了某类型的地址,都指向了某个存储单元,但数组变量常用下标操作符标示它所指向的存储单元(或相邻的存储单元),而指针变量常用间接引用操作符标示它所指向的存储单元。

数组变量只是指向了其首元素的虚拟变量,其存储内容是规定的,不能通过对数组变量赋值改变其指向的存储单元;而指针变量仅仅是存储内容为地址的普通变量,可以通过赋值操作改变其指向的存储单元。

有 int a[3]，* pi，当 pi = a;后，在使用数组元素时，a[i]、* (a + i)、pi[i] 和 * (pi + i) 四个表达式可以互换使用，似乎整型数组变量 a 和整型指针变量 pi 非常相像，但这些表达式可以互换使用仅仅表明数组变量 a 和指针变量 pi 指向了同一个存储单元。

数组变量 a 与整型指针变量 pi 的区别在于它们标识的存储单元的类型不同。数组变量 a 的类型为 int[3]，即长度为 3 的一维整型数组，由 3 个相邻的整型存储单元组成，其地址为 int[3] 型地址。整型指针变量 pi 的类型为 int *，其地址为 int * 型地址。

语句 int(* pa)[3];定义了一个可指向数组变量 a 的指针变量 pa。用语句 pa = &a;让指针变量 pa 指向数组变量 a 后，* pa 与 a 就标示了同一个 int[3] 型存储单元，即 * pa 也是一个长度为 3 的一维整型数组变量了。数组 * pa 的数组元素可用 (* pa)[0]、(* pa)[1] 和(* pa)[2] 标示，因为 int[3] 型存储单元就是这样使用的。

语句 int * (* ppi);定义了一个可指向指针变量 pi 的指针变量 ppi。用语句 ppi = π让指针变量 ppi 指向指针变量 pi 后，* ppi 与 pi 就标示了同一个 int * 型存储单元，即 * ppi 也是一个整型指针变量。语句 * ppi = &i;执行后，* ppi 就指向了整型变量 i，指针变量 pi 自然也指向了变量 i，因为 * ppi 与 pi 标示了同一个存储单元。

一维整型数组变量 a "存储"了一个整型地址，但它的类型却是长度为 3 的一维整型数组（int[3]型），整型指针变量 pi 可以存储一个整型地址，但它的类型只是整型指针（int *）。使用数组型存储单元时，常以 a[i] 等方式使用其数组元素。使用指针型存储单元时，常需先赋值，再以 * p 的方式使用其指向的存储单元。

练习 9

1. 问答题

（1）为什么使用存储单元时不能仅凭地址还须知道类型？

（2）为什么不提倡用整数给指针变量赋值？

（3）两个指针变量之间可以互相赋值吗？如有 int * pi = (int *)23;float * pf;，则 pf = pi 有问题吗？应怎样理解同类型指针变量间的相互赋值？

（4）语句 double lf, * p = &lf;与 double lf, * p; * p = &lf;等价吗？

（5）指针变量相关存储单元的长度是多少？有 double f, * pf = &f;，则 sizeof(pf) 与 sizeof(* pf) 的值是多少？

（6）对于指针变量 p，表达式 p 和 * p 各标示了什么样的存储单元？

（7）当参数为指针变量时，虽然还是传值调用，但有何特别之处？

（8）指针变量有什么作用？

（9）指针变量有作用域和生命期吗？

（10）scanf 函数的实参为何是变量的地址？有 int i, * pi = &i;，语句 scanf("% d" ,&i);可以用语句 scanf("% d" ,pi);代替吗？

（11）如何理解一维数组变量？讨论一维整型数组变量 a 与整型指针变量 pi 的异同。

（12）分析 char str[ ] = "Hi!";与 char * str1 = "Hi!" ;的异同。语句 char * s2;scanf("% s" ,s2);有什么问题？

（13）用一对双撇号把命令行参数括起来，可以对命令行参数产生什么影响？编程测试。用户输入 test "hello C!" 并回车执行程序时命令行参数分别为？用 test hello C! 并回车时呢？

（14）如何理解 void 型指针变量？为什么不能以间接引用的方式使用 void 型指针变量指向的存储单元？为什么定义 void 型变量（如 void a;）没有意义？

2. 程序分析

（1）有程序

```
#include <stdio.h>
void main()
{
    int i = -5, * pi;
    pi = &i;
    printf("%p,%p\n",pi,&pi);
}
```

注：格式字符 p 以"地址"的格式输出数据。

根据程序的输出，请参照图 9-1 画出变量 i 实际的内存状态和简化后的内存状态，再参照图 9-2 画出变量 pi 与变量 i 的关系。

（2）找出并修改下面程序中的错误。

```
#include <stdio.h>
void main()
{
    int i = 5, * pi;
    pi = i;
    printf("%p\n",pi);
}
```

（3）分析下面程序的输出。

```
#include <stdio.h>
void main()
{
    int i = 3, * p1 = &i, * p2;
    p2 = p1;
    i = * p1 + * p2;
    printf("%d,%d,%d\n", * p1, * p2,i);
}
```

（4）没有初始化的指针变量是空指针吗？查看下面程序的输出。

```
#include <stdio.h>
void main()
{
    int * pi;
    if(pi == NULL)
      printf("pi 是空指针!\n");
    else
      printf("pi 不是空指针!\n");
    * pi = 5;
    printf("%d\n", * pi);
}
```

（5）分析下面程序的输出。

```
#include <stdio.h>
void main()
{
    int a,b,m = 5,n = 3;
    int * p1 = &m, * p2 = &n;
    a = p1 == &m;
    b = (++ * p1)/(* p2) +5;
    n = * p1 + * p2;
    printf("a = %d,b = %d\n",a,b);
    printf("m = %d,n = %d\n", * p1, * p2);
}
```

（6）分析下面的程序。

```
#include <stdio.h>
int * p;
```

```
void test(int x,int *pi)
{
    int c=3;
    *p=*pi+c;
    x=*pi*c;
    printf("%d,%d,%d\n",x,*pi,*p);
}
void main()
{
    int i=5,j=2,k=3;
    p=&j;
    test(i,&j);
    printf("%d,%d,%d\n",i,j,*p);
}
```

(7) 分析下面的函数。

```
void reverse(char *ps)
{
    if(*ps=='\0')
        return;
    reverse(ps+1);
    putchar(*ps);
}
```

(8) 分析并测试下面的函数。

```
void test(int *a,int n,int i,int *p)
{
    if(i<n)
    {
        if(a[i]>a[*p])
            *p=i;
        test(a,n,i+1,p);
    }
}
```

(9) 分析下面的程序。

```
#include <stdio.h>
void test(int i,int a[3])
{
    printf("%d,%d\n",i,sizeof(a));
}
void main()
{
    int a[5]={1,2,3,4,5};
    printf("%d\n",sizeof(a));
    test(sizeof(a),a);
    printf("%d\n",sizeof(a)/sizeof(*a));
}
```

(10) 分析下面的程序。

```
#include <stdio.h>
#include <string.h>
char *str1="Hello!";
void main()
{
    char *str2="Hello!";
    char *str3="Hello!";
    printf("%p,%p,%p\n",str1,str2,str3);
    printf("%d,%d,%d\n",strlen(str1),strlen(str2),strlen(str3));
    printf("%d,%d,%d\n",sizeof(*str1),sizeof(*str2),sizeof(*str3));
}
```

(11) 分析程序，并画出数组变量 a 与指针变量 pi 的关系图。

```
#include <stdio.h>
void main()
{
    int a[9]={1,2,3,4,5,6,7,8,9};
    int i,j,*pi[3];
    for(i=0;i<3;++i)
        pi[i]=&a[i*3];
    for(i=0;i<3;++i)
    {
        for(j=0;j<3;++j)
          printf("%3d",(*(pi+i))[j]);
        printf("\n");
    }
}
```

（12）下面程序中存在错误，如在使用指针变量 pi 之前没有对它赋值；指针变量 p 没有定义就使用了。改正错误，并画图分析程序中指针变量与数组变量的关系。

```
#include <stdio.h>
void main()
{
    int a=5,b=2,c=3;
    int *pa[3]={&a,&b,&c};
    int *pi,i;
    /*使用指针变量 pi 输出的 a,b,c 值*/
    for(i=0;i<3;++i)
    {
        printf("%2d",*pi);
    }
    printf("\n");
    p=pa;
    //使用指针变量 p 输出的 a,b,c 值
    for(i=0;i<3;++i)
    {
        printf("%2d", **p);
    }
}
```

（13）借助指针变量下面的函数可以交换两个整型或浮点型变量的值，甚至是两个数组变量所有元素的值，请分析并测试该函数。

```
void swap(void *px,void *py,unsigned size)
{
    char temp,*pa,*pb;
    pa=(char *)px;
    pb=(char *)py;
    if(pa!=pb)
        while (size--)
        {
            temp=*pa;
            *pa++=*pb;
            *pb++=temp;
        }
}
```

（14）分析下面的程序。

```
#include <stdio.h>
#include <stdlib.h>
int main()
{
    int i,j;
    int **ppa=(int **)malloc(3*sizeof(int *));
    if(ppa!=NULL)
    {
```

```
        for(i = 0;i < 3; ++i)
          if((*(ppa + i) = (int *)malloc(2 * sizeof(int))) == NULL)
          {
              printf("分配内存空间失败!\n");
              return 2;
          }
        for(i = 0;i < 3; ++i)
          for(j = 0;j < 2; ++j)
              scanf("%d",ppa[i] + j);

        for(i = 0;i < 3; ++i)
        {
          for(j = 0;j < 2; ++j)
              printf("%5d",ppa[i][j]);
          printf("\n");
        }
    }
    else
    {
        printf("分配内存空间失败!\n");
        return 2;
    }
    /*释放堆空间*/
    for(i = 0;i < 3; ++i)
        free(ppa[i]);
    free(ppa);
    ppa = NULL;
    return 0;
}
```

（15）分析下面的程序。

```
#include <stdio.h>
#define MAX 100
int a[MAX];
int main()
{
    int i,n,s,m,k,g;
    printf("请输入总人数,开始者编号和出圈者所报数字:\n");
    scanf("%d%d%d",&n,&s,&m);
    /*初始化数组*/
    for(i = 0;i < n; ++i)
      a[i] = i + 1;
    /*准备报数*/
    s = (s - 1)%n;
    /*重复报数*/
    for(g = n;g > 1; --g)
    {
      s = (s + m - 1)%g;
      k = a[s];
      for(i = s;i < g - 1; ++i)
          a[i] = a[i + 1];
      a[g - 1] = k;
    }
    for(i = n - 1;i >= 0; --i)
    {
      printf("%5d",a[i]);
      if((n - i)%10 == 0)
          printf("\n");
    }
    return 0;
}
```

（16）下列语句有问题吗?

```
1. int *p1,*p2;p1 = p2;
2. int i,*p1,*p2;p1 = p2 = &i;
3. int i = 3,*p1,*p2;p1 = &i;p2 = *p1;
4. int i = 3,*p1,*p2 = &i;*p1 = *p2;
5. int i = 3,*p1,*p2 = &i;p1 = p2;
6. int *p1,*p2;p1 = &p2;
```

（17）下面代码段的功能是将用户的输入存储到数组 a 中，请选择合适的表达式。

```
int a[5],*p = &a[0],i;
for(i = 0;i < 5;++i)
    scanf("%d",              );
```

A. *(p + i)   B. p ++   C. ++p   D. p + i

（18）已知 int a[3] = {1,2,3},*p = &a[1];，分析表达式 *p ++ 和 * -- p。

（19）分析三维数组变量。

3. 编程题

（1）已知整型指针变量 pa，pb，pc 分别指向整型变量 a，b，c。按下面要求编程。

① 使用指针变量，交换 a，b，c 的值使变量 a，b，c 按升序排列（指针变量指向的对象不变，即变量 pa 一直指向 a）。

② 变量 a，b，c 的值不变，但 pa，pb，pc 指向的变量按升序排列（即 pa 指向值最小的变量）。

（2）在例 9-5 的 main 函数中用语句 int *p1 = &i,*p2 = &j;定义并初始化两个整型指针变量 p1 和 p2，分析函数调用 swap(*p1,*p2)和函数调用 swap(p1,p2)的执行情况。

（3）把例 9-5 的 swap 函数改为

```
void swap(int *px,int *py)
{
    int *temp;
    temp = px;
    px = py;
    py = temp;
}
```

设 main 函数执行时变量 i、j 的内存状态还如图 9-6 所示，分析函数调用 swap(&i,&j)的执行过程。

（4）例 9-6 中函数的功能与函数 int add(int x,int y){return x + y;}的相同。模仿例 9-6 把例 7-1 改写为没有返回值的函数，并使用此函数改写例 7-5。

（5）模仿例 9-6 把例 7-22 中的 fac 函数改写成没有返回值的函数。

（6）用指针变量实现第 6 章练习 5、6 和 7。

（7）函数 strLen 用于求一字符串的有效长度，其首部为 int strLen(char *str)，实现该函数。

（8）函数 toInt（首部为 int toInt(char *str)）用于将以字符串形式存储的整数串转换为一个整数，实现该函数，并用下面的程序测试。

```
#include <stdio.h>
void main()
{
    char str[11];
    gets(str);
    printf("%s = %d\n",str,toInt(str));
}
```

当用户输入 - 5678 并回车时，程序的输出应为 - 5678 = - 5678；当用户输入 6789 并回车时，程序的输出应为 6789 = 6789。

（9）模仿例 9-13 对用户输入字符串中的字符按升序排序。

（10）swap(int a[3])与 swap(int a[])中两个形参 a 分别是什么类型？怎样理解数组变量作为形参？

（11）利用指针变量完成第 6 章练习 16 和 17。

（12）利用指针变量把一个二维数组分别按行和按列输出。

（13）利用指针变量完成例 6-8。

（14）有 int ＊arr[3];，且数组变量 arr 的数组元素分别指向整型变量 a，b，c，借助数组变量 arr 重做练习编程题（1）。

（15）例 9-5 的 swap 函数中可以通过指向整型存储单元的形参以间接引用的方式使用传入的整型存储单元从而交换两个整型变量的值，设计一个可以交换两个整型指针变量值的 swap 函数。

（16）不借助库函数对数组 str 根据其数组元素指向的字符串常量按升序排列。

```
char * str[3] = {"Henan","Beijing","Guangzhou"};
```

（17）命令行参数可以为/s、/p、/a 和/? 这 4 种选项中的一种（如 test. exe/s 回车），程序输出用户选用的命令行参数（如输出"您用/s 选项运行了程序"）。

（18）用例 9-25 中的 calDefInt 函数求 $2x^2 + \sin(x)$ 在 $[0, \pi/2]$ 上的定积分。

（19）在堆空间上构造一个 3 行 2 列的二维字符型指针数组。

（20）函数 printA 的首部为 void printA(int ＊p,int i,int j)，它用于输出一个 i 行 j 列的二维整型数组。实现并测试该函数。

（21）库函数 bsearch 在 stdlib. h 中声明为 void ＊bsearch(const void ＊key,const void ＊base,unsigned n,unsigned size,int (＊fcmp)(const void ＊,const void ＊));。它采用二分搜索算法查找在 base[0] 到 base[n − 1]（数组元素已有序）中是否有与指针变量 key 指向的变量"相等"的数组元素。是否相等与指针变量 fcmp 指向的比较函数的返回值相关，返回值为 0 时，两者相等。函数中其他参数的作用与库函数 qsort 的相同。找到"相等"的数组元素时，函数会返回其地址，否则返回 NULL。编程测试该函数。

提示：

① 什么是二分搜索？

② 有序的数组元素是升序还是降序？

（22）编程测试下列语句中 const 的作用。const 可以修饰形参吗？。

```
const double * pf = &m;
double const * pf = &m;
double * const pf = &m;
const double * const pf = &m;
```

第10章 用户自定义数据类型

章节导学

数据类型规定了存储单元的大小和编码格式，用于定义变量。顾名思义，用户自定义数据类型是指由程序员定义的数据类型。"自定义"是有条件的，程序员只能在已有数据类型的基础上，通过限定或组合来产生新的数据类型。

结构型是常用的自定义数据类型，与之相关的存储单元由多个类型已知的存储单元组合而成，且这些成员存储单元都有一个内部的名称。定义一个结构型变量，就有一个结构型存储单元与之关联，其由多个类型已知的成员存储单元组成；相当于定义了多个类型已知的变量，它们又称为结构型变量的成员变量，用"结构型变量名. 内部名"的形式标识，其中的"."是结构体成员操作符。同数组一样，结构型也是构造数据类型。数组中数组元素的类型相同，而结构型中成员变量的类型可以不同。

结构型的作用与数组的不同，结构型变量用于存储程序中的对象。对象可简单地理解为现实世界中的实体，通常需由多个数据描述，如一个学生对象有学号、姓名、英语成绩等属性。有了结构型，程序中存储数据的单位由单个变量变成了"相关的一组变量"即结构型变量。虽然 C 语言程序中的结构型变量也可称作"对象"，但其与面向对象程序设计语言中的对象有质的区别。C 语言是典型的结构化程序设计语言。与面向对象强调"数据"，以对象为中心的编程思想不同，结构化程序设计更注重功能分解，以函数为中心。

对于非 void 型指针变量 p，语句 p = &p;错误。对于结构型变量 s，用类似 s. next = &s;的语句可以将多个同类型的结构型变量连接起来串成链表。与数组类似，链表也可以将多个数据组织起来，便于用统一的方法处理有了"次序"的数据。

联合型变量也包含了多个成员变量，但它们共享存储单元，这就意味着某段时间只有一个成员变量是真正可以使用的。可以利用一个联合型变量代替多个普通变量以减少程序对内存空间的需求。

枚举型变量的取值仅限于定义枚举型时所规定的"标识符"。虽然枚举型本质上是整型，枚举型定义中的"标识符"也只是符号常量，但采用枚举型可以极大地提高程序的可读性，同时由于限制了枚举型变量的取值范围，可以避免用错误的数据给变量赋值，防止程序中出现逻辑错误。

本章讨论

（1）比较结构型与数组。
（2）有种观点认为，程序就是数据结构加算法。什么是数据结构呢？
（3）例 6–18 中大整数可以改用链表存储吗？

C 语言基本的数据类型有整型、浮点型、字符型和指针类型。数据类型用于定义变量，变量标识了内存中的一块存储单元，数据类型规定了存储单元的大小和编码格式。数据类型是具有相同特征的一类数据的抽象，而变量用于存放属于某类数据的一个具体值。

C 语言允许程序员根据需要，通过对已有数据类型的限定、组合来定义新的数据类型。这种由用户自己定义的数据类型，称为用户自定义数据类型。C 语言的使用者是程序员，因此程序员就是

C 语言的用户。"程序员获得用户的需求，设计算法"中的用户是指计算机（程序）的使用者。

用户自定义数据类型也用于定义变量，且与变量相关存储单元的特点由用户自定义数据类型规定。C 语言中用户可自定义的数据类型有结构型（structure）、联合型（union）和枚举型（enumeration）。

10.1　结构型

10.1.1　结构型的定义

用计算机解决实际问题时，常常需使用多个数据描述同一个对象。如在学生成绩管理系统中，一个学生的信息通常包括学号、姓名、数学成绩、英语成绩等多个数据。虽然可以定义一个整型变量存储学号，定义一个字符型数组变量存储姓名，定义两个浮点型变量存储数学和英语成绩，但是，一个学生的信息分散在几个变量中，处理起来十分不便。可以先定义一种称为结构型的数据类型，它包含了一个整型，一个字符型数组和两个浮点型；再用这个新定义的结构型定义一个变量。这个结构型变量中包含了一个整型变量，一个字符型数组变量和两个浮点型变量，也就是说，用这个结构型变量就可以保存程序中描述一个学生所需的数据。一个结构型变量对应于一个学生，与学生相关的信息都可以从一个结构型变量中获得，不仅方便，而且程序的可读性也非常好。

C 语言中用关键字 struct 定义结构型，形式为：

```
struct 结构型名
{
    类型 标识符;
    …
    …
    类型 标识符;
};
```

其中，结构型名为标识符，但是，新定义的结构型名称为"struct 结构型名"。定义一个结构型需用 C 语言语句，因此不要忘记语句结束标志——分号（;）。结构型内部成员的标识符又称为结构型的内部名。

语句：

```
struct student
{
    int no;
    char name[10];
    float fm,fe;
};
```

就定义了一个结构型 struct student。再次强调，结构型是一种用户自定义数据类型，其作用与基本数据类型（如 int）的相同，用于定义变量。语句 struct student stu1;定义了一个 struct student 型的变量 stu1。与数组变量类似，定义一个结构型变量通常也相当于定义了多个"普通"的变量，这些变量又称为结构型变量的成员变量，以"结构型变量名. 内部名"的形式标示，其中"."为结构体成员操作符。定义一个结构型变量 stu1 实际上定义了一个名为 stu1. no 的整型变量，一个长度为 10 名为 stu1. name 的一维字符型数组变量和两个名为 stu1. fm 和 stu1. fe 的单精度变量。表达式 stu1. name[0]表示结构型变量 stu1 中的一维字符型数组成员变量 stu1. name 的第一个数组元素（结构体成员操作符和下标操作符具有相同的优先级，左结合）。与数组元素不同，结构型变量的成员变量可以是不同的类型。

例 10-1　输入两个学生信息，按数学成绩降序输出他们的信息。

```
#include <stdio.h>
struct student
```

```
    {
        int no;
        char name[10];
        float fm,fe;
    };
    int main()
    {
        struct student stu1,stu2;
        printf("请输入两个学生的学号、姓名、数学和英语成绩:\n");
        scanf("%d%s%f%f",&stu1.no,stu1.name,&stu1.fm,&stu1.fe);
        scanf("%d%s%f%f",&stu2.no,stu2.name,&stu2.fm,&stu2.fe);
        if(stu1.fm > stu2.fm)
        {
            printf("学号:%d 姓名:%s 数学成绩:%.1f 英语成绩:%.1f \n",stu1.no,stu1.name,
                stu1.fm,stu1.fe);
            printf("学号:%d 姓名:%s 数学成绩:%.1f 英语成绩:%.1f \n",stu2.no,stu2.name,
                stu2.fm,stu2.fe);
        }
        else
        {
            printf("学号:%d 姓名:%s 数学成绩:%.1f 英语成绩:%.1f \n",stu2.no,stu2.name,
                stu2.fm,stu2.fe);
            printf("学号:%d 姓名:%s 数学成绩:%.1f 英语成绩:%.1f \n",stu1.no,stu1.name,
                stu1.fm,stu1.fe);
        }
        return 0;
    }
```

讨论:

(1) 数组元素与成员变量的异同。

(2) 本例中结构型变量 stu1 的存储单元有几个字节?(sizeof(stu1)?)

可以在定义结构型的同时定义结构型变量, 如语句

```
    struct student
    {
        int no;
        char name[10];
        float fm,fe;
    }stu1,stu2;
```

定义了一个结构型 struct student, 同时定义了 struct student 型变量 stu1 和 stu2。如果程序中不再定义新的结构型变量, 则可省略标识符 student。没有标识符的结构型又称为匿名结构型。

结构型变量也可以初始化。结构型显然是构造数据类型, 因此结构型变量初始化时也用一对花括号 {} 限定初值, 如 struct student stu1 = {1001,"Zhang3",90,75};。

可以定义结构型数组变量, 如语句 struct student stu[2];就定义了两个 struct student 型变量 stu[0]和 stu[1], 相关成员变量的标示类似 stu[0]. no。也可初始化结构型数组变量, 如语句 struct student stu[2] = {{1001,"Zhang3",90,75},{1002,"Li4",85,89}};或语句 struct student stu[2] = {1001,"Zhang3",90,75,1002,"Li4",85,89};。

与数组变量不同, 同类型的结构型变量可以互相赋值, 即使结构型变量的成员变量中有数组类型, 赋值操作也能顺利进行。如有 struct student temp;, 可以用 temp = stu[0];stu[0] = stu[1]; stu[1] = temp;交换结构型数组 stu 中数组元素 stu[0]和 stu[1]的值。

10.1.2 结构型指针变量

指针变量也可以指向结构型存储单元, 如语句 struct student * pstu;就定义了一个可以指向结构型 struct student 型存储单元的指针变量 pstu。语句 pstu = &stu1;使得指针变量 pstu 指向了结构型变

量 stu1，＊pstu 与变量 stu1 等价，因此结构型变量 stu1 的成员变量也能用(＊pstu).no 的形式引用。结构体成员操作符的优先级高于间接引用操作符的，表达式(＊pstu).name 中的圆括号操作符不能省略，写起来比较麻烦，所以通过指针变量使用其指向的结构型变量的成员变量时常用指向结构体成员操作符 ->，(＊pstu).no 常写作 pstu -> no，(＊pstu).name 写作 pstu -> name。表达式 pstu -> no 可理解为结构型指针变量 pstu 指向的结构型存储单元中的名为 no 的成员变量，它也标示了一个存储单元。

结构型变量通常由多个成员变量组成，类型为结构型的形参往往需要较多的存储空间，实参向形参赋值时又浪费时间，所以常把形参的类型由结构型改为指向该结构型的指针类型以提高效率。

例 10-2 分析下面的程序。

```c
#include < stdio.h >
struct complex
{
    double re,im;
};
struct complex construct(double re,double im)
{
    struct complex c;
    c.re = re;
    c.im = im;
    return c;
}
struct complex add(const struct complex *pc1,const struct complex *pc2)
{
    struct complex c;
    c.re = pc1 -> re + pc2 -> re;
    c.im = pc1 -> im + pc2 -> im;
    return c;
}
struct complex sub(const struct complex *pc1,const struct complex *pc2)
{
    struct complex c;
    c.re = pc1 -> re - pc2 -> re;
    c.im = pc1 -> im - pc2 -> im;
    return c;
}
struct complex mult(const struct complex *pc1,const struct complex *pc2)
{
    struct complex c;
    c.re = pc1 -> re * pc2 -> re - pc1 -> im * pc2 -> im;
    c.im = pc1 -> re * pc2 -> im + pc1 -> im * pc2 -> re;
    return c;
}
struct complex div(const struct complex *pc1,const struct complex *pc2)
{
    struct complex c;
    double r;
    r = pc2 -> re * pc2 -> re + pc2 -> im * pc2 -> im;
    c.re = (pc1 -> re * pc2 -> re + pc1 -> im * pc2 -> im)/r;
    c.im = (pc1 -> im * pc2 -> re - pc1 -> re * pc2 -> im)/r;
    return c;
}

void print(const struct complex *pc)
{
    if(pc -> re == 0 && pc -> im == 0)
    {
        printf("(0)");
        return;
```

```
        }
        if(pc -> re != 0)
        {
            printf("(%.2lf",pc -> re);
            if(pc -> im != 0)
                printf("% +.2lfi)",pc -> im);
            else
                printf(")");
        }
        else
            printf("(%.2lfi)",pc -> im);
}
int main()
{
    struct complex c1,c2,c;
    c2 = construct(12.3,45.6);
    c1 = construct(87.7,54.4);
    print(&c1);
    printf(" + ");
    print(&c2);
    printf(" = ");
    c = add(&c1,&c2);print(&c);printf("\n");
    print(&c1);
    printf(" - ");
    print(&c2);
    printf(" = ");
    c = sub(&c1,&c2);print(&c);printf("\n");
    print(&c1);
    printf(" * ");
    print(&c2);
    printf(" = ");
    c = mult(&c1,&c2);print(&c);printf("\n");
    print(&c1);
    printf("/");
    print(&c2);
    printf(" = ");
    c = div(&c1,&c2);print(&c);printf("\n");
    c = construct(0,0);
    print(&c);printf("\n");
    c = construct(0,9);
    print(&c);printf("\n");
    c = construct(8,0);
    print(&c);printf("\n");
    return 0;
}
```

分析:

程序中把复数定义成了一个结构型，并用函数实现了两个复数的加减乘除，可以基于结构型复数和相关函数方便地进行复数的基本运算。具体分析过程略。

表达式 pc1 -> re 应理解为结构型指针变量 pc1 指向的结构型变量（存储单元）中名为 re 的成员变量。

讨论:

(1) 程序中 construct 函数有什么作用？参照例 9-5 把其返回值类型改为 void。

(2) 程序中函数的形参前面为什么用关键字 const 修饰？

10.1.3　链表

分析下面定义的结构型：

```
struct node
{
    int data;
    struct node * next;
};
```

结构型 struct node 包含了一个 struct node 型指针。在 struct node 型的定义中怎么可以包含指向 struct node 型的指针类型呢？因为任意类型的指针变量的长度都是固定的。

成员变量中有可以指向自身类型的指针变量的结构型变量可以连接起来，串成一串，如

```
struct node * head,node1,node2;
head = &node1;
node1.data = 23;node1.next = &node2;
node2.data = 32;node2.next = NULL;
```

设变量 node1 与 node2 的地址分别为 0x0012 ff74、0x0012 ff6c，则变量 head、node1 和 node2 的关系可用图 10-1 表示。

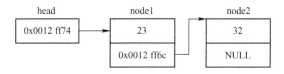

图 10-1　链式连接的一串结构型变量

讨论：

（1）结构型变量 node1 有几个成员变量，分别是什么类型？

（2）指针变量 head 指向了变量 node1 后，怎样以间接引用的方式标示 node1 的几个成员变量呢？

（3）指针变量 head 指向了变量 node1 后，变量 head 与表达式 head -> next 有何异同？怎样理解语句 head = head -> next;和语句 head -> next = head;？

变量 head、node1 和 head2 如同一条铁链，一环扣一环，称为链表。链表中的变量在逻辑上有先后顺序。

链表中的变量可称为结点，指针类型的首结点又称为链表的头指针。链表通常用头指针标示，头指针为空时，链表为"空表"，其长度为零。如果要查找某元素是否在链表中，须从头指针开始，依次访问链表中的每个结点。

例 10-3　分析下面的程序。

```
#include < stdio.h >
#include < stdlib.h >
struct student
{
    int no;
    char name[10];
    float fm,fe;
    struct student * next;
};
int main()
{
    struct student head, * ptail = &head, * ptemp;
    int i,n;
    printf("请输入学生人数:\n");
    scanf("%d",&n);
    for(i = 1;i <= n; ++i)
    {
        ptemp = (struct student * )malloc(sizeof(struct student));
        if(ptemp == NULL)
```

```
    {
        printf("内存分配失败!\n");
        return -1;
    }
    printf("请输入第%d 个学生的信息:\n",i);
    scanf("%d%s%f%f",&ptemp -> no,ptemp -> name,&ptemp -> fm,&ptemp -> fe);
    ptail -> next = ptemp;
    ptail = ptail -> next;
}
ptail -> next = NULL;
for(ptemp = head.next;ptemp! = NULL;ptemp = ptemp -> next)
    printf("学号:%d 姓名:%s 数学成绩:%.1f 英语成绩%.1f \n",ptemp -> no,ptemp ->
    name,ptemp -> fm,ptemp -> fe);
return 0;
}
```

分析:

程序中学生的信息用结构型变量存储，多个学生的信息用链表组织起来。

本例中链表的首结点为一个结构型变量而非指针变量，此时可称链表的首结点为头结点。头结点中的"数据成员"可以不存储任何信息，也可以存储如链表的长度等附加信息。

程序中根据学生的实际数量动态地构造链表。先动态生成一个结点，然后把这个结点连接到链表上，这是链表常见的构造方式。可参照例 9-3 画图分析链表的动态构造过程。

在程序的最后，从链表的头结点开始，依次输出了每个结点的信息。

由于输出完信息后程序就结束了，故没有用库函数 free 释放分配的堆空间。

讨论:

(1) 链表和数组中的数据都有次序，但两者在使用上各有什么特点？（在什么情况下最好用链表组织数据而不用数组？）

(2) 在程序中用库函数 free 释放分配的堆空间。

提示:

考虑在有序的序列上频繁地增删数据的情况。

例 10-4 利用链表模拟报数解决出圈顺序的问题（例 9-29）。

分析:

可以使用如图 10-2 所示的首尾相接成环状的循环链表来模拟要报数的人。

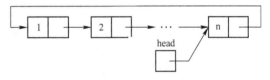

图 10-2 首尾相连的循环链表

```
#include < stdio.h >
#include < stdlib.h >
struct node
{
    int no;
    struct node * next;
};
struct node * construct(int n)
{
    int i;
    struct node * head,* p,* q;
    head = (struct node * )malloc(sizeof(struct node));
    head -> no = 1;
    p = head;
    for(i = 2;i <= n; ++ i)
    {
        q = (struct node * )malloc(sizeof(struct node));
        q -> no = i;
        p -> next = q;
```

```
            p = p -> next;
        }
        p -> next = head;
        head = p;
        return head;
    }
    void play(struct node * head,int m)
    {
        struct node * p;
        int k,c;
        k = c = 0;
        --m;
        while(head -> next != head)
        {
            if(k == m)
            {
                p = head -> next;
                printf(" %d ",p -> no);
                head -> next = p -> next;
                free(p);
                k = 0;
                if( ++c %10 == 0)
                    printf("\n");
            }
            else
            {
                head = head -> next;
                ++k;
            }
        }
        printf(" %d \n",head -> no);
        free(head);
        head = NULL;
    }
    int main()
    {
        struct node * head;
        int n,s,m,i;
        printf("请输入总人数,开始者编号和出圈者所报数字:\n");
        scanf("%d%d%d",&n,&s,&m);
        /* 构造循环链表 * /
        head = construct(n);
        /* 预备报数 * /
        for(i = 1;i < s%n; ++i)
            head = head -> next;
        /* 报数 * /
        play(head,m);
        return 0;
    }
```

讨论:

(1) 分析 construct 函数的执行过程?

(2) 何谓 "单链表"? 何谓 "循环链表"?

(3) 程序中循环链表的头指针为什么指向了编号为 n 的结点?

10.2 联合型

联合型用关键字 union 定义, 一般形式为

```
union 联合型名
{
```

```
        类型 标识符;
        …
        …
        类型 标识符;
    };
```

一个联合型变量也包含了多个成员变量,但与结构型变量的不同之处在于,这些成员变量共享一个存储单元。

如语句

```
    union data
    {
        int i;
        double f;
    };
```

定义了一个名为 union data 的联合型。语句 union data u;定义了一个联合型变量 u,它有两个成员变量 u.i 和 u.f,它的内存状态可能如图 10-3 所示。

从图 10-3 可以看出,读取成员变量 u.i 的值时会以 int 型的格式解析从 0x0012 ff78 开始的 4 个字节的存储单元中的数据。读取成员变量 u.f 的值时会以 double 型的格式解析从 0x0012 ff78 开始的 8 个字节的存储单元中的数据。因此某段时间联合型变量 u 中只有一个成员变量是真正可以使用的。

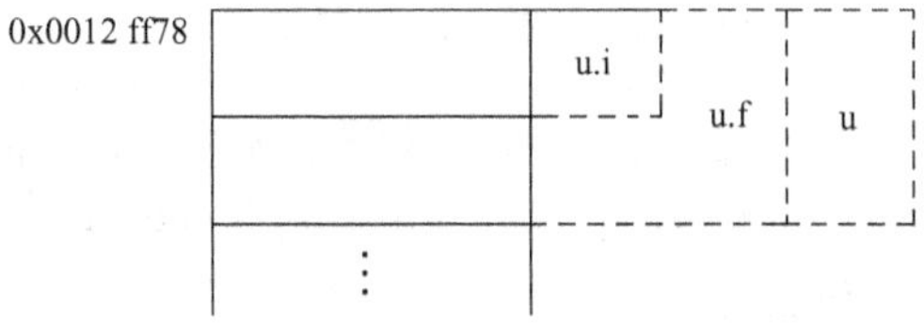

图 10-3　联合型变量 u 的存储状态

例 10-5　联合型的使用。

```
#include < stdio.h >
union data
{
    int i;
    double f;
};
int main()
{
    union data u;
    printf("请输入一个整数:\n");
    scanf("%d",&u.i);
    printf("您输入的整数是%d\n",u.i);
    printf("请输入一个小数:\n");
    scanf("%lf",&u.f);
    printf("您输入的小数是%lf\n",u.f);
    return 0;
}
```

10.3　枚举型

生活中,有些数据的取值范围是固定的,如月份的取值从一月到十二月。编程时常用整数表示这些取值范围固定的数据,如用 1 表示一月,用 2 表示二月等。但用整数表示此类数据既不直观,又容易出错,如整型变量 month 用于存储月份,语句 month = 15;在语法上没有问题,可程序中实际上已经出现了逻辑错误。C 语言中常把取值范围固定的一类数据定义为枚举型。定义枚举型时需列举出此类数据所有可能的取值。枚举型变量的取值就仅限于定义枚举型时列举出的值。

C 语言中用关键字 enum 定义枚举型,定义枚举型的一般形式为:

　　enum 枚举型名 {枚举常量列表};

枚举常量列表由逗号分隔的枚举常量组成,枚举常量与枚举型名均为标识符,且枚举常量在命名时习惯上用大写字母，如语句 enum color {BLACK,BLUE,RED,GREEN};就定义了一个枚举型 enum color。有了枚举型就可以定义枚举型变量了，如语句 enum color col1,col2;定义了两个枚举型变量 col1 和 col2，且它们的取值仅限于定义 enum color 型时规定的枚举型常量，如 col1 = BLUE;或 col2 = GREEN;等。

枚举常量对应于一个整数值，第一个枚举常量默认值为 0，其他枚举常量的值为前一个枚举常量的值加 1。在定义枚举型时可以显式地对某个枚举常量赋值，如有 enum color {RED = 1,BLACK = 10,BLUE,GREEN = -10};，则枚举常量 RED 的值为 1、BLACK 的值为 10，BLUE 的值为 11，而 GREEN 的值为 -10。如有 enum color col = GREEN;，语句 printf("%d\n",col);的输出值为 -10。枚举常量可按符号常量理解。

枚举类型实际上为整型，当枚举变量输出或参与比较操作时，其值为相关枚举常量对应的整数值。有 enum weekday {Sun,Mon,Tue,Wed,Thu,Fri,Sat} day1,day2;，下面语句中枚举变量 day1 和 day2 的值均为整数。

```
if(day1 == day2){…}
if(day1 > Sat){…}或 if(day1 > 6){…}
int i;for(i = Sun;i <= Sat; ++ i){…}
```

某些编译器允许用整数给枚举型变量赋值，这显然违背了使用枚举型的初衷。如需用整数给枚举型变量赋值时，推荐使用强制类型转换操作，如语句 col = (enum color)1;。

讨论：

（1）枚举型与整型有何关系？

（2）怎样用 printf 函数输出枚举变量"有意义"的值？

例 10-6 枚举型的使用。

```c
#include < stdio.h >
enum weekday {Sun,Mon,Tue,Wed,Thu,Fri,Sat};
int main()
{
    enum weekday today,tomorrow;
    char * name[] = {"Sunday","Monday","Tuesday","Wednesday","Thursday","Fri-
day","Saturday"};
    int i;
    do{
        printf("What day is today?(0:Sun 1:Mon...)\n");
        scanf("%d",&i);
    }while(i < 0 || i > 6);
    today = (enum weekday)i;
    if(today == Fri)   /* 仅为显示比较操作 */
        printf("Tomorrow is Saturday!\n");
    else
    {
        tomorrow = (enum weekday)((today + 1)%7);
        printf("Tomorrow is %s!\n",name[tomorrow]);
    }
    return 0;
}
```

10.4 为类型自定义别名

用关键字 typedef 可以为数据类型定义一个别名，如语句 typedef int INTEGER;就将标识符 INTE-GER 定义为 int 的一个别名，两者可以互换使用。

去掉 typedef 关键字后，定义别名的语句就变成了一个变量定义语句，如 int INTEGER;定义了一个整型变量 INTEGER。typedef 语句定义的是去掉关键字 typedef 后相关变量的类型的别名。如

float A[5];定义了一个长度为 5 的 float 型数组变量 A，而 typedef float A[5];语句就为有 5 个数组元素的 float 型数组类型定义了一个的别名 A，语句 A a1 = {1.1,2.2,3.3},a2;定义了两个长度为 5 的 float 型一维数组变量 a1 和 a2，且 a1 的数组元素还被初始化了。

语句 typedef struct node NODE;定义了结构型 struct node 的别名 NODE。还可以在定义用户自定义数据类型的同时定义其别名，如

```
typedef struct node
{
    int data;
    struct node *next;
}NODE;
```

而语句

```
typedef struct
{
    double rp,ip;
}COMPLEX, *PCOM;
```

定义了两个别名，一个为 COMPLEX，另一个为指向此类型的指针类型 PCOM，即 COMPLEX *p1;与 PCOM p1;等价。

用别名 NODE 代替结构型 struct node 可让程序变得简洁，但在语句 A a1 = {1.1,2.2,3.3},a2;和语句 PCOM p1;中，用别名 A 定义数组和用别名 PCOM 定义指针变量只会使程序的可读性变差！

讨论：

为数据类型定义一个别名有什么好处？

知识扩展——存储单元的类型

如果存储单元有确定的类型，图 10-3 中与联合型变量 u 对应的存储单元究竟是整型还是双精度型呢？

内存中只有成千上万可以模拟 0 或 1 的"开关"，其中的数据（可称为机器数）在物理上只是由 0 和 1 组成的数字串，从形态上分不出什么"类型"。现实世界的数据只有编码后才可以存储在内存中，由于不同类型的数据采用了不同的编码规则，因此当一个机器数是编码后的数据时，这个机器数实际上已经有了类型。同类型数据不仅采用了相同的编码方式，而且编码后的数据用同样大小的内存空间存储，此类内存空间就是本书中所谓的存储单元，从这个意义上说，存储单元是有类型的。

编码规则的不同使得几个不同类型的数据可能对应于同一个机器数，反之，一个机器数可以按不同的编码规则解码成不同的数据，即一个存储单元中的机器数可以解码出多个值，按存储单元实际类型解码出的值称为机器数的"真值"。C 语言用变量标示了内存中的存储单元，程序中变量的内容表现为真值。C 语言中的数据都是基于类型的，定义一个既能处理整数又能处理浮点数的函数不太容易。在特定条件下，void 型指针变量可以屏蔽类型的影响。

强制类型转换操作可以"改变"存储单元的类型，如下面的程序所示：

```
#include <stdio.h>
int main()
{
    float f=2.3,*pf;
    int i,*p;
    p=(int *)&f;
    i=0x40133333;
    pf=(float *)&i;
    printf("%x,%.1f\n",*p,*pf);
    return 0;
```

```
    }
```

程序的输出结果为：

`40133333,2.3`

练习 10

1. 问答题

（1）结构型和结构型变量有什么作用？

（2）两个结构型变量的赋值操作如何进行（可参考第 9 章练习分析程序题中（13））？

（3）指向结构体成员操作符→和结构体成员操作符，在用法上有何不同？

（4）结构型变量所占存储空间等于其各成员变量所占存储单元之和吗？测试并查找资料解释原因。

（5）联合型是构造类型吗？联合型变量如何初始化呢？编程测试。

（6）枚举型有什么特点？如何使用？

（7）结构型中可以包含其他结构型吗？编程测试。

```
struct date
{
    int year,month,day;
};
struct student
{
    int no;
    char name[10];
    struct date birthdate;
    float fm,fe;
};
```

当定义合法时，struct student 型变量如何初始化呢？

2. 分析程序

（1）分析下面的函数。

```
void play(struct node *head,int m,int n)
{
    struct node *p;
    int k,i,count,c=0;
    for(count=n;count>0;--count)
    {
        k=(m-1)%count;
        for(i=0;i<k;++i)
            head=head->next;
        p=head->next;
        printf("%d ",p->no);
        head->next=p->next;
        free(p);
        if(++c%10==0)
            printf("\n");
    }
}
```

（2）分析下面程序的输出。

```
#include<stdio.h>
typedef int INTA[3];
int main()
{
    INTA a={1,2,3};
    int i;
    for(i=0;i<3;++i)
      printf("%2d",a[i]);
    {
```

```
        int INTA = 3;
        printf("\n%2d\n",INTA * INTA);
    }
    return 0;
}
```

提示：变量的作用域其实为标识符的作用域。

（3）分析下面程序的输出。

```
#include < stdio.h >
typedef union{
    int i;
    struct test
    {
        int i,j;
    }j;
}UTEST;

int main()
{
    int i;
    UTEST ua[2], * pu;
    ua[0].j.i = 11;
    ua[0].j.j = 12;
    ua[1].j.i = 21;
    ua[1].j.j = 22;
    pu = ua;
    for(i = 0;i < 2; ++ i)
    {
        printf("%d,",pu -> j.i);
        printf("%d\n",pu ++ -> j.j);
    }
    ua[0].i = 23;
    printf("%d\n",ua[0].i);
    return 0;
}
```

3. 编程题

（1）改写例 10-1，按两个学生的名字升序输出学生信息。

（2）改写例 10-1，把输入的 5 个学生信息存放在结构型数组中，并按数学成绩升序排序数组元素。

（3）依照例 10-2 中的 construct 函数，编写一个用于问答题（7）中 struct date 结构型的 construct 函数。当用非法数据调用此函数时，相关变量自动设置为 1 年 1 月 1 日。如有 struct date da1 = construct(2000, - 2, 30);，则 struct date 型变量 da1 中 year，month，day 的值均为 1。

（4）编写函数，输入一个日期时，函数输出该日期增加一天后的日期，日期类型可用问答题（7）中结构型 struct date 表示。

（5）利用库函数 qsort 改写编程题（2）。

（6）用首结点为头指针的链表改写例 10-3。

（7）编写函数，功能为在例 10-3 链表中的某个位置上（如第 2 个结点后）插入一个新的结点。

（8）编写函数，功能为删除例 10-3 链表中某个位置上的结点。

（9）把例 10-3 链表中的结点转置（第一个结点变为最后一个结点，……）。

（10）把例 10-3 链表中的结点按数学成绩升序排列。

（11）参照例 9-6 把例 10-4 中 construct 函数的返回值类型改为 void 型。

（12）以循环链表的方式存放用户输入的 10 个小数。

（13）计算编程题（12）循环链表中相邻 3 个结点中的小数的和，并输出值最小的和。

第 11 章 文　　件

章节导学

　　计算机外部存储器（如硬盘）中用文件管理数据。文件中的数据可以长期保存，但存取效率低。使用缓冲文件系统能提高存取效率，但为避免缓冲区中有效数据的丢失，需关闭不再使用的文件。一个文件相当于外部存储器中的一块存储空间，借助文件 C 语言中就可以使用外部存储器了。

　　文件中最小的存储单元也是字节，但文件中常常混杂了大量类型各异的数据。文件可分类为"文本文件"和"二进制文件"。文本文件中所有存储单元的类型均为字符型；不是文本文件的文件就是二进制文件。二进制文件中存储单元的类型比较复杂，根据文件中各类存储单元的排列规律，二进制文件又可分类为 mp3 文件、bmp 文件等。只有知道了二进制文件中各类存储单元排列的规律，才能正确地读取其中的数据。

　　使用文件时既可一次存取一个字节，又可一次存取多个字节。每个文件都有一个当前位置指针变量，指向文件中要存取的位置。当前位置指针变量会根据实际存取的数据量自动调整它指向的位置，因此存取数据时不必指定存取位置。需随机存取时，可使用库函数改变当前位置指针变量指向的位置。

　　从应用程序的角度看，输入设备如键盘是一个只读的文本文件，读取这个文件的内容就可以获得用户输入的数据，因为用户通过键盘输入的数据通常会自动保存在这个文件中。这个文件就是所谓的"输入缓冲区"。与输入设备相关的文件称为输入文件，与输出设备如显示器相关的文件称为输出文件。scanf 函数的任务就是根据格式字符把输入文件中的一串字符重新"编码"（编码的过程可参见例 6–16）。输出文件是一个只写的文本文件，只能向其中存入字符型数据。int 型变量 j 的值是 371，它的存储状态为 0x00000173，语句 printf("%d",j); 执行时，先通过计算得到字符串 "371"；再把字符串存到输出文件中。存入输出文件的字符通常会立即"显示"在输出设备上。用户看到 371 后，会认为输出结果是整数 371。调用标准的输入/输出函数时，程序中其实已经在使用文件了。

　　用文件保存整数 371 时，文本文件中的数据是字符 3、字符 7 和字符 1，可以找到许多程序查看文本文件的内容。二进制文件中可能用一个整型存储单元存储整数 371 的编码，但只有特定的程序才能查看其内容。字符形式的整数不能直接参与算术运算（表达式 "371"*2 的值是多少呢）；整型数据正好相反。在文件和程序间传递数据时，需考虑变量的类型与文件中数据的类型是否一致；如果不一致，就要进行类型转换。

本章讨论

　　（1）在文件和程序间传递数据时需注意什么问题？

　　（2）分析输入/输出函数的执行过程。

　　（3）分析文件对程序的影响。

11.1　文件概述

11.1.1　C 语言文件

计算机的存储器分为内部存储器（简称内存）和外部存储器（简称外存）。内存存取速度快，但其中的数据断电后会丢失。外存如硬盘，存取速度慢，但其中的数据断电后不会丢失可长期保存。程序中可借助变量使用内存中的存储单元，但程序运行结束后就不能查看变量中的处理结果了。如果把处理结果保存在外存中，处理结果不仅能长期保存，而且还能方便地传阅。外存中的数据通常以文件为单位进行管理。一个文件相当于外存中的一块存储空间，以文件名标识。程序运行时可以先借助库函数在外存中新建一个文件，再把欲保存的数据存储到该文件中，则数据就可以在文件中长期保存了，而且文件中的数据也可在其他程序中使用。此外，用户也可以把程序所需的输入数据保存在一个文件中，通过读取文件的内容就能获得所需的输入数据，程序再也不必暂停运行被动地等待用户的输入了，用户也不必直接参与程序的运行过程了。

文件中存储数据的最小单位也是字节，因此 C 语言文件可看成是字节的序列，可形象地称为字节流或流式文件。C 语言主要使用缓冲文件系统。所谓缓冲文件系统是指系统自动为每个打开的文件申请一块称为缓冲区的内存空间，程序通过存取缓冲区中的数据间接地使用文件。向文件中存储数据时，数据会被存储到内存缓冲区中，刷新缓冲区时（缓冲区满或用库函数关闭文件时），内存缓冲区中的数据才会真正写入到文件中。从文件中读取数据时，文件中的一批数据会被读取到内存缓冲区里，程序从内存缓冲区中读取数据；所需的数据不在内存缓冲区中时，文件中相关的一批数据才会被读取到内存缓冲区中。图 11-1 给出了缓冲文件系统的示意图。采用内存缓冲区，减少了读/写外存的次数，提高了数据存取的效率。

图 11-1　缓冲文件系统示意图

讨论：

（1）缓冲文件系统的作用。

（2）缓冲文件系统对程序中文件的使用有何影响？

程序中与文件相关的信息被存储在 FILE 结构型变量中，一个文件关联于一个 FILE 结构型变量，通过 FILE 结构型变量可以使用文件。文件通常由操作系统管理，不同操作系统的文件系统会有所差异，因此 C 语言标准没有详细规定 FILE 结构型的组成，仅仅描述了它需记录的一些信息。不同编译系统定义的 FILE 结构型不尽相同，为了获得更好的可移植性，程序中尽量不要使用 FILE 结构型的成员。FILE 结构型记录的信息包括内存缓冲区的地址、内存缓冲区的大小、缓冲区当前位置指针变量指向的位置、缓冲区中剩余的（可用的）字节数和文件的读/写模式等。VC 6.0 中 FILE 结构型在 stdio. h 中定义。

11.1.2　文本文件与二进制文件

程序中有短整型变量 i，其值为 16705，查看语句 printf("％hx" ,16705);的输出可知变量 i 的存储状态（二进制数形式）为 0100 0001 0100 0001，要把变量 i 的值 16705 存储到文件中可以直接把变量 i 的存储状态 0100 0001 0100 0001 存储到文件中，可理解为文件中用一个 short 型存储单元存放数据。还可以先通过计算由变量 i 得到 5 个字符 1́、6́、7́、0́、5́，再把这些字符的 ASCII 码存储到文件中，存储状态为 0011 0001 0011 0110 0011 0111 0011 0000 0011 0101，即文件中用 5 个 char 型存储单元存放数据。存储单元全部为字符型的文件称为文本文件。不是文本文件的文件就是所谓的二进制文件。

只须输出每个字符型存储单元的数据就可查看文本文件的内容；二进制文件中存储单元的类型没有固定的规律，只有知道了每个存储单元的类型才能正确地解码数据，"查看"二进制文件的内容。常用扩展名"txt"标识文本文件，而常见的 mp3 文件、bmp 文件等都是二进制文件。

讨论：

（1）文本文件有什么特点？二进制文件有什么特点？

（2）为什么许多程序都可以显示文本文件的内容？用 Windows 中的记事本程序打开 mp3 文件会出现什么情况？

使用基于 Windows 操作系统的 C 语言编译程序时还需注意"回车（Enter）键"的问题。Windows 系统中用 \ŕ 和 \ń 两个字符编码键盘上的回车键，而 C 语言中只用一个字符 \ń 编码回车键。为了使 Windows 系统中的程序（如记事本）可以正确显示由 C 语言程序生成的文本文件，当数据写入文本文件时，系统会把遇到的 \ń 自动替换为 \ŕ 和 \ń；反之，当数据从文本文件读出时，相连的 \ŕ 和 \ń（\r\n）会被自动替换为 \ń。

讨论：

C 语言对 Enter 键的编码为什么与 Windows 操作系统的不一致而与 UNIX 的一致？

11.2 文件的打开和关闭

11.2.1 （新建后）打开文件

在程序中使用文件时需要先打开文件。如果文件已存在，则可以直接打开；如果文件不存在，则需要先新建一个文件再打开它。库函数 fopen 可用于打开文件。有关文件操作的库函数都位于标准输入/输出库（stdio. h）中。

fopen 函数的首部：

```
FILE * fopen(const char * filename,const char * mode)
```

其中，第一个参数为文件名，其常见形式为"c：\\csample\\text. txt"，仅有文件名"text. txt"时表示文件在当前目录（即源文件所在的目录）中。第二个参数为文件的使用方式，常用的有"r"、"w"和"a"三种。成功地打开文件时，函数返回与指定文件相关联的 FILE 结构型存储单元的地址。出现错误时，则函数返回 NULL。

"r"表示 read，用这种方式打开的文件是只读文件，即只能读取文件中的数据，不能把数据存入到文件中。如果在指定目录中找不到文件，则函数返回 NULL。

"w"表示 write。实际上，"w"方式更像是新建文件，使用该方式时，fopen 函数会新建一个以指定名字命名的文件。如果相关目录中已存在同名的文件，fopen 函数会先删除已有文件，再新建文件。用"w"方式新建的文件中没有任何数据，且只能把数据写入该文件中，而不能读取其中的数据。

每个文件都有一个当前位置指针变量，指向文件中要存取存储空间的首字节，它还会根据实际存取的数据量自动调整指向的位置，因此存取数据时无须指定文件中相关存储空间的位置。用"r"或"w"方式打开文件时，当前位置指针变量指向文件的首字节。库函数 ftell（首部为 int ftell(FILE * stream)）可以输出文件的当前位置指针变量指向的字节与文件首字节偏移的字节数。出错时 ftell

函数的返回值为 -1。

"a" 表示 append。使用"a"方式时，fopen 函数首先打开指定的文件，然后把文件的当前位置指针变量指向文件的末尾，用该方式打开的文件只能用于写入数据。

fopen 函数常见的使用方法为：

```
FILE * fp;
fp = fopen("test.txt","r");
if(fp != NULL)
{
    /* 读取并使用文件中的数据 */
}
else
{
    printf("打开文件操作失败!\n");
    return -1;
}
```

用"r"、"w"或"a"方式打开文件时，打开的文件将被认为是文本格式的；需要以二进制格式打开文件时，要用"rb"、"wb"或"ab"方式。一个文件既可用文本格式打开，又可用二进制格式打开。VC 6.0 中两者主要的区别在于以"文本"格式打开时，存取的数据会自动进行 '\n' 与 '\r' '\n' 的互换。

讨论：

VC 6.0 中文本文件用二进制格式打开时会出现什么情况？

11.2.2　文件关闭

程序中不再使用的文件需要关闭，因为存入文件的数据通常会先保存在缓冲区中，而不会马上更新到文件中，如果不关闭文件，程序结束时缓冲区中的"新"数据会因没有更新到文件中而丢失。

库函数 fclose 用于关闭文件，如语句 fclose(fp);就把与 FILE 型指针变量 fp 相关的文件关闭。fclose 函数在关闭文件时会根据需要把缓冲区中的数据保存到文件中，然后释放缓冲区。fclose 函数顺利地执行了关闭操作时返回 0，否则返回 EOF。EOF 是一个宏，在 stdio.h 中被定义为 -1。

11.3　文件读/写

文件打开后，就可以在程序中存取文件中的数据，即读/写文件了。下面介绍常用的文件读/写函数。

11.3.1　fputc 函数和 fgetc 函数

库函数 fputc 和 fgetc 以一次一个字节的方式操作文件中的数据。

fputc 函数的首部为：

```
int fputc(int c,FILE * stream)
```

fputc 函数将整型变量 c 中的低 8 位写到与 FILE 型指针变量 stream 相关的文件中。如果写入成功，就把无符号字符型的写入数据转换为整型后输出；否则，返回 EOF。

使用 fputc 函数向文件中写入数据时，相关文件应以可写的方式打开。

例 11-1　把用户输入的两行英语存入文件 test.txt 中。

```
#include <stdio.h>
int main()
{
```

```
    FILE *fp;
    int i;
    char c;
    if((fp = fopen("test.txt","w")) == NULL)
        return 1;
    for(i = 0;i < 2; ++i)
    {
        while((c = getchar())!= '\n')
            fputc(c,fp);
        fputc('\n',fp);
    }
    fclose(fp);
    printf("请用记事本程序查看 test.txt 文件的内容!\n");
    return 0;
}
```

分析：

程序中先以"w"方式打开了位于当前目录中 test. txt 文件，实际上新建了一个文件。然后借助循环用 fputc 函数把用户输入的两行字符存入该文件中。

程序运行结束后，在源文件所在目录中找到 test. txt 文件，并用 Windows 中的记事本程序查看其内容。

讨论：

（1）再次运行程序时，库函数 fopen 打开的 test. txt 文件中还有内容吗？

（2）在程序中增加 int 型变量 j 并赋值为 16705，那么语句 printf("%d",fputc(j,fp));的输出结果是多少呢？这条语句又会在 test. txt 文件中存入什么数据呢？

（3）如果用"wb"的方式打开文件，程序运行结束后用记事本程序查看文件内容时会出现什么情况？

（4）库函数 fputc 只存入 8 个字节的数据，但它的形参和返回值为什么都是 int 型？

fgetc 函数的首部为：

```
    int fgetc(FILE *stream)
```

fgetc 函数从与 FILE 型指针变量 stream 相关的文件中读取一个字节的数据，且数据会被认为是无符号字符型。若成功获得数据，函数会返回转换为整型后的数据；若读到文件末尾或出错，函数就返回 EOF。

例 11-2 在 C 盘根目录下用记事本程序新建一个文本文件 test. txt，其内容如下：

This is the first line. ↙
This is the second line !(注意:此处无↙，即在输入内容时无须按 Enter 键)

参考程序如下：

```
    #include < stdio.h >
    int main()
    {
        FILE *fp;
        int c;
        if((fp = fopen("c:\\test.txt","r")) == NULL)
            return 1;
        while((c = fgetc(fp))!= EOF)
            putchar(c);
        fclose(fp);
        return 0;
    }
```

分析：

程序中先以"r"方式打开了位于 C 盘根目录中的 test. txt 文件，然后借助循环用 fgetc 函数依次获得文件中的数据。当 fgetc 函数返回 EOF 时，通常意味着 test. txt 文件中的数据已读取完毕。

程序的输出为：

```
This is the first line.
This is the second line!
```

讨论：

（1）puts("c:\\test.txt");的输出结果是什么？

（2）使用库函数 fputc 和 fgetc 时为何不指定存取的位置？

（3）库函数 fputc 和 fgetc 只能用于文本文件吗？

11.3.2　文件结束状态

fgetc 函数返回 EOF 时，也许出现了错误，也许读到了文件末尾，可以借助库函数 feof 区分这两种情况。库函数 feof 用于判断文件是否处于结束状态，它的首部为：

```
int feof(FILE * stream)
```

如果与结构型变量 stream 相关的文件处于结束状态，则返回某个非零值；否则返回 0。

文件的当前位置指针变量指向文件的末尾处时，文件不一定就处于结束状态。一次成功的读取操作之后，文件的当前位置指针变量恰好指向了文件的末尾处，此时文件没有处于结束状态，库函数 feof 的返回值会是 0。在执行读取操作时，如果 fgetc 函数发现文件的当前位置指针变量指向了文件的末尾处，它将返回 EOF，并且文件的结束标记会被设置，文件就处于结束状态。在以文本格式打开的文件中遇到第 26 号字符时，读取数据的函数将返回 EOF，且文件的结束状态标记会被设置。二进制文件也能用文本格式打开，文件的打开方式与文件本身的类型没有严格的对应关系。

讨论：

（1）文件中需用一个特殊的数据标识文件的结束吗？

（2）fgetc 函数不返回 EOF，feof 函数的返回值将必定为 0 吗？fgetc 函数返回 EOF 时，feof 函数的返回值又会怎样？

提示：

文本文件中的数据局限于字符，可以选用一个特殊的数据作为结束标志，但二进制文件中数据的取值没有限制，选用什么数据作为结束标志呢？

例 11–3　feof 函数的误用。

```
#include < stdio.h >
int main()
{
    char c;
    FILE * fp;
    if((fp = fopen("test.txt","r")) == NULL)
        return 1;
    while(feof(fp) == 0)
    {
        c = fgetc(fp);
        printf("%3d",c);
    }
    fclose(fp);
    return 0;
}
```

运行程序之前，需在工程中新建一个文本文件，文件名为 text.txt，内容为 123。

分析：

程序中用 feof 函数判定文件 text.txt 是否处于结束状态，当文件没有处于结束状态时，就用 fgetc 函数读取文件中的（无符号字符型）数据，并输出其编号。借助循环输出了文件中的所有数据，但程序有问题。

　　fgetc 函数在读完最后一个字符 "3" 后，文件并没有处于结束状态，因此 feof(fp) 的返回值为 0，循环体会再次执行。fgetc 函数再次执行时发现文件中已经没有数据了，将返回 EOF 即 –1，此时文件才处于结束状态。用 –1 赋值后，变量 c 的存储状态为 8 个 1，VC 6.0 中 char 型也是有符号整型，故输出其编号时输出结果为 –1。–1 显然不是文件中的内容，程序多输出了一个 –1。

　　程序的执行结果为：

```
49 50 51 –1
```

　　正确的处理流程应为：先用 fgetc 函数读取数据，再用 feof 函数判定文件是否处于结束状态，如果没有处于结束状态，用 printf 函数输出数据，再次读取数据；否则，结束处理。关键代码如下：

```
c = fgetc(fp);
while(feof(fp) == 0)
{
    printf("%3d",c);
    c = fgetc(fp);
}
```

例 11-4　fgetc 函数的误用。

```
#include < stdio.h >
int main()
{
    FILE * fp;
    short i = -1;
    char c;
    if((fp = fopen("test.txt","w")) == NULL)
        return 1;
    fputc('1',fp);
    fputc(i,fp);
    fputc('2',fp);
    fclose(fp);

    if((fp = fopen("test.txt","r")) == NULL)
        return 1;
    while((c = fgetc(fp)) != EOF)
        putchar(c);
    fclose(fp);
    putchar('\n');

    if((fp = fopen("test.txt","r")) == NULL)
        return 1;
    c = fgetc(fp);
    while(feof(fp) == 0)
    {
        printf("%3d",c);
        c = fgetc(fp);
    }
    fclose(fp);
    return 0;
}
```

分析：

　　函数调用 fputc(i,fp) 执行时会把变量 i 的低 8 位写入到 test.txt 文件中，因此文件中最终的存储状态为 0011 0001、1111 1111 和 0011 0010。

　　第一个循环结构的执行。fgetc 函数从文件 test.txt 中读取第一个字节的内容 0011 0001，转化为整型后赋值给字符变量 c。c != EOF 为真，循环体开始执行，输出字符 1。fgetc 函数从文件中读取第二个字节的内容 1111 1111，转化为整型后赋值给字符变量 c。VC 6.0 中字符型变量在进行比较操作时会转化为有符号整型，因此变量 c 的值为 –1，c != EOF 为假，循环结构退出执行。

　　第二个循环结构的执行。库函数 feof 检测文件是否处于结束状态，只有文件中的数据读取完了之后，文件才可能处于结束状态，因此不存在第一个循环结构中出现的文件中数据没有输出完毕就退出的现象，利用此循环结构可以输出文件中的全部数据。

　　程序的运行结果为：

```
1
49 -1 50
```

讨论：

　　（1）程序中 test. txt 文件是文本文件吗？程序运行结束后用 Windows 记事本程序查看其内容。

　　（2）在第一个循环结构退出时，fgetc(fp))的返回值是 -1 吗？如果把循环条件由(c = fgetc(fp))! = EOF 改为 fgetc(fp)! = EOF，循环体会执行几次？把变量 c 的类型改为 int 型可以防止误判的发生吗？

11.3.3　fprintf 函数和 fscanf 函数

　　程序中短整型变量 i 存放了一个求出的水仙花数 371。只需把结果显示在屏幕上时，用语句 printf("% hd\ n",i);即可。printf 函数先通过计算由变量 i 得到字符 3′、′7′ 和 1′，当这些字符出现在显示器上时，用户会认为程序得到的水仙花数就是整数 371。

　　用文件保存处理结果时，需考虑用什么样的存储单元保存数据。变量 i 的值为整数 371，但存储单元中存储了整数 371 的二进制数形式编码 0000 0001 0111 0011（由语句 printf ("% hx \ n", i);的输出可知）。如果在文件中用 short 型存储单元保存 371，实际上也就是保存变量 i 的存储状态，即用二进制文件保存了数据。

　　文件中的数据通常需用特定的程序"查看"，如 mp3 文件需用音乐播放软件打开。在已有的软件中找一个可以查看文件中 short 型存储单元值的软件似乎不太容易，但编写一个这样的程序还是不难的。尽管如此，为了查看位于文件中的处理结果就要编写一个程序的做法并非最佳。由于二进制文件中存储单元没有特定的规律，故用二进制文件保存数据时，不便于查看文件的内容。

　　用文本文件保存处理结果时，程序中需先通过计算由变量得到三个字符 3′、′7′ 和 1′，再把这三个字符的编码存储到文件中，文件中三个 char 型存储单元存放的数据为 0011 0011、0011 0111 和 0011 0001。只要以字符型解码数据，就能得到文本文件中保存的数据，因此可以找到许多可以查看文本文件内容的软件（如 Windows 的记事本）。

　　需要把程序的处理结果保存到文件中以方便其他用户查看时，多采用文本文件保存数据。

　　编程获得整型变量 i 各位上的数字（字符）很容易，但是，编程获得浮点型变量各位上的数字就比较麻烦了。库函数 printf 可以把"各种类型"的数据转换成字符串形式并显示在输出设备上。库函数 fprintf 的功能与 printf 函数的类似，但它可以把转换后的字符串形式的数据存储到一个文件中。

　　fprintf 函数常见的调用方式为：

　　　　fprintf(文件指针变量,格式字符串,输出列表)

　　其中，格式字符串和输出列表的形式和用法与 printf 函数中的相同。fprintf 函数把相关数据转换成相应的字符串后存储到文件指针变量所指向的文件中。

　　例 11-5　fprintf 函数的用法。

```
#include < stdio.h >
int main()
{
    FILE * fp;
    short i =23;
    float f =4.56;
    double lf =78.9;
    char str[] = "Hello";
```

```
        if((fp = fopen("test.txt","w")) == NULL)
            return 1;
        fprintf(fp,"%hd %.2f %e %s",i,f,lf,str);
        fclose(fp);
        printf("%hd %.2f %e %s",i,f,lf,str);
        printf("\n 请找到 test.txt 文件并用记事本程序查看其内容!\n");
        return 0;
    }
```

分析：

程序的运行结果如图 11-2 所示。

用记事本程序打开 test.txt 文件后可看到如图 11-3 所示的内容。

图 11-2　程序的运行结果

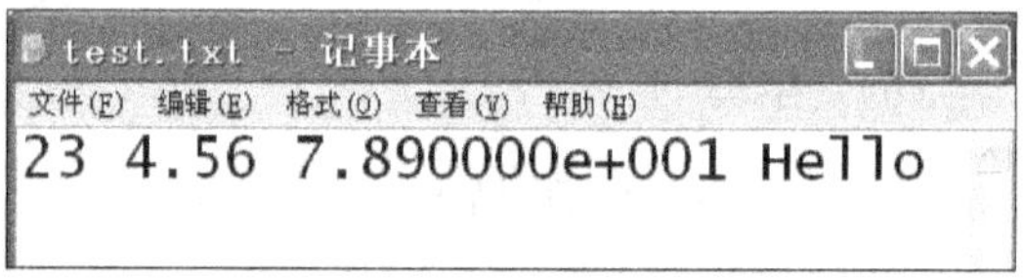

图 11-3　test.txt 文件打开后的内容

对比可知程序中 fprintf 和 printf 生成的字符串完全一样。

程序中也可以通过读取文件的内容获得所需的输入数据。由于文本文件便于编辑且简单明了不易出错，因此多用文本文件保存程序所需的输入数据。文本文件中整数 23 会用两个字符型存储单元存放，而程序中整数 23 多存储于一个整型存储单元中，所以从文本文件中读取数据时，程序通常需要进行数据类型转换。数据类型转换的过程也是用文本文件存储程序中整型变量值或浮点型变量值的逆过程。

通过输入设备提供程序所需的输入数据时，用户输入的整数 23 实际上也只是字符 2 和字符 3。库函数 scanf 可以完成必要的数据类型转换和给变量赋值的操作。对于文本文件中以"字符串"形式存储的数据，库函数 fscanf 可以完成必要的数据类型转换和给变量赋值的操作。

fscanf 函数常见的调用形式为：

fscanf(文件指针变量,格式字符串,输入列表)

其中，格式字符串与输入列表的形式和用法与 scanf 函数中的相同。库函数 fscanf 的用法与 scanf 函数的相同，如多个数据之间默认也由空格或换行符分隔等。两者的最大区别在于：scanf 函数读取并匹配输入缓冲区中的一个字符串，而库函数 fscanf 读取并匹配与文件指针变量相关的文件中的一个字符串。

例 11-6　fscanf 函数的用法。

```
#include < stdio.h >
int main()
{
    FILE * fp;
    short i;
    float f;
    double lf;
    char str[10];
    if((fp = fopen("test.txt","r")) == NULL)
        return 1;
    fscanf(fp,"%hd%f%le%s",&i,&f,&lf,str);
    printf("%hd,%f,%lf,%s\n",i,f,lf,str);
    fclose(fp);
    scanf("%hd%f%le%s",&i,&f,&lf,str);
    printf("%hd,%f,%lf,%s\n",i,f,lf,str);
    return 0;
}
```

程序运行前需要把例 11-5 生成的文本文件 test. txt 复制到当前目录（源文件所在的目录）中。

分析：

程序中使用库函数 fscanf 从文本文件 test. txt 中读取一个整数存入变量 i 中，读取一个单精度小数存入变量 f，读取一个双精度小数存入变量 lf 中，读取一个字符串存入数组 str 中。与使用库函数 scanf 获得用户输入数据时类似，文本文件 test. txt 中各数据之间也需用空格或回车分隔。

当程序暂停运行等待用户输入数据时，当用户输入 23 4.56 7.890000e + 001 Hello↙，程序的运行情况如图 11-4 所示。

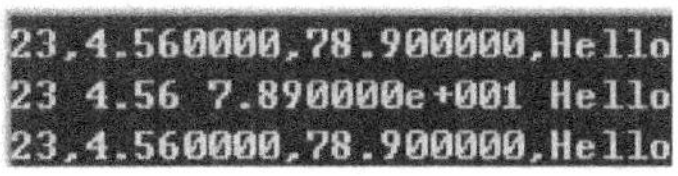

讨论：

比较用输入设备给程序提供输入数据和用文本文件给程序提供输入数据的异同。

图 11-4 程序的运行情况

11.3.4 fwrite 函数和 fread 函数

有 short i = 371;，变量 i 的值为整数 371（编码为 0000 0001 0111 0011），变量 i 可以直接参与算术运算，程序中可以用 i * 2 求出整数 371 的两倍，即表达式的值为 742（计算机会算出 0000 0001 0111 0011 的 2 倍为 0000 0010 1110 0110，即 742 的编码）。当整数 371 表现为三个字符时，计算机是不会对它们进行算术运算的。整数只有表现为整型编码时，计算机才会进行计算，这就是整数 371 在程序中通常用整型存储单元存放的原因。用文本文件存储程序的处理结果虽然便于查看，但在程序中读取并使用这些数据时往往还需要进行数据类型转换，如例 11-6 所示。当整数 23 保存在文件中并非供人查阅时，用二进制文件中的整型存储单元存放它将是更好的选择。

虽然在程序中可以使用 fputc 函数和 fgetc 函数一次一个字节存取二进制文件的内容，但存取效率太低。库函数 fwrite 和库函数 fread 能以存储单元为单位存取文件中的数据。

fwrite 函数的首部为：

```
size_t fwrite (void * buffer,size_t size,size_t count,FILE * stream)
```

其中，size_ t 是无符号整型的别名，在 stdio. h 中的定义。

fwrite 函数把 buffer 指向的大小为 size * count 个字节的存储空间的内容存储到（复制到）与 stream 相关的文件中，并返回已成功复制的大小为 size 的存储单元的个数。fwrite 函数实际上是把 count 个大小为 size 的存储单元复制到文件中。

fread 函数的首部为：

```
size_t fread (void * buffer,size_t size,size_t count,FILE * stream)
```

fread 函数把与 stream 相关的文件中 count 个大小为 size 的存储单元复制到 buffer 所指向的存储空间，并返回已成功复制存储单元的个数。出错或读到文件末尾处时，返回 0。

讨论：

（1）为什么说 fwrite 函数和 fread 函数是以存储单元为单位进行数据存取操作的？

（2）fwrite 函数和 fread 函数中形参 buffer 的类型为何是 void * ？

（3）库函数 fwrite 和 fread 能用于文本文件吗？

例 11-7 以存储单元为单位存取文件中的数据。

```c
#include <stdio.h>
int main()
{
    FILE * fp;
    short i = 23,j;
    char str1[] = "Hello world",str2[12];
    if((fp = fopen("test.data","wb")) == NULL)
        return 1;
```

```
        fwrite(&i,sizeof(short),1,fp);
        fwrite(str1,sizeof(str1),1,fp);
        fclose(fp);
        if((fp = fopen("test.data","rb")) == NULL)
           return 1;
        fread(&j,sizeof(short),1,fp);
        fread(str2,sizeof(char),12,fp);
        printf("%d,%s\n",j,str2);
        fclose(fp);
        return 0;
    }
```

程序的运行结果为：

```
    23,Hello world
```

讨论：

（1）语句 fwrite(str1,sizeof(str1),1,fp);能否改成 fwrite(str1,strlen(str1),1,fp);?

（2）可以用记事本程序查看 test. data 文件的内容吗?

（3）什么情况下需用二进制文件保存程序中的数据?

11.4　标准设备文件

操作系统把每一个与主机相连的输入/输出设备都抽象为一个文件。从程序的角度看，"键盘"只是一个以只读方式打开的文本文件，用户输入的数据通常会自动保存在此文件中；"显示器"只是一个以只写方式打开的文本文件，存入此文件中的数据会自动显示在显示器上。与某设备相关的文件称为设备文件。

程序运行时一些设备文件自动打开，这些文件又称为标准设备文件。常用的标准设备文件有三个：标准输入、标准输出和标准出错输出；相关的 FILE 型指针变量为 stdin、stdout 和 stderr。程序中可以无须执行打开和关闭操作而直接使用指针变量 stdin、stdout 和 stderr 所指向的标准设备文件。

标准输入文件(stdin)默认与键盘相连，是一个以只读方式打开的文本文件，用户由键盘输入的数据通常会自动存储在此文件中。scanf 等输入函数通过读取标准输入文件的内容以获得用户输入的数据，当文件中没有数据时，程序就会暂停运行以等待用户的输入。

标准输出文件(stdout)默认与显示器相连，是一个以只写方式打开的文本文件，写入到此文件的内容通常会自动显示在显示器上程序运行窗口中。printf 等输出函数通过把生成的字符串存入此文件以输出数据。

标准出错输出文件(stderr)用于记录程序中的错误信息，默认也与显示器相连，也是一个以只写方式打开的文本文件。

例 11-8　标准设备文件的使用。

```
    #include < stdio.h >
    int main()
    {
        int i;
        float f;
        char c;
        fscanf(stdin,"%c%i%f",&c,&i,&f);
        fprintf(stdout,"%c,%d,%f",c,i,f);
        c = fgetc(stdin);
        fprintf(stdout,"\n%d",c);
        fputc(c,stdout);
        fprintf(stderr,"\n%s\n","just test");
        return 0;
    }
```

程序的运行情况如图 11-5 所示。

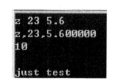

图 11-5　例 11-8 程序的
运行情况

讨论：

（1）分析 printf 函数的执行过程。

（2）分析 scanf 函数的执行过程。

（3）分析 printf（格式字符串，输出列表）与 fprintf（stdout，格式字符串，输出列表），scanf（格式字符串，输入列表）与 fscanf（stdin，格式字符串，输出列表），putchar（c）与 fputc（c，stdout），getchar（）与 fgetc（stdin）之间的关系。

使用 Windows 操作系统时，按下 Ctrl + Z 组合键（同时按 Ctrl 键和 Z 字符键）可以使标准输入设备文件（stdin）处于结束状态，但只有程序暂停运行等待用户输入数据时，直接按下 Ctrl + Z 组合键才起作用。

例 11-9　使标准输入设备文件处于结束状态。

```
#include < stdio.h >
int main()
{
    int c;
    while ((c = getchar())! = EOF)
        putchar(c);
    printf("%d\n",c);
    printf("%d\n",feof(stdin));
    return 0;
}
```

图 11-6　例 11-9 程序的
运行情况

程序的运行情况如图 11-6 所示。

分析：

当按下 Ctrl + Z 组合键时，屏幕上会显示^z。由程序的运行情况可知，虽然在第一次输入数据时也按下了 Ctrl + Z 组合键，但标准输入设备文件并没有处于结束状态，且 Ctrl + Z 组合键被忽略了。程序暂停运行等待用户输入数据时，用户直接按下 Ctrl + Z 组合键，getchar 函数才返回 EOF。feof 函数也返回了一个非 0 值，可见标准输入文件处于结束状态。

11.5　文件随机读/写

11.5.1　调整文件当前位置指针变量指向的位置

存取数据时，文件的当前位置指针变量指明了相关存储空间的起始位置，完成存取操作后，它会自动指向下一个位置。如果可以调整文件的当前位置指针变量指向的位置，存取操作就不必严格按照先后次序了。库函数 fseek 可以改变文件的当前位置指针变量的值。先通过 fseek 函数改变文件的当前位置指针变量指向的位置，然后读/写文件中"指定位置"上的数据，这就是所谓的文件随机读/写。

fseek 函数的首部为：

```
int fseek(FILE * stream,long offset,int origin)
```

其中，形参 origin 用于标识指定位置的参照点，可取值为宏 SEEK_SET、宏 SEEK_CUR 和宏 SEEK_END，分别表示参照点为文件的开始、文件的当前位置和文件的末尾。这三个宏在 stdio.h 中定义为 0、1 和 2。offset 称为偏移量，标识当前位置以参照点为基准，向文件结束处（大于 0 时）或向开始处（小于 0 时）移动的字节数（offset 的绝对值）。fseek 函数根据 origin 和 offset 调整与 stream 相关的文件的当前位置指针变量指向的位置。若操作成功，则 fseek 函数返回 0；否则，返回某个非零值。

　　Windows 系统中，读/写文本文件时会发生 \n' \r' 与 \n' 的自动转换，从而使得文件缓冲区中的数据与文件中的实际数据可能不一致，因此 fseek 函数多用于以二进制格式打开的文件。

　　库函数 rewind 的首部为 void rewind(FILE * stream)，可让与 stream 相关的文件的当前位置指针变量指向文件的开始处。

　　讨论：

　　（1）用宏作为 fseek 函数的实参有什么好处？

　　（2）fseek 函数用于以文本格式打开的文件时可能会出现什么问题？

　　例 11-10　文件的随机读。

```
#include < stdio.h >
int main()
{
    int a[10] = {1,2,3,4,5,6,7,8,9,10};
    int i,j;
    FILE * fp;
    if((fp = fopen("test.data","wb")) == NULL)
        return 1;
    fwrite(a,sizeof(int),10,fp);
    fclose(fp);
    if((fp = fopen("test.data","rb")) == NULL)
        return 1;
    for(i = 9;i >= 0; -- i)
    {
        fseek(fp,i * sizeof(int),SEEK_SET);
        fread(&j,sizeof(int),1,fp);
        printf("%3d",j);
    }
    rewind(fp);
    fread(&j,sizeof(int),1,fp);
    printf("%3d\n",j);
    fclose(fp);
    return 0;
}
```

　　程序的运行结果为：

```
10  9  8  7  6  5  4  3  2  1  1
```

　　讨论：

　　程序中去掉 rewind(fp);语句后，程序会有什么样的输出？

11.5.2　既可读又可写的文件

　　C 语言允许对一个打开的文件既读又写。用 fopen 函数打开文件时，如果在文件使用方式中附加一个"＋"号，打开的文件就既可读又可写了。文件使用方式"r"表示打开的文件为文本格式的只读文件，而"r＋"则表示打开的文件为文本格式的、既可读又可写的文件；文件使用方式"ab"表示打开一个二进制格式的只写文件，且文件的当前位置指针变量指向了文件的末尾处，而文件使用方式"ab＋"则表示打开一个二进制格式的可读/写文件，且当前位置指针变量也指向了文件的末尾处。

　　既可读又可写的文件在读/写操作转换时须将文件的当前位置指针变量重定位。重定位操作会刷新缓冲区，即将缓冲区中的内容更新到文件中。

　　例 11-11　可读/写的文件。

```
#include < stdio.h >
int main()
{
```

```
        FILE * fp;
        int c,i;
        if((fp = fopen("test.data","wb + ")) == NULL)
            return 1;
        for(i = 1' ;i <= 3' ; ++ i)
            fputc(i,fp);
        for(i = 2;i >= 0; -- i)
        {
            fseek(fp,i,SEEK_SET);
            c = fgetc(fp);
            printf("%2c",c);
        }
        fseek(fp,0,SEEK_CUR);
        fputc('5' ,fp);
        rewind(fp);
        while((c = fgetc(fp))! = EOF)
            printf("%2c",c);
        fclose(fp);
        return 0;
    }
```

程序的运行结果为：

```
3 2 1 1 5 3
```

讨论：

（1）程序中应使用可读写的文件代替"只读"文件和"只写"文件吗？

（2）程序中语句 fseek（fp，0，SEEK_ CUR）；有何作用？

须慎重使用可读/写的文件。一方面，文件的读/写操作在转换时需刷新缓冲区，读/写数据的效率不高；另一方面，可读/写文件中的当前位置指针变量由程序管理，极易出错。

练习 11

1. 问答题

（1）C 语言文件有何特点？缓冲文件系统有什么作用？在程序中使用文件时为什么要打开文件和关闭文件？

（2）文本文件和二进制文件有什么特点？

（3）打开文件时，文本格式和二进制格式有何区别？

（4）标准设备文件有什么特点？

（5）有与 puts 和 gets 函数对应的与文件相关的库函数吗？学习它们的用法。

（6）例 11-10 中把"test. data"的打开方式改为"w"时，程序如何输出？为什么？

（7）查找资料，分析库函数 putc、getc、perror 和 clearerr 的作用。

（8）文件中二进制形式的数据是 0100 0001 0100 0001，试分析文件的类型。

2. 编程题

（1）在例 11-1 中以"wb"方式打开文件，程序运行结束后，再用 Windows 记事本程序查看 test. txt 文件的内容。

（2）把用户输入的一行英语存入 test. txt 文件中，其中的小写字母用第 4 章练习 4 中的第 7 题的算法加密，并用记事本程序查看其内容。

（3）把编程题（2）生成的 text. txt 文件中内容解密后显示在屏幕上。

（4）用户输入一个带完整路径的文本文件的文件名，程序在输出设备上显示此文件的内容。

（5）编程实现文件的复制功能。如输入 mycopy C：\test1. txt　　D：\test2. txt ↙（即以带命令行方式运行程序），则程序会在 D 盘根目录下新建一个名为 test2. txt 的文件，并将 C 盘根目录下 test1. txt 文件的内容复制到该文件中。

（6）编程把第 5 章练习 25 的输出结果保存到文本文件中，并用记事本查看文件的内容。

（7）把例 6-18 的计算结果保存到文本文件中，并用记事本查看文件的内容。

（8）用记事本新建一个名为 input.txt 的文本文件，文件共有 3 行，每行用空格分隔了 3 个整数，编程找出这 9 个数中的最大数和最小数。

（9）编程把两个有序文件合并成一个新的有序文件。设文本文件 test1.txt 中的数据为 1，3，5（注意逗号），文本文件 test2.txt 中的数据为 2，6，8，10，12，程序最终生成一个名为 test3.txt 文件，其内容为 1，2，3，5，6，8，10，12。

（10）编程将用户输入的若干个学生信息（定义见本练习分析程序（4）题）以二进制格式保存在文件中。

（11）编程在屏幕上显示其他同学在做练习编程题中的（10）题时生成的文件中的学生信息（不能问文件中学生的个数）。在文件中增加几个学生的信息后，再一次显示文件中的内容。

（12）在编程题的（11）中可以通过文件的字节数（长度）求出学生的人数吗？编程测试。

（13）通过学号或姓名在文件（编程题（10）生成的）中查找某学生的信息。

（14）按 C 语言成绩降序输出文件（编程题（10）生成的）中的学生信息。

（15）通过学号删除文件（编程题（10）生成的）中某学生的信息。

（16）综合以上练习，设计一个基于文件的简单的学生信息管理系统。（学号可以用字符串表示吗？）

3. 分析程序

（1）分析下面程序的输出。

```
#include <stdio.h>
int main()
{
    FILE *fp;
    short i =16730;
    char *pc;
    pc = (char *)&i;
    if((fp = fopen("test.txt","w")) == NULL)
        return 1;
    fputc(*pc,fp);
    fputc(*(pc +1),fp);
    fclose(fp);
    if((fp = fopen("test.txt","r")) == NULL)
        return 1;
    printf("%x\n",i);
    i = fgetc(fp);
    printf("%c,",i);
        i = fgetc(fp);
    printf("%c\n",i);
    fclose(fp);
    return 0;
}
```

用记事本查看 test.txt 文件的内容。文件 test.txt 是文本文件吗？程序的输出为 Z，A，因此文件 test.txt 的存储状态为 0x5a41，但由输出可知变量 i 存储状态为 0x415a，也就是说输出结果应为 A，Z。查找资料分析讨论两者不同的原因。

用文本文件存储变量 i 的值 16730。

（2）分析代码的作用。

```
int i
while((i = fgetc(src))! = EOF)
    fputc(i,dst);
```

（3）分析程序的输出。

```
#include <stdio.h>
int main()
{
```

```
        FILE * fp;
        int i,a[5] = {25,26,27,28,29};
        if((fp = fopen("test.dat","w")) == NULL)
            return 1;
        for(i = 0;i <= 4; ++i)
            fputc(a[i],fp);
        fclose(fp);
        if((fp = fopen("test.dat","r")) == NULL)
            return 1;
        while((i = fgetc(fp))! = EOF)
            printf("%3d",i);
        fclose(fp);
        return 0;
    }
```

以"rb"方式打开 test. dat 文件时程序又会有什么样的输出结果？

(4) 有结构型定义如下：

```
    struct student
    {
        int no;                 /*学号*/
        char name[11];          /*姓名*/
        float fc;               /*C语言成绩*/
        float fm;               /*数学成绩*/
    }stus[30];
```

且结构体数组 stus 中的元素均已有数据，则下面语句中 fwrite 函数正确执行后，返回值是多少？

```
    fwrite (stus,sizeof(struct student),50,fp);
    fwrite(stus,sizeof(struct student) * 50,1,fp);
```

第 12 章 位 运 算

章节导学

有从 0 到 7 编号的 8 盏灯，怎样在程序中模拟控制它们的开关呢？

可以定义一个长度为 8 的一维短整型数组变量 a，如果 a[0]的值为 1，就表示 0 号灯亮；值为 0，就表示 0 号灯灭。当内存空间有限时，这样做太浪费存储空间。一盏灯的状态只需二进制数的一位就可以描述，因此可以定义一个无符号的字符型变量 c，用其存储状态中的一位对应于一盏灯。当某位上的数为 1 时，表示对应的灯亮；为 0 时表示对应的灯灭。如变量 c 的值为 128（1000 0000），则只有 7 号灯亮，其余的灯灭；为 192 时（1100 0000），6 号和 7 号灯亮，其余的灭。这样做虽然节约了存储空间，但怎样通过某位状态的变化来控制一盏灯的"开关"却是个问题。"如果 0 号灯亮就关掉它；否则，就打开它"，怎样通过调整变量 c 的值来完成这个操作呢？

与 0 号灯状态对应的是变量 c 存储状态最低位上的数，根据要求，如果变量 c 存储状态最低位上的数是 1，就将其变为 0；否则，即最低位上数是 0，就将其变为 1。在 C 语言中，调整变量 c 的值非常容易，但此处需要调整变量 c 存储状态某位上的数，且调整时还不能影响其他位上的数。即使可以通过调整变量 c 的值来实现上面的要求，但真这样做的话，为节省存储空间而付出的代价也太大了。

可以利用位运算方便地调整变量存储状态中某位上的数而不影响其他位上的数。位运算是指按二进制位进行的运算，准确地说是以二进制位为单位对整数进行的运算。

位运算多用于存储空间受限的计算环境中。

C 语言支持位运算，这也是 C 语言被称为"中级语言"的一个原因。

本章讨论

（1）位运算中的操作数在运算时会自动扩充成 int 型吗？

（2）利用位段改写例 12-2 以避免出现位运算。

C 语言提供的位操作符有按位与 &、按位或 |、按位异或 ^、取反 ~、左移 << 和右移 >>。位操作符的操作数仅限整型（字符型）。

12.1 位操作符

12.1.1 按位与操作符 &

按位与操作符 & 将参与运算的两个操作数以二进制位为单位进行"与"运算。与运算时，如果两个二进制位上的数均为 1，运算结果的此位也为 1；否则，运算结果的此位为 0。

例如：char a = -2，b = 3，则 a & b 的值为 2。

```
  1111 1110
& 0000 0011
  0000 0010
```

位运算的重点不是结果为何值，而是运算后各位的状态。

由按位与操作符 & 的运算规则可知，0 与 1 进行按位与操作，结果为 0；1 与 1 进行按位与操作，结果为 1，因此与 1 进行按位与操作时，操作数是几结果还是几。与 0 进行按位与操作时，无论操作数是 0 还是 1，结果总是 0。利用按位与操作符 & 可以在不影响其他位的情况下将整数的某位设置为 0。

设无符号字符型 c 的值为 165（1010 0101），即现在是第 0、2、5、7 号灯亮，需熄灭 7 号灯时，只要让 c 与 0x7f（0111 1111）进行按位与运算即可。

c = c & 0x7f

```
  1010 0101
& 0111 1111
  0010 0101
```

按位与操作符也可以构成复合赋值操作符，即 c = c & 0x7f 可改写为 c &= 0x7f。

讨论：

（1）比较按位与操作符和逻辑与操作符。

（2）按位与操作符怎样在不影响其他位的情况下将一个整数的某位设置为 0？

（3）按位与操作符怎样在不影响其他位的情况下将一个整数的某位设置为 1？

12.1.2　按位或操作符 |

按位或操作符 | 将参与运算的两个操作数以二进制位为单位进行 "或" 运算。或运算时，如果两个二进制位上的数都为 0，运算结果的此位为 0；否则，此位为 1。

由运算规则可知，0 与 0 进行按位或操作，结果为 0；1 与 0 进行按位或操作，结果为 1，因此与 0 进行按位或操作时，操作数是几结果还是几。与 1 进行按位与操作时，无论操作数是 0 还是 1，结果总是 1。利用按位或操作符 | 可以在不影响其他位的情况下将一个整数的某位设置为 1。设无符号字符型 c 的值为 165，需打开 1 号灯时，只要让 c 与 0x2 进行按位或运算即可。

c | = 0x2

```
  1010 0101
| 0000 0010
  1010 0111
```

讨论：

（1）比较按位或操作符和逻辑或操作符。

（2）按位或操作符怎样在不影响其他位的情况下将一个整数的某位设置为 1？

（3）按位或操作符怎样在不影响其他位的情况下将一个整数的某位设置为 0？

12.1.3　异或操作符 ^

异或操作符 ^ 也称 xor 操作符。异或操作符 ^ 将参与运算的两个操作数以二进制位为单位进行 "异或" 运算。"异或" 运算可理解为 "判断是否不同（为异）" 的运算。异或运算时，如果两个二进制位上的数相同（都为 0 或为 1），运算结果的此位为 0（表示否，不为异）；否则，即不同，运算结果的此位为 1（表示是，为异）。

分析运算规则可知，某位与 1 进行异或运算时，结果与该位正好相反（翻转），即原来是 1 时结果为 0，原来是 0 时结果为 1；某位与 0 进行异或时，结果与该位相同。

设无符号字符型 c 的值为 165，需要改变 0 号到 3 号灯的状态（即亮时灭，灭时亮）时，只要让 c 与 0xf 进行异或运算即可。

c ^ = 0xf

```
  1010 0101
^ 0000 1111
  1010 1010
```

讨论：

（1）用类似真值表的形式分析异或操作符的运算规则。

（2）异或操作符怎样在不影响其他位的情况下将一个整数的某位设置为 1？

（3）异或操作符怎样在不影响其他位的情况下将一个整数的某位设置为 0？

12.1.4　取反操作符 ~

取反操作符是一个单目操作符，用来对一个整数按二进制位取反。按位取反时，原来是 1 的结果为 0，原来是 0 的结果为 1。

设无符号字符型 c 的值为 165，需要改变所有灯的状态时，只要进行取反运算即可，即 c = ~ c。

讨论：

（1）为何用表达式 ~a + 1 就可以求出整数 a 的相反数？

（2）怎样用异或操作实现取反操作？

（3）比较取反操作符和逻辑非操作符。

提示：

因为 ~a 等价于 $-1-a$，故 ~a + 1 的值为 $-1-a+1$，即 $-a$。

12.1.5　左移操作符 ≪

左移操作符 ≪ 的常用形式为：a ≪ n。

其中，a 和 n 均为整数，求值时 a 的二进制位全部左移 n 位，右端补 n 个 0，舍弃左端移出的 n 位。显然 n 的取值范围通常为 1 至 sizeof（a）。

在位运算中，左移操作符常用于构造操作数。

无符号字符型变量 c 的值为 165，需点亮第 6 号灯，可以用如下表达式 c ｜ =1 ≪ 6 模拟，其中，1 ≪ 6 即 0100 0000。

左移操作也可看作算术运算，a 左移 1 位的值为 a 的 2 倍，左移 2 位的值为 a 的 4 倍，……。计算 a ≪ 1 要比计算 a * 2 快得多。

左移操作符的优先级低于算术操作符但高于关系操作符。单目操作符 ~ 的优先级较高。按位与、按位或和按位异或的优先级低于关系操作符，但高于逻辑操作符。

讨论：

（1）a ≪ 1 的值在什么情况下是 a 的 2 倍？

（2）左移操作符的优先级为何高于双目的位操作符呢？

12.1.6　右移操作符 ≫

右移操作符与左移操作符类似，表达式 a ≫ n 求值时，会将 a 的二进制位全部右移 n 位，右端移出的 n 位被舍弃。根据左端移入数的不同，右移操作分为"逻辑右移"和"算术右移"两种。逻辑右移时，无论 a 为何类型，左端均移入 n 个 0；算术右移时，如果 a 为非负数，左端移入 n 个 0；否则，左端移入 n 个 1。C 语言编译器多采用算术右移。

算术右移 1 位有时相当于除以 2。

例 12-1　分析下面求整数绝对值的函数。

```c
int abs(int x)
{
    int y;
    y = x >> 31;
```

```
    return (x^y) -y;
    }
```

分析:

如果 x >= 0, y 的值为 0, (x^y) - y 的结果仍为 x。

如果 x < 0, 则 y 的值为 - 1, x 与 - 1 进行异或运算实际上是对 x 进行取反操作, 再减 y 就是再加 1, 也就是说, 表达式(x^y) - y 等于 ~ x + 1, 即 - x。

12.2 位运算示例

例 12-2 用无符号字符型变量模拟控制 0 号灯到 7 号灯的开关, 变量中的每一位都对应一盏灯, 当某位为 1 时相应的灯亮, 为 0 时相应的灯灭。随机生成 20 个 0 ~ 7 的整数, 根据整数调整相关灯的明灭。如果随机生成的整数为 5, 则 5 号灯亮时关掉, 灭时打开。最初 8 盏灯均不亮, 编程输出 20 次操作后 8 盏灯的状态。

分析:

用异或操作改变某位的状态以控制相关灯的明灭, 使用左移操作构造操作数。

```
#include < stdio.h >
#include < time.h >
#include < stdlib.h >
#define PRI1 (x)printf("第%d 号灯亮!\n",x)
#define PRI2 (x)printf("第%d 号灯不亮!\n",x)
int main()
{
    unsigned char c = 0;
    int i;
    srand(time(NULL));
    for(i = 0;i < 20; ++i)
        c^= 1 << rand()%8;
    for(i = 0;i <= 7; ++i)
    {
        if((c & 1 << i) == 1 << i)
            PRI1(i);
        else
            PRI2(i);
    }
    return 0;
}
```

讨论:

(1) 输出结果时程序怎样判断某盏灯的明灭?

(2) 程序中变量 c 的类型可以改为 char 型吗?

例 12-3 把一个整数 32 位中的高 16 位和低 16 位互换。

```
#include < stdio.h >
int main()
{
    int i,j;
    scanf("%d",&i);
    printf("0x%x\n",i);
    j = i << sizeof(int) * 4;
    j |= (unsigned int)i >> sizeof(int) * 4;
    printf("0x%x\n",j);
    return 0;
}
```

12.3 位段

C 语言允许在一个结构型中以位为单位指定其成员实际存储空间的长度，结构型中指定了存储长度的成员就是所谓的位段。例如：

```
struct bitfield
{
    int a:2;
    int b:4;
    int c:2;
}bf;
```

结构型 struct bitfield 虽然有三个内部成员 a，b，c，但它们存储空间的长度只有 2 位、4 位和 2 位。内部成员 a、b、c 虽然位数不多，但仍为有符号 int 型，即 a 和 c 的取值范围为 −2 至 1，b 的取值范围为 −8 至 7。

位段仅仅自定义了存储空间的长度，使用时其与正常的结构型成员相同。当参与运算时，位段会自动转换成整型。当给位段赋一个超出其取值范围的值时，多余的位数会被舍弃。如有 bf. a = 1，bf. b = −8，则 printf("% d,% d\n",bf. a + bf. b,bf. c = 15) 的输出为 −7，−1。

位段的类型只能为整型（有符号，无符号及字符型）。位段的长度不能大于其对应的基本数据类型的长度。

通过位运算可以调整"状态标志"中每位的状态，效率较高但可读性不太好，使用"位段"能以赋值的方式直观地实现类似的操作。

位段的具体实现通常与编译系统相关。

讨论：

（1）计算机为什么不能以位段的实际长度为单位进行运算？

（2）参与运算时位段将自动转换成整型，分析转换的规则。

练习 12

1. 求下面表达式的值（a 为整型变量）。

0x23 & 0x52   0x23 | 0x52   0x23^0x52   ~0x52   a & a   a | a   a^a   0^a

2. 分析位运算操作符 &、| 和^的特点及作用。

3. 分析 C 语言操作符的优先级。

4. 可以用如下三条语句交换整数 x 和 y 的值。

```
x^ = y;
y^ = x;
x^ = y;
```

编程验证。

当整数 x 和 y 为同一个变量时会出现什么情况？

5. −1 ≫ 1 的值是多少？

6. 找出下面求两个整数平均数的函数中存在的问题。

```
int aver(int x,int y)
{
    return (x +y)/2;
}
```

当 x，y 均为 2100000000 时，函数的返回值是多少？有人提议把函数的实现改为 return x/2 + y/2；就可以避免溢出的问题，可行吗？

7. 用表达式 x & y +((x^y) ≫ 1) 可以求出整数 x 和 y 的平均数，请举例分析。

8. 编程输出一个整数的编码中高 24 位变为 0 时的值及低 24 变为 0 时的值。

9. 编写一个函数，实现对整数的逻辑右移。

10. 获得用户输入的一个整数，当这个整数的第 22 位和第 23 位上的存储状态不为 0 时，将其变为 0，其他位不变，然后输出整数的值。

11. 设 x 为无符号的整型变量，分析表达式 x^(~ (~0 ≪ n) ≪ (m + 1 - n)) 的作用。

12. 查找资料，总结位运算在编程中的一些典型应用。

本章讨论提示

有 unsigned char a = 0xA5;，分析 printf(" % d\n", ~ a ≫ 4); 的输出。如有 char a = 0xA5;，分析 printf(" % d\n", ~ a ≫ 4); 的输出。

第 13 章　数字化信息编码

章节导学

　　人们使用十进制数，据说是因为人类的双手有十根手指头。计算机使用二进制数，与十进制数相比，二进制数有什么特点呢？

　　二进制数与十进制数在理论上没有本质的区别，计算时既可以用十进制数，也可以用二进制数。虽然计算机使用二进制数，但计算机中的二进制数与数学中的二进制数差别很大。计算机中没有正负号，没有小数点，……，只有（只能模拟）"0"和"1"，因此计算机使用了"纯粹"的二进制数。现实世界中的数据必须编码成由 0 和 1 组成的"数串"，计算机才能存储、识别和处理。由于不同类型的数据采用了不同的编码规则，不同的数据可能有相同的编码结果。编码后的数据可称作"机器数"，被编码的数据可称作"真值"。

　　正负号的编码看似简单，却大有学问。小数点的位置不固定，如何编码是个挑战。一个字符具有多种编码，输入时有输入码（输入法），存储时有机内码，输出时有字形码。用 0 和 1 编码字符的形状时需要一点想象力。

　　计算机根据编码的运算规则进行计算，不同的编码对应不同的运算规则。补码整数加减法的运算规则非常简单，因此计算机中采用补码编码整数。补码的特点也就是计算机中整数表现出的特点。编码小数时，通常先把十进制小数变成二进制小数，再把二进制小数编码成 01 串。因为十进制小数转化成二进制小数时通常会得到无限的二进制小数，所以无论计算机中用多长的存储单元也不可能精确地存储大部分的十进制小数。用计算机存储 0.1 时，机器数对应的真值肯定不会等于十进制数的 0.1。

　　计算机只是一种机器，当一台计算机被生产出来时，它的计算能力已经"固定"。计算机只是一台"整数认不全，小数算不准"的机器。

　　C 语言提供了使用计算机所需的"直观的命令"，作为非计算机专业的学生，无须掌握本章的知识照样可以借助 C 语言使用计算机。

本章讨论

　　（1）怎样理解计算机中的二进制数？

　　（2）算盘采用什么进制数？比较计算机和算盘。

　　（3）怎样理解"不同的编码对应不同的运算规则"？

　　（4）计算机中 $1.5 \times 10^{18} + 1.32$ 等于几呢？

　　（5）怎样理解"计算机主要以字符的方式与用户交流"？

　　（6）查找资料，分析中文字符的编码。

13.1　二进制数

　　二进制数表示也是一种计数方法，学习时可以参照常见的十进制数表示。

13.1.1　位权

十进制中的"十"表示什么呢？"进"又怎么理解呢？

"十"表示用十进制计数时只用到了十个基本符号，即 0、1、2、…、9。计数时可以用 0 表示没有石子、用 1 表示一个石子、……、用 9 表示九个石子等十种情况。

有十个石子时又该如何表示呢？只能用基本符号的组合来表示，即用多个基本符号来表示，如 10。这个 10 中的 1 与表示一个石子中的 1 显然不同，10 中的 1 表示 1 个"十"。同样的基本符号在不同位置上有不同的含义（值），这就是"位权"所要说明的问题。

十进制数的位权有大家所熟知的个、十、百、千、……。十进制数中的"进"就是"逢十进一"，也正因为"逢十进一"，十进制的位权才是个、十、百、千、……。计数时所用基本符号的个数显然与位权关系密切。

二进制数只有两个基本符号，即 0 和 1。计数时可以用 0 表示没有石子；用 1 表示一个石子；二个石子就只能 10 表示了，这个 10 中的 1 表示 1 个"二"；三个石子用 11 表示；四个石子用 100 表示；……。

二进制数是"逢二进一"。八进制数是"逢八进一"，而十六进制数是"逢十六进一"。

讨论进制时，10 就不能简单地读做"十"了，应读做"壹零"。通常用 $(10)_R$ 表示 10 是 R 进制数。没有标注进制的数默认为十进制数。也可用在数的末尾加一个字母的方式表示进制，如 10B 就表示二进制数 10。

一个 R 进制整数 $(a_n \cdots a_1 a_0)_R$，其各位的位权值为 R^k（k 为各数位的下标）。

十进制小数 0.12 中的 1 表示一个十分之一，2 表示二个百分之一。二进制数中把"单位 1"平均分成了两份，故 0.11B 中左边的 1 表示一个二分之一，右边的 1 表示一个四分之一。由此可知，一个 R 进制数 $(a_n \cdots a_1 a_0. a_{-1} a_{-2} \cdots a_{-m})_R$，其各位的位权值为 R^k（k 为各数位的下标）。

类似 523 等于 $5 \times 10^2 + 2 \times 10^1 + 3 \times 10^0$，$R$ 进制数 $(a_n \cdots a_1 a_0. a_{-1} a_{-2} \cdots a_{-m})$ 等于 $a_n \times R^n + \cdots + a_1 \times R^1 + a_0 \times R^0 + a_{-1} \times R^{-1} + a_{-2} \times R^{-2} + \cdots + a_{-m} \times R^{-m}$，据此可以把 R 进制数转换成十进制数。

例 13-1　把下面的二进制数转换成十进制数。

10B　101B　1011.11B

分析：

$10B = 1 \times 2^1 + 0 \times 2^0 = 2$

$101B = 1 \times 2^2 + 0 \times 2^1 + 1 \times 2^0 = 5$

$1011.11B = 1 \times 2^3 + 0 \times 2^2 + 1 \times 2^1 + 1 \times 2^0 + 1 \times 2^{-1} + 1 \times 2^{-2} = 11.75$

13.1.2　十进制数转换成二进制数

十进制数 11 如何转换成二进制数？

设 11 转换后的二进制数为 $b_n \cdots b_1 b_0$，则有 $11 = b_n \times 2^n + \cdots + b_1 \times 2^1 + b_0 \times 2^0$。多项式 $b_n \times 2^n + \cdots + b_1 \times 2^1 + b_0 \times 2^0$ 除以 2 后的余数是多少？商是多少？

余数显然为 b_0，商是 $b_n \times 2^{n-1} + \cdots + b_1 \times 2^0$，即二进制数 $b_n \cdots b_2 b_1$。

因 11 除以 2 的余数为 1，商为 5，所以有 $b_0 = 1$，$b_n \times 2^{n-1} + \cdots + b_1 \times 2^0 = 5$。

同理可求出 b_1、b_2、…、b_n。

转换过程如下：

$$
\begin{array}{r|rl}
2 & 11 & \cdots\cdots 1 \\
2 & 5 & \cdots\cdots 1 \\
2 & 2 & \cdots\cdots 0 \\
2 & 1 & \cdots\cdots 1 \\
& 0 &
\end{array}
$$

$11 = 1011B$

十进制整数转换成二进制数时可以采用除以 2 取余法，即整数不断除以 2 取余数，直到商是 0 为止，最先得到的余数为最低位，最后得到的余数为最高位。

十进制小数 0.625 如何转换成二进制小数？

设 0.625 转换后的二进制数为 $0.a_{-1}a_{-2}\cdots a_{-m}$，则有 $0.625 = a_{-1} \times 2^{-1} + a_{-2} \times 2^{-2} + \cdots + a_{-m} \times 2^{-m}$。多项式 $a_{-1} \times 2^{-1} + a_{-2} \times 2^{-2} + \cdots + a_{-m} \times 2^{-m}$ 乘以 2 后的整数部分是多少？小数部分是多少？

它乘以 2 后为 $a_{-1} \times 2^{0} + a_{-2} \times 2^{-1} + \cdots + a_{-m} \times 2^{-m+1}$ 即 $a_{-1}.a_{-2}\cdots a_{-m}$，整数部分为 a_{-1}，小数部分为 $0.a_{-2}\cdots a_{-m}$。

$0.625 \times 2 = 1.25$，所以 a_{-1} 的值为 1，$0.25 = a_{-2} \times 2^{-1} + \cdots + a_{-m} \times 2^{-m+1}$。

同理可求出 a_{-2}、a_{-3}、$\cdots$、a_{-m}。

转换过程如下：

$$
\begin{array}{r}
0.625 \\
\times \quad 2 \\
\hline
1\cdots\cdots \boxed{1}.250 \\
\times \quad 2 \\
\hline
0\cdots\cdots \boxed{0}.500 \\
\times \quad 2 \\
\hline
1\cdots\cdots \boxed{1}.000
\end{array}
$$

$0.625 = 0.101B$

例 13-2　把十进制小数 0.6 转换为二进制小数。

转换过程如下：

$$
\begin{array}{r}
0.6 \\
\times \quad 2 \\
\hline
1\cdots\cdots \boxed{1}.2 \\
\times \quad 2 \\
\hline
0\cdots\cdots \boxed{0}.4 \\
\times \quad 2 \\
\hline
0\cdots\cdots \boxed{0}.8 \\
\times \quad 2 \\
\hline
1\cdots\cdots \boxed{1}.6 \\
\times \quad 2 \\
\hline
1\cdots\cdots \boxed{1}.2 \\
\times \quad 2 \\
\hline
0\cdots\cdots \boxed{0}.4 \\
\times \quad 2 \\
\hline
\cdots\cdots \cdots\cdots
\end{array}
$$

分析可知，结果是无限循环二进制小数。

$0.6 = 0.\dot{1}00\dot{1}B$

十进制小数转换成二进制小数可以采用乘以 2 取整法，即小数部分不断乘以 2 取整数，直到积为 0 或达到有效精度为止，最先得到的整数为最高位（最靠近小数点），最后得到的整数为最低位。

例 13-3　把十进制数 11.375 转换成二进制数。

分析：

整数部分可采用除以 2 取余法，小数部分可采用乘以 2 取整法。

$11.375 = 1011.011B$

13.1.3　二进制数的计算

二进制数的运算规则与十进制数的类似，加法规则为"逢二进一"；减法规则为"借一当二"；

乘法规则为 $1 \times 1 = 1$，$1 \times 0 = 0$，$0 \times 0 = 0$；除法为乘法的逆运算。

计算时可以用十进制数，也可以用二进制数。

例 13-4　分别用十进制数和二进制数计算下面各题。

（1）三万二千七百六十七加一

用十进制数计算：

$32767 + 1 = 32768$

用二进制数计算：

三万二千七百六十七用二进制数表示为 111 1111 1111 1111B（$2^{15} = 32768$，1000 0000 0000 0000B − 1B 即可得三万二千七百六十七的二进制数表示）

111 1111 1111 1111B + 1B = 1000 0000 0000 0000B

（2）负三万二千七百六十七加一

用十进制数计算：

$-32767 + 1 = -32766$

用二进制数计算：

负三万二千七百六十七用二进制数表示为 − 111 1111 1111 1111B

− 111 1111 1111 1111B + 1B = − 111 1111 1111 1110B

（3）零点六乘以二

用十进制数计算：

$0.6 \times 2 = 1.2$

用二进制数计算：

零点六用二进制表示为 0.1001⋯B（1001 为循环节）

0.1001⋯B（1001 为循环节）× 10B = 1.0011⋯B（0011 为循环节）

由例 13-4 可知，用十进制数计算与用二进制数计算在理论上没有差别，但是由于进制的差异，在计算某些数据时，两者呈现出了不同的特点。如当计算零点六乘以二时，十进制数的结果表现为有限小数，而二进制数的结果为无限小数。

13.2　计算机的计算

虽然计算时采用何种进制在理论上没有本质的区别，但不同进制的运算规则却差别极大。以乘法为例，十进制数的运算规则类似于"乘法口诀"，而二进制数的"乘法口诀"只有四句"$1 \times 1 = 1$，$1 \times 0 = 0$，$0 \times 0 = 0$，$0 \times 1 = 0$"。二进制数的运算最简单，易于模拟。计算机的计算只是"手工"计算的模拟，因此计算机采用了二进制数。

二进制数只有 0 和 1 两种状态，很容易在物理上模拟，如用开关的接通和断开表示 1 和 0。二进制数 1101 0011B 可以在计算机中用图 13-1 的方式表示。

计算机中有成千上万类似的开关，因此计算机可以"存储"大量由 0 和 1 组成的二进制串，而且它也只能"存储"二进制串。计算机中一个类似的开关称为一位（bit），八位被称作一个字节（Byte）。通常用 B 表示字节，用 b 表示位。如 4B 就是 4 个字节，32 位（32b）。

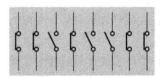

图 13-1　计算机中的二进制数 11010011

在计算机中一个开关接通状态与另一个开关闭合的状态"相加"时，结果将是一个开关接通状态，因此计算机"计算" $1 + 0$ 的结果为 1。下面演示计算机中的计算，为了简便，约定计算机中模拟的二进制串用表格形式的二进制串表示，如图 13-1 所示计算机中的二进制数 11010011B 将表示为：

1	1	0	1	0	0	1	1

计算机中的数据有规定的长度，现设计算机中无论大小整数，长度均为 16 位。

例 13-5 计算三万二千七百六十七加一。

三万二千七百六十七在计算机中被模拟为：

0	1	1	1	1	1	1	1	1	1	1	1	1	1	1	1

在计算机中被模拟为：

0	0	0	0	0	0	0	0	0	0	0	0	0	0	0	1

计算结果为：

1	0	0	0	0	0	0	0	0	0	0	0	0	0	0	0

由于计算机中规定了数据的长度，因此计算机不可能对任意大小的整数进行计算了，也就是说，计算机的计算能力"有限"。

讨论：

（1）如果计算机只对长度为 16 位的二进制整数进行运算，则它在计算两个整数相加时能求出的最大和是多少？

（2）理论上你会算几位数的加法？实际上呢？

例 13-6 计算负三万二千七百六十七加一。

负三万二千七百六十七用二进制数表示为 – 111 1111 1111 1111B。由于存在负号 " – "，这个数在计算机中无法直接模拟。现实世界中的信息只有变成由 0 和 1 组成的"数串"后才能被计算机处理。把现实世界中的信息变成由 0 和 1 组成的"数串"就是所谓的数字化信息编码。

编码时，约定负号用 1 表示，正号用 0 表示。

负三万二千七百六十七在计算机中可编码为：

1	1	1	1	1	1	1	1	1	1	1	1	1	1	1	1

在计算机中可编码为：

0	0	0	0	0	0	0	0	0	0	0	0	0	0	0	1

一个是负数，一个是正数，计算时应算减法。计算结果为：

1	1	1	1	1	1	1	1	1	1	1	1	1	1	1	0

与数学中的二进制运算相比，计算机中参与运算的数都是编码后的数据。

结果 1111 1111 1111 1110B 解码成二进制数为 – 111 1111 1111 1110B，即 – 32766。

讨论：

（1）如果计算机只会对长度为 2 个字节的二进制整数进行运算，当整数有正负时它能求出的最大和是几？

（2）为什么说计算机使用了纯粹的二进制数？

13.3 整数的编码

整数的编码似乎很简单，先将十进制整数转换成二进制整数，再加上表示负号的 1，或表示正号的 0。计算机中用固定的长度存储整数，因此整数编码时可能还需在正负号与数值位之间补 0 以"凑够"规定的位数。这种编码方式虽然直观易懂，但并非最佳。例 13-5 和例 13-6 中采用了这种编码方法，但同样是加法运算，例 13-5 中需算加法，例 13-6 中却要算减法。采用这种编码时加法的运算规则比较复杂，计算机中即使模拟实现了，计算的效率也不会高。运算规则与编码方式密切相关，是否有运算规则简单的编码方式？

编码是一种对应关系。如果正号对应于编码后数据最高位上的 0，则一个正整数的编码的最高位上肯定是 0，编码的最高位上的 0 就表明其编码的整数是正整数。下面介绍几种整数的编码。编码后的数据也用表格形式的二进制串表示。

−32767 的二进制数形式为 −111 1111 1111 1111B，如按照"正号编码为 0，负号编码为 1，其余不变"的规则编码，则编码数据为：

1	1	1	1	1	1	1	1	1	1	1	1	1	1	1	1

这种编码又称原码。编码中的最高位称为符号位，其余的为数值位。原码中符号位表示数据的正负，数值位表示数据的绝对值。0 可理解为 +0，也可理解为 −0。

如果将编码规则改为："正号编码为 0，负号编码为 1；为正数时其余的不变，为负数时 1 变为 0，0 变为 1"，就得到了一种新的编码，即反码。−32767 的二进制数形式为 −111 1111 1111 1111B，按照此编码规则，−32767 的反码为：

1	0	0	0	0	0	0	0	0	0	0	0	0	0	0	0

讨论：

（1）如果计算机中用 2 个字节编码整数，原码能编码的最大整数和最小整数各是多少呢？此时原码能编码多少个整数？

（2）如果计算机中用 2 个字节编码整数，反码能编码的最大整数和最小整数各是多少呢？此时反码能编码多少个整数？

（3）理论上 2 个字节的二进制串有多少种状态？可以编码多少个整数？

例 13-7　假设计算机中使用反码编码整数，计算负三万二千七百六十七加一。

负三万二千七百六十七在使用反码的计算机中被编码为：

1	0	0	0	0	0	0	0	0	0	0	0	0	0	0	0

在使用反码的计算机中被编码为（正数的反码与原码相同）：

0	0	0	0	0	0	0	0	0	0	0	0	0	0	0	1

计算结果为：

1	0	0	0	0	0	0	0	0	0	0	0	0	0	0	1

最终的计算结果也是反码。解码时可先将反码表示的计算结果转换成原码，再改写为二进制形式，即 −111 1111 1111 1110B，也就是 −32766。

计算机采用反码编码整数时，加法运算的运算规则同样比较复杂，不易模拟实现。

现代计算机在编码整数时多采用补码。补码的编码规则为：正数的补码与其原码相同；负数的补码为其反码加 1。

例 13-8　假设计算机中使用补码编码整数，计算负三万二千七百六十七加一。

负三万二千七百六十七在使用补码的计算机中被编码为（负数的补码为其反码加 1）：

1	0	0	0	0	0	0	0	0	0	0	0	0	0	0	1

在使用补码的计算机中被编码为（正数的补码与原码相同）：

0	0	0	0	0	0	0	0	0	0	0	0	0	0	0	1

计算结果为：

1	0	0	0	0	0	0	0	0	0	0	0	0	0	1	0

最终的计算结果也是补码。解码时可先将补码表示的计算结果转换成反码（补码减 1，即 1000 0000 0000 0001B），再由反码得到原码（1111 1111 1111 1110B），再改写为二进制形式，即 −111 1111 1111 1110B，也就是 −32766。

采用补码时，减去一个整数等于加上它的相反数的补码，−5 − 3 应理解为 −5 的补码加 −3 的补码，即计算机中只算加法。补码加法运算的运算规则非常简单：符号位参与运算，两个补码直接相加（0 + 1 = 1，1 + 1 = 进 1 写 0）。

讨论：

（1）如何求一个整数的补码？

（2）设码长是一个字节，如何求 128，−128，−1 的补码？码长为 2 个字节时？

（3）设码长是 2 个字节，如何求 32768 和 −32768 的补码？

（4）依照例 13-8，用补码计算 −5 − 3 和 −5 + 3。

（5）补码的符号位为什么可以参与运算？为什么可以不考虑是算加（如 −5 − 3）还是算减（−5 + 3）的问题而是两个补码直接相加？

13.4　计算机中整数的特点

13.4.1　整数加法示例

计算机中用补码编码整数，因此补码编码整数的加法就是计算机中整数的加法。为了简明，设计算机中用一个字节存储整数。

例 13-9　计算 127 − 1。

把 127 − 1 看成 127 + (−1)。

127 的补码为：

0	1	1	1	1	1	1	1

−1 的补码为：

1	1	1	1	1	1	1	1

计算结果为：

0	1	1	1	1	1	1	0

结果的符号位为 0，是正数，其补码与原码相同，结果为 126。

用补码编码整数时，符号位需要参与运算。计算的过程如下：

```
    0111  1111
 +  1111  1111
 ───────────────
  10111  1110
```

计算机中只用一个字节存储整数，因此计算结果只能保留 8 位，最高位的 1 被忽略了，但计算结果却正确。

例 13-10　计算 127 + 127。

127 的补码为：

0	1	1	1	1	1	1	1

127 的补码为：

0	1	1	1	1	1	1	1

计算结果为：

1	1	1	1	1	1	1	0

结果为负数，解码时先求出反码（补码减 1，即 1111 1101B），再得到原码（10000 0010B），最后改写为二进制数形式（－0000 0010B）。计算结果为－2，算错了吗？

计算机按照运算规则进行了"正确"的计算，但结果却不正确，因为根本就不可能"得到"正确的结果！计算机中只用一个字节存储整数且采用补码编码整数时，它"认识"的最大整数为 127，任何大于 127 的整数都不可能在计算机表示出来。计算机的"计算能力"如此，它当然不可能得到 127＋127 的正确结果。

讨论：

（1）分析算盘的"计算能力"。

（2）理论上人能计算两个任意大的整数的和，但实际上却并非如此，为什么呢？

（3）如何理解一台计算机的计算能力？

13.4.2　须参与运算的补码符号位

补码的神奇之处在于它的符号位也要参与运算。符号位原本是正号和负号的编码，怎么能参与运算呢？要参与运算必须有位权，数值位有位权，但补码中符号位的位权是多少呢？

补码中符号位的位权与其他数值位的类似，只不过它的位权是负的。有补码

1	0	0	0	0	0	0	0	0	0	0	0	0	0	0	1

这个整数是多少？

解码时，因为是负数，先求反码，再求原码，最后可得出这个整数是－32767。

补码的符号位也有位权，也算数值位，因此解码补码时可以不区分符号位和数值位直接根据位权解码。$1000\ 0000\ 0000\ 0001B = 1 \times -10B^{1111B} + 1 \times 10B^0 = 1 \times -2^{15} + 1 \times 2^0 = 1 \times -32768 + 1 = -32767$。

补码为

1	1	1	1	1	1	1	0

解码为 $1111\ 1110B = 1 \times -2^7 + 1 \times 2^6 + 1 \times 2^5 + 1 \times 2^4 + 1 \times 2^3 + 1 \times 2^2 + 1 \times 2^1 = -128 + 64 + 32 + 16 + 8 + 4 + 2 = -2$。

补码为

0	1	1	1	1	1	1	0

解码为 $0111\ 1110B = 0 \times -2^7 + 1 \times 2^6 + 1 \times 2^5 + 1 \times 2^4 + 1 \times 2^3 + 1 \times 2^2 + 1 \times 2^1 = 64 + 32 + 16 + 8 + 4 + 2 = 126$。

讨论：

（1）根据反码加 1 得补码，分析补码符号位的位权为什么是负的？

（2）为什么要把正号编码为 0，负号编码为 1？

补码为

1	0	0	0	0	0	0	0

解码为 $1000\ 0000B = 1 \times -2^7 = -128$。

怎样求－128 的补码呢？按部就班先求原码再求反码最后加 1 得补码的方法行不通，因为－128 的原码需要 9 位，而计算机中只用一个字节编码整数。实际求负整数的补码时，先舍弃负号将其绝对值转换成二进制数形式，再取反（取反时 0 变 1，1 变 0，符号位也参与取反），最后加 1 得到补

码。加 1 时符号位要参与运算,因为补码的符号位也是数值位。

求 –128 的补码时,先将其绝对值转换成二进制数形式:

1	0	0	0	0	0	0	0

再取反:

0	1	1	1	1	1	1	1

最后加 1 得到补码:

1	0	0	0	0	0	0	0

讨论:

(1)一个字节的补码能编码的最大和最小整数是几?能编码多少个整数?采用原码时呢?为什么两种编码能编码整数的个数不同呢?

(2)采用一个字节的补码编码整数时,计算机中求出的 –129 的补码是多少?

(3)例 13–9 中忽略了结果中的最高位,为什么结果仍然正确?

提示:

(1)0000 0000B 和 1000 0000B 分别是哪两个整数的原码?是哪两个整数的补码?

(2)一个字节的补码不可能正确编码整数 –129,得到的"补码"仅表明计算机的处理结果。正如前面计算 127 + 127,计算机只会按照"规定的流程"处理问题,如果问题超出了计算机的"能力",则结果肯定不正确。

13.4.3　计算机中整数构成一个环

当计算机中用一个字节的补码编码整数时,计算机中整数的取值范围为 –128 到 127。整数构成一个环是指 127 + 1 的结果为 –128,而 –128 – 1 的结果为 127。

例 13–11　计算 127 + 1。

127 的补码为

0	1	1	1	1	1	1	1

1 的补码为:

0	0	0	0	0	0	0	1

计算结果为:

1	0	0	0	0	0	0	0

解码时 1000 0000B $= 1 \times -2^7 = -128$,因此结果为 –128。正常运算,结果为何出错呢?计算过程中向最高位进 1,这个 1 原本是正的 128,但最高位是符号位,位权为负,结果中的 1 却表示负的 128,所以出错了。

例 13–12　计算 –128 – 1。

–128 – 1 计算时会变成 –128 + (–1)。

–128 的补码为

1	0	0	0	0	0	0	0

–1 的补码为:

1	1	1	1	1	1	1	1

计算结果为:

0	1	1	1	1	1	1	1

解码时 0111 1111B $= 0 \times -2^7 + 1 \times 2^6 + 1 \times 2^5 + 1 \times 2^4 + 1 \times 2^3 + 1 \times 2^2 + 1 \times 2^1 + 1 \times 2^0 = 127$，因此结果为 127。在计算过程中最高位向前进 1，这个 1 表示 – 256，但被舍弃了，因此结果就出错了。虽然例 13-9 中最高位向前进的 1 也被舍弃了，但计算结果却正确。

讨论：

（1）用两个字节的补码编码整数时，计算机中整数的取值范围有多大？整数也构成一个环吗？

（2）利用码长一个字节的补码计算 127 + 1 – 2 和 – 128 – 1 + 2。

（3）利用码长两个字节的补码重新计算例 13-9、例 13-11 和例 13-12。

（4）用补码编码 – 23，当码长由 1 个字节变成 2 个字节时，编码数据是怎样变化的？再次用 – 128 验证变化规律。

13.5　小数的编码

13.5.1　定点小数

小数的编码。

以 0.6 为例。0.6 用二进制数表示为 0.1001…B（1001 为循环节），编码 0.6 有两个难点：小数点如何编码？无限循环的二进制小数如何存储？

标识编码中的小数点可以用定点数编码法，即规定编码中小数点的位置。编码规则可规定为"小数点位于符号位与数值位之间；正数时符号位为 0，负数时符号位为 1；数值位不变"。这个编码规则只能编码绝对值小于 1 的小数。规定小数点位于符号位与数值位之间的编码又可称作定点小数编码。

0.6 转换成二进制小数是无限循环小数，这就意味着无论采用多长的字节都无法在计算机中精确地表示 0.6。计算机中也用固定长度的存储空间存储小数，当用一个字节编码小数时，0.6 定点小数编码的形式为：

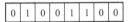

当用两个字节编码小数时，0.6 定点小数编码的形式为：

符号位　　　默认的小数点　　数值部分

0.1001100B = 0.59375 而 0.1001100110011001100B = 0.5999755859375，由此可见，虽然不可能在计算机中精确地表示 0.6，但采用的编码长度越长，精度就越高。

规定小数点位于特定位置的编码称为定点数编码。如果认为整数编码中也有小数点，且小数点位于数值位的后面，则整数的补码也是定点数编码。

讨论：

（1）编码后的数据（机器数）为：

0	1	0	0	1	1	0	0

，

解码该数据（真值）。

（2）编码小数时会有什么困难？

提示：

不知道"类型"（整数还是小数），无法解码。

13.5.2　浮点数编码

计算机采用浮点数编码小数，而浮点数的编码格式与科学计数法有关。

可以用 $M \times R^c$ 的指数形式表示一个数，这种表示方法也称为科学计数法。例如：$25.6 = 0.256 \times 10^2$，$-0.00523 = -0.523 \times 10^{-2}$。类似地，二进制数也可以用科学计数法表示，如 $-1011.011B = -0.1011011B \times 10B^{100B}$，$0.00110101B = 0.110101B \times 10B^{-10B}$。

一个 R 进制数，只要确定了 M 与 C 的值，该数就确定了。对于二进制数，当要求小数点后第一位必须为 1，即 $|M|$ 为 0.1……形式时，一个二进制数就对应于确定的 M 和 C。浮点数编码由两部分组成，一部分是 M，另一部分是 C，其中 M 的绝对值小于 1，C 是整数，它们都可以用定点数方式编码。采用浮点数编码一个十进制数时，首先把该数转换成相应的二进制数，再用科学计数法表示此二进制数，得到 M 和 C，最后把 M 和 C 用定点数的方式编码。

浮点数编码中的 M 和 C 分别称为尾数和阶码，可以规定尾数 M 用"原码格式"的定点小数编码，而阶码 C 用补码编码。当计算机中用 4 个字节的浮点数编码小数时，通常阶码占用 1 个字节，尾数占用 3 个字节。

小数 0.1875 的浮点数编码什么样子呢？

$0.1875 = 0.0011B = 0.11B \times 10B^{-10B}$，尾数 0.11B 用 3 个字节的原码格式的定点小数编码为 0110 0000 0000 0000 0000 0000B，阶码 $-10B$ 用 1 个字节的补码编码为 1111 1110B，因此 0.1875 的浮点数编码形式为：

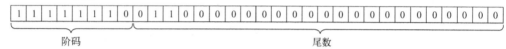

数 $-127 = -111\ 1111B = -0.1111111B \times 10B^{111B}$。尾数 $-0.1111111B$，其 3 个字节的原码格式的定点小数编码为 1111 1111 0000 0000 0000 0000B；阶码为 111B，其 1 个字节的补码编码为 0000 0111，因此 -127 的浮点数的编码形式为：

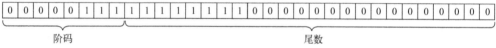

数 $0.6 = 0.1001\cdots B$（1001 为循环节）$= 0.1001\cdots B \times 10B^{0B}$。尾数 $0.1001\cdots B$（1001 为循环节），定点小数编码为 0100 1100 1100 1100 1100 1100B；阶码 0B，补码编码为 0000 0000B，因此 0.6 的浮点数的编码形式为：

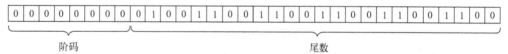

数 $1.2 = 0.6 \times 2 = 1.0011\cdots B$（0011 为循环节）$= 0.1001\cdots B \times 10B^{1B}$。尾数 $0.1001\cdots B$（1001 为循环节），定点小数编码为 0100 1100 1100 1100 1100 1100B；阶码 1B，补码编码为 0000 0001B，因此 1.2 的浮点数的编码形式为：

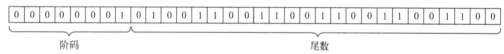

讨论：

（1）求 -12.25 和 0.109375 的浮点数编码。

（2）计算机中用 4 个字节浮点数编码的 0.6 的实际值是多少呢？

13.5.3　浮点数的特点

4 个字节的浮点数有什么特点呢？

先讨论浮点数的取值范围。

浮点数的取值范围与其阶码的长度关系密切。码长一个字节补码形式的阶码的取值范围为

$-128 \sim 127$，因此浮点数的取值范围为 $2^{-128} \sim 2^{127}$。设 $10^x = 2^{127}$，$x = 127 \times \log 2 \approx 38$，因此浮点数的取值范围为 $10^{-38} \sim 10^{38}$。与整数相比，浮点数的取值范围要大的多，浮点数在使用时不易溢出。

再讨论浮点数的精度。

码长 3 个字节的尾数只能精确到小数点后的第 23 位（除去符号位），似乎还不错，但这只是二进制数。设 $10^x = 2^{-23}$，$x = -23 \times \log 2 \approx -6.9$，因此浮点数能精确到十进制数的小数点后的第 6 ~ 7 位。下面以 0.1 为例讨论一下浮点数的精度。

数 $0.1 = 0.000110011001\cdots B$（1001 为循环节）$= 0.110011001\cdots B \times 10B^{-11B}$，尾数 $0.110011001\cdots B$（1001 为循环节）用 3 个字节的原码格式的定点小数编码为 0110 0110 0110 0110 0110 0110B，阶码 $-11B$ 用 1 个字节的补码编码为 1111 1101B，因此 0.1 的浮点数的编码形式为：

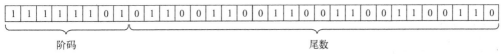

由此可知，在计算机中 0.1 仅是 $0.1100\ 1100\ 1100\ 1100\ 1100\ 110B \times 10B^{-11B} = (1 \times 2^{-1} + 1 \times 2^{-2} + 1 \times 2^{-5} + 1 \times 2^{-6} + 1 \times 2^{-9} + 1 \times 2^{-10} + 1 \times 2^{-13} + 1 \times 2^{-14} + 1 \times 2^{-17} + 1 \times 2^{-18} + 1 \times 2^{-21} + 1 \times 2^{-22}) \times 2^{-3} = 0.799999952316284179687 5 * 0.125 = 0.0999999940395355224609375$。也就是说，0.1 在计算机中的实际值是 0.0999999940395355224609375。

十进制小数与其浮点数编码对应的真值在多数情况下存在误差，因此用计算机进行小数运算时一定要注意精度的问题。

讨论：

（1）阶码和尾数对浮点数有何影响？

（2）如何理解浮点数只能精确到十进制数的小数点后的第 6 ~ 7 位？用浮点数编码小数时一定会出现误差吗？

（3）在计算机中 10 个 0.1 相加等于 1 吗？

（4）4 个字节的浮点数只能编码几个小数？怎样理解它的取值范围？

强调：

计算机中实际使用的浮点数编码多采用 IEEE754 标准，与这里介绍的稍有不同。

13.6　字符的编码

字符型数据是非数值型数据，包括各种文字、数字与符号等。非数值型数据通常不能参与算术运算。（字符 a 减去 32 等于多少呢？）

和数值型数据一样，字符型数据也须编码。字符型数据编码时，不仅要考虑编码长度，还要考虑如何输入字符（输入码），如何存储字符（机内码），如何输出字符（字形码）。

13.6.1　机内码

这里主要介绍英文字符的机内码。英文字符通常包括英文字母、数字、英文的标点符号、运算符号（+、-、*、/）等。

字符编码的原则就是标准化。规定每个字符对应的二进制串，计算机中需要存储一个字符时就存储其对应的二进制串；反之计算机中的一个二进制串需解码为字符时，就根据规定查找出对应的字符。只要采用了同一个标准，计算机间就可以传递字符信息了。

英文字符的机内码常采用 ASCII 码。ASCII 码的码长为一个字节，最高位为 0，因此 ASCII 码可以编码 128（2^7）个英文字符，其中大部分为可打印或可显示字符，一些是控制字符。英文字符的机内码就是其在 ASCII 表中的编号。ASCII 表见附录 C。

例 13-13　根据 ASCII 码表，写出下面字符的机内码。

a，A，z，Z，0，9，Delete 键，\

字符 a 的机内码为：

0	1	1	0	0	0	0	1

字符 A 的机内码为：

0	1	0	0	0	0	0	1

字符 z 的机内码为：

0	1	1	1	0	0	1	0

字符 Z 的机内码为：

0	1	0	1	1	0	1	0

字符 0 的机内码为：

0	0	1	1	0	0	0	0

字符 9 的机内码为：

0	0	1	1	1	0	0	1

字符 Delete 键的机内码为：

0	1	1	1	1	1	1	1

字符 \ 的机内码为：

0	1	0	1	1	1	0	0

讨论：

（1）编码后的数据（机器数）为

0	1	1	0	0	0	0	1

，

解码该数据（真值）。

（2）字符 9 与整数 9 有区别吗？计算机中怎样存储字符 9 与整数 9 呢？

13.6.2　输入码和字形码

英文字符的输入相对简单，如输入字符 a 时只需按下键盘上标有字母 a 的键即可。ASCII 表中的控制字符通常不对应键盘上的某个键，输入时相对麻烦。

提示：

在 DOS 窗口中，按住 Alt 键，同时用右边数字键区的数字键输入字符 ASCII 码的编号。输入完毕后释放 Alt 键，屏幕上就会出现相对应的 ASCII 码的字符。这种方式可用来输入 ASCII 表中的控制字符。

显示器上显示的某个字符其实是它的字形码。显示器由一个个的小方点（像素）组成，通常所说屏幕分辨率 1024×768 中的 1024 可理解为水平像素数（每行有 1024 个像素），768 可理解为垂直像素数（每列有 768 个像素）。图 13-2 假设为显示器上一个 48×48 的窗口。

输出 cbA：假设用 16×16 个像素显示一个字符，可能的输出如图 13-3 所示。

分析输出就可以得到字符的字形码。以字符 c 为例，其 16×16 的输出码为：

```
0000000000000000
0000000000000000
0000000000000000
0000000000000000
0000000000000000
0000000000000000
0000000000000000
0000011111110000
0001110000011000
0011000000000000
0011000000000000
0011000000000000
0011000000000000
0001100000001100
0000011111110000
0000000000000000
0000000000000000
```

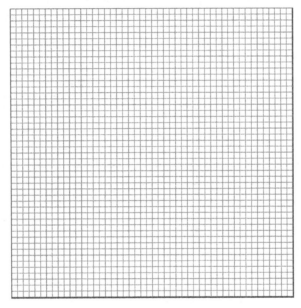

图 13-2　显示器中的一个窗口

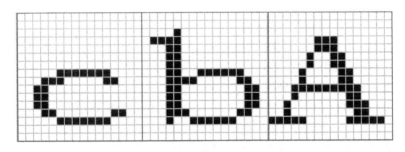

图 13-3　可能输出的字符

　　输出字符 c 时，只需把其字形码中与 0 对应的像素设置成一种颜色（如白色），与 1 对应的像素设置成另外的颜色（如黑色）即可。

　　字符 c 的 16×16 的输出码占 $16 \div 8 \times 16 = 32$ 个字节。

　　字库是指一个包含了多个字符的字形码的文件。输出字符时，先打开字库文件，然后由字符编码（字符的编号）找到该字符的字形码，最后根据字形码设置相应像素的颜色。

讨论:

(1) ASCII 表中的每个字符都有字形码吗?

(2) 如何设计 ASCII 表的字库?

(3) 屏幕上有如下显示, 这是什么数据? 一个整数? 三个字符?

`123`

13.7 八进制数和十六进制数

虽然计算机使用二进制数, 但由于二进制数据难写难读, 极易出错, 因此 C 语言中不用二进制数。需要二进制数时, 用八进制或十六进制数代替。

八进制数的基本符号有: 0~7。十六进制数的基本符号有: 0~9、A、B、C、D、E 和 F, 其中 A 表示十、B 表示十一、C 表示十二、D 表示十三、E 表示十四、F 表示十五。

八进制数在 C 语言中用前缀 0 表示, 023 就表示八进制数 23。十六进制数在 C 语言中用前缀 0x (或 0X) 表示, 0X23 就表示十六进制数 23。没有前缀的数就是十进制数。

常用进制中的 0~15 如表 13-1 所示。

表 13-1   常用进制中 0~15 的转换

十进制数	二进制数	八进制数	十六进制数	十进制数	二进制数	八进制数	十六进制数
0	0	0	0	8	1000B	010	0x8
1	1B	01	0x1	9	1001B	011	0x9
2	10B	02	0x2	10	1010B	012	0xA
3	11B	03	0x3	11	1011B	013	0xB
4	100B	04	0x4	12	1100B	014	0xC
5	101B	05	0x5	13	1101B	015	0xD
6	110B	06	0x6	14	1110B	016	0xE
7	111B	07	0x7	15	1111B	017	0xF

由于 $2^4 = 16$, 所以二进制数与十六进制数的转换非常简单: 4 位二进制数对应 1 位十六进制数。

将二进制数转换成十六进制数时, 以小数点为中心分别向两边分组, 每 4 位为一组, 位数不够时在小数点两边加 0 补足, 然后将每组二进制数化成相应的十六进制数即可。反之可将十六进制数转换成二进制数。

例 13-14   二进制数与十六进制数互换。

(1) 将二进制数 1001101101.11001 转换为十六进制数。

1001101101.11001B = 0010 0110 1101. 1100 1000B = 0X26D.C8

(2) 将十六进制数 0X23B.E5 转换为二进制数。

0X23B.E5 = 0010 0011 1011 . 1110 0101B = 10 0011 1011.1110 0101B。

讨论:

① C 语言程序中为何使用八进制数或十六进制数不用二进制数?

② 八进制数如何与二进制数互换?

附录 A　C 语言关键字

auto	break	case	char	const	continue
default	do	double	else	enum	extern
float	for	goto	if	int	long
register	return	short	signed	sizeof	static
struct	switch	typedef	union	unsigned	void
volatile	while				

附录 B　格式化输入/输出

1. 格式化输出

printf 函数常见的调用方式为：

```
printf(格式字符串,输出列表);
```

printf 函数的作用是将由格式字符串产生的输出字符串在指定的输出设备（通常为屏幕）上显示（遇到可显示字符时显示其字形码，遇到控制字符时执行特定的操作）。格式字符串由三类字符（串）组成：普通字符、转义序列和占位序列。普通字符和转义序列的相关字符会直接作为输出字符串的一部分，而占位序列则需要把输出列表中的值转换为相应的字符串后才能作为输出字符串的一部分。有时把占位序列称为格式字符串。

占位序列的组成:%[修饰标记][域宽][.精度][长度修饰符] 格式字符。

方括号中的部分可选。

修饰标记（可多个且次序无关）：

–	转换字符串在其输出域内左对齐，默认时右对齐
+	数值的转换字符串总是带符号，默认时正数没有 + 号
空格字符	正数的加号用空格字符代替
0	用数字 0 作为填充字符时将右对齐的转换字符串的输出域填充满，默认时填充字符为空格字符
#	根据格式字符调整转换字符串。对于格式字符 o、x 或 X，数值的转换字符串将有表示进制的前缀（0、0x、0X）；对于格式字符 e、E、f、g 和 G，小数点将肯定出现在转换字符串中；对于格式字符 g 和 G，转换字符串小数部分末尾的 0 将被保留

域宽：常为整型字面量，它规定转换字符串的最少字符数。转换字符串将至少包含这么多个字符。如转换后的字符串少于指定的域宽，将用填充字符（由修饰标记规定）根据对齐方式填充域宽到所要求的字符个数。

精度：常为整型字面量，且以小数点开头。对于格式字符 s，它规定从给定字符串所取的最多字符数；对于格式字符 f、e 和 E，它规定转换字符串中小数点之后的数字个数，默认时精度为 6；对于格式字符 g 和 G，它规定转换字符串中有效数字的个数。

长度修饰符：

h：多与整型相关的格式字符连用，在构造转换字符串时以短整型的格式解码数值。

l：多与整型相关的格式字符连用，在构造转换字符串时以长整型的格式解码数值。

格式字符：更准确地说，应为转换指示字符，它规定了在构造转换字符串时以何种方式解码数值。常用的有：d 和 i、u、o、x 和 X、f、e 和 E、g 和 G、s、c、p、%。

注意：

为强调空格字符，在下面示例中，出现的"·"表示一个空格。

d 和 i：把相应数值按有符号整型产生表示其值的十进制数字串。d 和 i 完全相同。修饰标记#在此不起作用。下面是一些例子。

格式字符串	数值 23 的转换字符串	数值 −23 的转换字符串
%d	"23"	"−23"
%+d	"+23"	"−23"
%·d	"·23"	"−23"
%11d	"···23"	"··· −23"
%−11d	"23···"	"−23···"
%011d	"00000000023"	"−0000000023"
%+11d	"··· +23"	"··· −23"
%+011d	"+0000000023"	"−0000000023"
%−·11d	"·23···"	"−23···"
%hd	数值 32768 的转换字符串为"−32768"	

u：把相应数值按无符号整型产生表示其值的十进制数字串。修饰标记#、+ 和空格字符在此不起作用。下面是一些例子。

格式字符串	数值 23 的转换字符串	数值 −23 的转换字符串
%u	"23"	"4294967273"
%+u	"23"	"4294967273"
%11u	"···23"	"·4294967273"
%−11u	"23···"	"4294967273·"
%011u	"00000000023"	"04294967273"
%hu	"23"	"65513"
%11hu	"···23"	"···65513"

o：把相应数值按无符号整型产生表示其值的八进制数字串。有修饰标记#时，转换字符串有表示八进制的前缀数字 0，否则为空。修饰字符 + 和空格字符在此不起作用。下面是一些例子。

格式字符串	数值 23 的转换字符串	数值 −23 的转换字符串
%o	"27"	"37777777751"
%+o	"27"	"37777777751"
%#o	"027"	"037777777751"
%12o	"···27"	"·37777777751"
%−12o	"27···"	"37777777751·"
%012o	"000000000027"	"037777777751"
%ho	"27"	"177751"
%12ho	"···27"	"···177751"

x 或 X：把相应数值按无符号整型产生表示其值的十六进制数字串。使用 x 时，数字串中用小写字母 abcdef；使用 X 时，数字串中用大写字母 ABCDEF。有修饰标记#时，转换字符串有表示十六进制数的前缀 0x（对应于 x）或 0X（对应于 X），否则为空。修饰字符 + 和空格字符在此不起作用。下面是一些例子。

格式字符串	数值 23 的转换字符串	数值 −23 的转换字符串
%x	"17"	"ffffffe9"
%X	"17"	"FFFFFFE9"
%+x	"17"	"ffffffe9"
%#x	"0x17"	"0xffffffe9"
%#X	"0X17"	"0XFFFFFFE9"

格式字符串	数值 23 的转换字符串	数值 –23 的转换字符串
% 11x	"…17"	"…ffffffe9"
% – 11x	"17…"	"ffffffe9…"
% 011x	"00000000017"	"000ffffffe9"
% hx	"17"	"ffe9"
% 11hX	"…17"	"…FFE9"

f：把相应数值（单双精度均可）按浮点型产生绝对误差最小的十进制小数的自然表示（非科学计数法）的数字串。精度规定了转换字符串中小数点之后的数字个数，默认时精度为 6。若精度为 0，则四舍五入为整数，并且只有当修饰标记#也出现在格式字符串中时才输出小数点。下面是一些例子。

格式字符串	数值 23.678 的转换字符串	数值 –23.678 的转换字符串
% f	"23.678000"	" – 23.6780000"
% · f	" · 23.678000"	" – 23.6780000"
% + f	" + 23.678000"	" – 23.6780000"
% 11.2f	"…23.68"	"… – 23.68"
% + 011.2f	" + 0000023.68"	" – 0000023.68"
% – 11.2f	"23.68…"	" – 23.68…"
% + 11.0f	"… + 24"	"… – 24"
% + #11.0f	"… + 24."	"… – 24."
% 11.9f	"23.678000000"	" – 23.678000000"

e 和 E：把相应数值（单双精度均可）按浮点型产生绝对误差最小的十进制小数的科学计数法表示的数字串。小数部分的绝对值通常不小于 1 且小于 10；指数部分用十进制整数表示，包含的数字个数为该类型浮点数绝对值最大值最少所需的十进制数字个数；两者之间用 e 或 E 分开。精度规定了转换字符串中小数部分小数点之后的数字个数，默认时精度为 6。若精度为 0，则四舍五入为整数，并且只有当修饰标记#也出现在格式字符串中时才输出小数点。下面是一些例子。

格式字符串	数值 23.678 的转换字符串	数值 –23.678 的转换字符串
% e	"2.367800e + 001"	" – 2.367800e + 001"
% E	"2.367800E + 001"	" – 2.367800E + 001"
% · e	" · 2.367800e + 001"	" – 2.367800e + 001"
% + e	" + 2.367800e + 001"	" – 2.367800e + 001"
% 11.2e	" · · 2.37e + 001"	" · – 2.37e + 001"
% + 011.2e	" + 02.37e + 001"	" – 02.37e + 001"
% – 11.2e	"2.37e + 001…"	" – 2.37e + 001 · "
% + 11.0e	"… + 2e + 001"	"… – 2e + 001"
% + #11.0e	"… + 2. e + 001"	"… – 2. e + 001"
% 11.9e	"2.367800000e + 001"	" – 2.367800000e + 001"
% e	数值 0.0 的转换字符串为"0.000000e + 000"	

g 和 G：以 e/E 或 f 中较短的输出宽度把相应数值（单双精度均可）按浮点型产生绝对误差最小的十进制小数的数字串。若数值的科学计数法表示中指数小于 – 4 或大于指定的精度，则此时 g 相当于 e 而 G 相当于 E，否则 g 或 G 均相当于 f。如果小数部分尾部有数字 0，则将被去掉，这一点

与格式字符 f、e 和 E 不同。当使用修饰标记#时，小数部分尾部的数字 0 才被保留。对于格式字符 g 和 G，精度规定的是有效数字的个数，这一点与格式字符 f、e 和 E 也不同。如 printf("%.3f,%.3g",23.678,23.678);的输出结果为：23.678，23.7。

s：把去掉串结束符后的字符串作为转换字符串。精度规定了从给定字符串所取的最多字符数。修饰标记#、+ 和空格字符在此不起作用。下面是一些例子。

格式字符串	值 "Hello" 的转换字符串	值"How are you"的转换字符串
%s	"Hello"	"How are you"
%12s	"……Hello"	"·How are you"
%012s	"0000000Hello"	"0How are you"
%-12s	"Hello……"	"How are you·"
%12.6s	"……Hello"	"……How ar"
%-12.6s	"Hello……"	"How ar……"

c：先把相应的值按整型转换为无符号字符型的值，再以此值为码值产生对应的 ASCII 字符。修饰标记#、+ 和空格字符及精度说明在此不起作用。下面是一些例子。

格式字符串	值 "%" 的转换字符串	值 37 的转换字符串
%c	"%"	"%"
%11c	"………%"	"………%"
%011c	"0000000000%"	"0000000000%"
%-11c	"%………"	"%………"

p：以具体实现系统规定的格式（通常为 o、x 或 X）输出一个指针的值。

%：输出字符%本身。

注意：

（1）对于格式字符 d、i、u、o、x、X，精度也可以规定转换字符串中最少的数字个数，少于指定的字符个数时，将在左边填充 0。若指定精度为 0，则数值 0 的转换值为空字符串。如语句 printf("%-.5d\n",1);的输出为 "00001"，语句 printf("3%.0d3\n",0);的输出为 "33"。

（2）当用字符 * 而不是整型字面量作为域宽或精度说明时，实际的域宽或精度将取自相应位置上的整型数值。如语句 printf("%-.*d\n",5,1);相当于语句 printf("%-.5d\n",1);。

2. 格式化输入

scanf 函数常见的调用方式为：

```
scanf(格式字符串,输入列表);
```

scanf 函数的作用是根据格式字符串将用户输入的字符串转换为值，并将转换值赋给输入列表中相对应的变量。输入字符串全部转换完后或遇到不符合格式字符串要求的字符时，转换操作结束。成功转换的字符被移走，而不合要求的字符将留在输入字符串中供下次使用。

输入格式字符串也由三类字符（串）组成：空格字符、普通字符、转换控制字符串。空格字符通常被忽略。普通字符要求输入字符串中必须有一个相同的字符。转换控制字符串与占位序列类似，以%开始并以一个格式字符结束。

格式字符串 "%d,%d" 中，两个%d 为转换控制字符串，其中的，为普通字符。与此相对应的输入字符串可能为 "23,32"。与格式字符串 "%d%d" 对应的输入字符串可能为 "23 32"。输入字符串中的空格常用于分隔数据而不记入输入域宽。

转换控制字符串的%和格式字符之间可依次有：赋值抑制符 ∗ 、最大域宽说明和数值类型长度修饰字符 h，l。

赋值抑制符 ∗ 表示转换值不保存，如有 scanf("% ∗ d% d",&i);，则当输入字符串为 "23 32" 时，变量 i 的值为 32，也就是说转换值 23 被忽略了。

最大域宽说明规定了该转换操作最多从输入字符串转换字符的个数。如有 scanf("%2d%3d",&i,&j);，则当输入字符串为 "12345" 时，变量 i 的值为 12，变量 j 的值为 345。

转换控制字符串%2d 将从输入字符串 "12345" 中转换 2 个字符，故变量 i 的值为 12。转换控制字符串%3d 将从剩余的输入字符串 "345" 中转换 3 个字符，故变量 j 的值为 345。当输入字符串为 "123456789" 时，变量 i 的值仍为 12，变量 j 的值仍为 345。

数值类型长度修饰字符 h，l 进一步指明了按收转换值的变量的类型。特别强调，使用 scanf 函数给双精度浮点型变量赋值时必须用长度修饰字符 l。

转换控制字符串中的格式字符常用的有：d 和 i、u、o、x、f、e、g、s、c、p。它们与格式化输出中的格式字符作用类似，如 d 用于整型变量的赋值。

格式字符 f 对应于单精度浮点型变量，lf 对应于双精度浮点型变量。

格式字符 u 将把十进制整数以有符号数的补码形式作为转换值，如有 scanf("% hu",&ui);，则输入字符串为 "−1" 时，无符号短整型变量 ui 的值为 65535。

格式字符 c 将转换一个或多个字符。若未指明域宽，则转换一个字符；否则转换字符的个数不应超过域宽指明的数目。注意，空格字符在此会被转换和计数。在保存转换的字符时也不附加字符串结束符('\0')。如有 scanf("% c",&c);，则输入字符串为 "Hi" 时，字符型变量 c 的值为字符 H。如有 scanf("%5c",str);，则输入字符串为 "Hi，C!" 时，字符型数组变量 str 数组元素的值分别为字符 H、字符 i、字符，、空格字符和字符 C，且 str[5] 也不会被主动赋值为 '\0'，此为格式字符 c 与格式字符 s 的区别之一。

格式字符 s 将跳过输入字符串中前面的空格，转换尽可能多的字符，直到遇到一个空格字符或回车符，或已转换了由域宽指明的字符个数。格式字符 s 会在转换字符串的后面加一个字符串结束符。所以转换字符串的长度可能比域宽大 1。如有 scanf("%5s",str);，则输入字符串为 "Hi，C!" 时，字符型数组变量 str 数组元素的值分别为字符 H、字符 i、字符，、空格字符和字符 C，且 str[5] 会被主动赋值为 '\0'。

格式字符 "[" 与格式字符 s 类似，转换尽可能多的字符且会在转换字符串的后面加一个字符串结束符，但它把输入字符串中的空格作为普通的字符，它将转换的字符由 [到] 之间的字符串说明。如 "% [0123456789]" 表明只转换尽可能多的数字字符，其他任何字符的出现都将导致此次转换操作的结束。而 "% [^0123456789]" 表明只转换尽可能多的非数字字符，数字字符的出现将导致此次转换操作的结束。"%11[[^]" 表明最多可连续转换 11 个字符[或字符^。"%11[^][]" 表明最多可连续转换 11 个非[字符或非]字符。scanf("%5[0123456789]",str);，则输入字符串为 "12E5678!" 时，字符型数组变量 str 数组元素的值分别为字符 1、字符 2，且 str[2] 会被主动赋值为 '\0'。

附录 C ASCII 码表

编号	编号	字符	编号	编号	字符	编号	编号	字符	编号	编号	字符
0	0x0	NUL	32	0x20	空格	64	0x40	@	96	0x60	`
1	0x1	SOH	33	0x21	!	65	0x41	A	97	0x61	a
2	0x2	STX	34	0x22	"	66	0x42	B	98	0x62	b
3	0x3	ETX	35	0x23	#	67	0x43	C	99	0x63	c
4	0x4	EOT	36	0x24	$	68	0x44	D	100	0x64	d
5	0x5	ENQ	37	0x25	%	69	0x45	E	101	0x65	e
6	0x6	ACK	38	0x26	&	70	0x46	F	102	0x66	f
7	0x7	BEL	39	0x27	'	71	0x47	G	103	0x67	g
8	0x8	BS	40	0x28	(	72	0x48	H	104	0x68	h
9	0x9	HT	41	0x29	)	73	0x49	I	105	0x69	i
10	0xA	LF	42	0x2A	*	74	0x4A	J	106	0x6A	j
11	0xB	VT	43	0x2B	+	75	0x4B	K	107	0x6B	k
12	0xC	FF	44	0x2C	,	76	0x4C	L	108	0x6C	l
13	0xD	CR	45	0x2D	–	77	0x4D	M	109	0x6D	m
14	0xE	SO	46	0x2E	.	78	0x4E	N	110	0x6E	n
15	0xF	SI	47	0x2F	/	79	0x4F	O	111	0x6F	o
16	0x10	DLE	48	0x30	0	80	0x50	P	112	0x70	p
17	0x11	DC1	49	0x31	1	81	0x51	Q	113	0x71	q
18	0x12	DC2	50	0x32	2	82	0x52	R	114	0x72	r
19	0x13	DC3	51	0x33	3	83	0x53	S	115	0x73	s
20	0x14	DC4	52	0x34	4	84	0x54	T	116	0x74	t
21	0x15	NAK	53	0x35	5	85	0x55	U	117	0x75	u
22	0x16	SYN	54	0x36	6	86	0x56	V	118	0x76	v
23	0x17	ETB	55	0x37	7	87	0x57	W	119	0x77	w
24	0x18	CAN	56	0x38	8	88	0x58	X	120	0x78	x
25	0x19	EM	57	0x39	9	89	0x59	Y	121	0x79	y
26	0x1A	SUB	58	0x3A	:	90	0x5A	Z	122	0x7A	z
27	0x1B	ESC	59	0x3B	;	91	0x5B	[	123	0x7B	{
28	0x1C	FS	60	0x3C	<	92	0x5C	\	124	0x7C	|
29	0x1D	GS	61	0x3D	=	93	0x5D	]	125	0x7D	}
30	0x1E	RS	62	0x3E	>	94	0x5E	^	126	0x7E	~
31	0x1F	US	63	0x3F	?	95	0x5F	_	127	0x7F	DEL

注:

（1）第 0～31 号及第 127 号（共 33 个）是控制字符或通信专用字符。

NUL：空字符（Null）　　SOH：标题开始　　STX：正文开始　　ETX：正文结束

EOT：传输结束　　ENQ：请求　　ACK：收到通知　　BEL：响铃　　BS：退格

HT：水平制表符　　LF：换行键　　VT：垂直制表符　　FF：换页键

CR：Enter 键　　SO：不用切换　　SI：启用切换　　DLE：数据链路转义

DC1：设备控制 1　　DC2：设备控制 2　　DC3：设备控制 3　　DC4：设备控制 4

NAK：拒绝接收　　SYN：同步空闲　　ETB：传输块结束　　CAN：取消

EM：介质中断　　SUB：替补　　ESC：溢出　　FS：文件分割符　　GS：分组符

RS：记录分离符　　US：单元分隔符　　DEL：删除

（2）第 32～126 号（共 95 个）是普通字符，其中第 48～57 号为 0～9 十个阿拉伯数字；65～90 号为 26 个大写英文字母，97～122 号为 26 个小写英文字母，其余为一些标点符号、运算符号等。

附录 D　常用的 C 语言库函数

1. 数学函数（头文件为 math. h）

函 数 首 部	功　　能
int abs(int n)	求整型参数 n 的绝对值
double fabs(double x)	求双精度参数 x 的绝对值
double exp(double x)	求 e^x 的值
double log(double x)	求 $\log_e x$ 即 $\ln x$ 的值
double log10(double x)	求 $\log_{10} x$ 的值
double pow(double x,double y)	求 x^y 的值
double sqrt(double x)	求 x 的开方
double acos(double x)	求 $\cos^{-1}(x)$ 值，x 为弧度且 $x \in [-1,1]$
double asin(double x)	求 $\sin^{-1}(x)$ 值，x 为弧度且 $x \in [-1,1]$
double atan(double x)	求 $\tan^{-1}(x)$ 值，x 为弧度
double cos(double x)	求 $\cos(x)$ 值，x 为弧度
double sin(double x)	求 $\sin(x)$ 值，x 为弧度
double tan(double x)	求 $\tan(x)$ 值，x 为弧度
double sinh(double x)	求 $\sinh(x)$ 值，x 为弧度
double cosh(double x)	求 $\cosh(x)$ 值，x 为弧度
double tanh(double x)	求 $\tanh(x)$ 值，x 为弧度
double ceil(double x)	求不小于 x 的最小整数(转化为双精度浮点型)
double floor(double x)	求不大于 x 的最大整数(转化为双精度浮点型)
double fmod(double x,double y)	求 x/y 的余数

2. 字符函数（头文件为 ctype. h）

函 数 首 部	功　　能
int isalpha(int c)	若 c 是字母(A' — Z ,' a — z)返回非 0 值，否则返回 0
int isalnum(int c	若 ch 是字母(A' — Z ,' a — z)或数字(0 — 9)，返回非 0 值，否则返回 0(al – alpha, num – numeric)
int iscntrl(int c)	若 c 是作 DEL(0x7F) 或普通控制字符(0x00 – 0x1F)，返回非 0 值，否则返回 0
int isdigit(int c)	若 c 是数字(0 — 9)返回非 0 值，否则返回 0
int isgraph(int c)	若 c 是可打印字符(不含空格)(0x21 – 0x7E)返回非 0 值，否则返回 0
int islower(int c)	若 c 是小写字母(a — z)返回非 0 值，否则返回 0
int isprint(int c)	若 c 是可打印字符(含空格)(0x20 – 0x7E)返回非 0 值，否则返回 0
int ispunct(int c)	若 c 是标点字符(0x00 – 0x1F)返回非 0 值，否则返回 0
int isspace(int c)	若 c 是空格(' '),水平制表符(\t)，回车符(\r)，走纸换行(\f)，垂直制表符(\v)，换行符(\n)，返回非 0 值，否则返回 0
int isupper(int c)	若 c 是大写字母(A' — Z)返回非 0 值，否则返回 0
int isxdigit(int c)	若 c 是十六进制数(0 — 9 ,' A — F ,' a — f)返回非 0 值，否则返回 0
int tolower(int c)	若 c 是大写字母(A' — Z)返回相应的小写字母(a — z)
int toupper(int c)	若 c 是小写字母(a — z)返回相应的大写字母(A' — Z)

3. 字符串函数 (头文件为 string. h)

函 数 首 部	功 能
char * strcpy(char * strDestination,const char * strSource)	将字符串 srcSource 复制到 strDestination，返回 strDestination
char * strncpy(char * strDest,const char * strSource,size_t count);	复制 strSource 中的前 count 个字符到 strDest 中，返回 strDest
char * strcat(char * strDestination,const char * strSource)	将字符串 strSource 添加到 strDestination 末尾(覆盖结尾处的'\0')并添加'\0'，返回 strDestination
char * strncat(char * strDest,const char * strSource,size_t count)	把 strSource 中的前 count 个字符添加到 strDest 结尾处，返回 strDest
int strcmp(const char * string1,const char * string2)	比较字符串 string1 与 string2 的大小，string1 小于 string2 时返回负数，大于时返回正数，相等时返回 0
int strncmp(const char * string1,const char * string2,size_t count)	比较字符串 string1 与 string2 中的前 count 个字符，返回值与 strcmp 函数类似
char * strchr(const char * string,int c)	找出字符 c 在字符串 string 中第一次出现的位置，返回指向该位置的指针，如找不到，则返回 NULL
char * strstr(const char * string,const char * strCharSet)	扫描字符串 string，返回指向第一次出现 strCharSet 的位置的指针，如找不到，则返回 NULL
size_t strlen(const char * string)	返回字符串 string 的长度

4. 输入/输出函数 (头文件为 stdio. h)

函 数 首 部	功 能
void clearerr(FILE * stream)	复位错误标志和文件结束标记
int fclose(FILE * stream)	关闭 stream 相关的文件。可以把缓冲区内最后剩余的数据输出到磁盘文件中，并释放文件指针和有关的缓冲区
int feof(FILE * stream)	检测文件的状态，文件处于结束状态时返回 1，否则返回 0
int fgetc(FILE * stream)	从 stream 相关的文件中读取一个(无符号型)字符。如果读到文件末尾或出错返回 EOF
char * fgets(char * string,int n,FILE * stream)	从 stream 相关的文件中读取一个长度为(n-1)的字符串，存入 string。返回 string，如果读到文件末尾或出错返回 NULL
FILE * fopen(const char * filename,const char * mode);	以 mode 方式打开名为 filename 的文件，成功时返回相关的文件指针，否则返回 NULL
int fprintf(FILE * stream,const char * format [,argument]...)	根据指定的 format(格式)发送信息(参数)到由 stream 指定的文件。返回值是输出的字符数，发生错误时返回一个负值
int fputc(int c,FILE * stream)	把变量 c 转换为字符型并存入 stream 相关的文件中，成功时返回该字符，否则返回 EOF
int fputs(const char * string,FILE * stream)	将 string 指向的字符串存入到 stream 相关的文件中，成功时返回非负数，否则返回 EOF
size_t fread(void * buffer,size_t size,size_t count,FILE * stream)	从 stream 相关的文件中读取长度为 size 的 count 个数据元素，存入 buffer 所指的内存区。返回已读数据元素的个数
int fscanf(FILE * stream,const char * format [,argument]...)	从 stream 相关的文件中按照指定的 format(格式)将数据存入相关内存单元。成功时返回已存入数据的个数，否则返回 EOF

函 数 首 部	功　　能
int fseek(FILE * stream,long offset,int origin)	将 stream 相关文件的位置指针移向以 origin 为基准,偏移 offset 个字节的位置。成功时返回 0,否则返回非 0 值
long ftell(FILE * stream)	返回文件位置指针当前位置相对于文件起始位置的偏移字节数
size_t fwrite(const void * buffer,size_t size,size_t count,FILE * stream)	从 buffer 所指的内存区中读取长度为 size 的 count 个数据元素,存入 stream 相关的文件中。返回已存数据元素的个数
int getc(FILE * stream)	从 stream 相关的文件中读取一个(无符号型)字符。如果读到文件末尾或出错返回 EOF
int getchar(void)	从标准输入设备中读取一个(无符号型)字符。如果读到文件末尾或出错返回 EOF
int printf(const char * format [,argument]...)	综合 format 指向的格式字符串和输出列表中的数据产生输出字符串,并输出到标准输出设备上。成功时返回已输出字符的个数,否则返回负数
int putc(int c,FILE * stream)	把变量 c 转换为字符型并存入 stream 相关的文件中,成功时返回该字符,否则返回 EOF
int putchar(int c)	把变量 c 转换为字符型并输出到标准输出设备,成功时返回该字符,否则返回 EOF
int puts(const char * string)	把 string 指向的字符串输出到标准输出设备,最后再输出一个'\n'。成功时返回一个非负数,否则返回 EOF
int rename(const char * oldname,const char * newname)	把由 oldname 所指的文件名改为由 newname 所指的文件名。成功时返回 0,否则返回非 0 值
void rewind(FILE * stream)	将 stream 相关的文件的位置指针重新指向文件开头位置,并清除文件结束标志和错误标志
int scanf(const char * format [,argument]...)	从标准输入设备中按照指定的 format(格式)将数据存入相关内存单元。成功时返回已存入数据的个数,否则返回 EOF

5. 标准库函数（头文件为 stdlib. h）

函 数 首 部	功　　能
double atof(const char * string)	把 string 指向的由数字组成的字符串转换成相应的浮点数
int atoi(const char * string)	把 string 指向的由数字组成的字符串转换成相应的整数
int atol(const char * string)	把 string 指向的由数字组成的字符串转换成相应的长整数
int rand(void)	产生 0 到 RAND_MAX 范围内的伪随机数。RAND_MAX 为宏,其值不小于 32767。直接调用此函数时,随机数发生器的初值为 1
void srand(unsigned int seed)	把随机数发生器的初值初始化为 seed
int system(const char * command)	将字符串 command 作为一条命令交给操作系统执行,结束后返回表示命令是否成功完成的整型状态码
void * bsearch(const void * key,const void * base,size_t num,size_t width,int (* compare)(const void * elem1,const void * elem2))	采用二分搜索算法查找从 base 起始的已有序的 num 个元素(base[0]到 base[num − 1])中是否有与指针变量 key 指向的变量的值(* key)相同元素,若有则返回指向这个元素的指针,否则返回空指针(NULL)
void qsort(void * base,size_t num,size_t width,int (* compare)(const void * elem1,const void * elem2))	见例 9−31
void * malloc(size_t size)	向系统在堆空间中申请一块 size 个字节的内存空间,返回指向该空间的指针。失败时返回 NULL
void free(void * memblock)	释放用 malloc 函数在堆空间中申请的 memblock 所指向的内存空间

附录 E C 语言操作符

优先级	操作符	名　　称	分　　类		结合性
1	（ ）	圆括号			左结合
	［ ］	下标运算操作符	下标		
	->	指向结构体成员操作符	分量		
	.	结构体成员操作符			
2	!	逻辑非操作符	逻辑	单目操作符	右结合
	~	按位取反操作符	位		
	++	自增操作符			
	−−	自减操作符			
	−	负号操作符			
	（类型）	强制类型转换操作符			
	*	间接引用操作符	指针		
	&	取地址操作符			
	sizeof	求内存字节数操作符			
3	*	乘法操作符	算术	双目	左结合
	/	除法操作符			
	%	求余操作符			
4	+	加法操作符	算术	双目	左结合
	−	减法操作符			
5	<<	左移操作符	位	双目	左结合
	>>	右移操作符			
6	<	小于操作符	关系	双目	左结合
	<=	小于等于操作符			
	>	大于操作符			
	>=	大于等于操作符			
7	==	等于操作符	关系	双目	左结合
	! =	不等于操作符			
8	&	按位与操作符	位	双目	左结合
9	^	按位异或操作符	位	双目	左结合
10	|	按位或操作符	位	双目	左结合
11	&&	逻辑与操作符	逻辑	双目	左结合
12	| |	逻辑或操作符	逻辑	双目	左结合
13	?:	条件操作符	条件	三目	右结合
14	= += −= * = / = % = >>= <<= & = ^= | =	赋值操作符	赋值	双目	右结合
15	,	逗号操作符	逗号	双目	左结合

注：逻辑与操作符、逻辑或操作符、条件操作符的问号处和逗号操作符有序列点。

参 考 文 献

[1] 孙家骕等．C语言程序设计[M]．北京：北京大学出版社，1998．
[2] 垄奕利等．深入理解计算机系统[M]．北京：机械工业出版社，2010．
[3] 谭浩强．C程序设计试题汇编[M]．北京：清华大学出版社，1998．
[4] 谭浩强．C程序设计[M]．北京：清华大学出版社，2005．
[5] 罗坚等．C语言程序设计实验教程[M]．北京：中国铁道出版社，2009．
[6] 张富．C及C++程序设计[M]．北京：人民邮电出版社，2008．
[7] 刘克成．C语言程序设计[M]．北京：中国铁道出版社，2007．
[8] 高巍．C陷阱与缺陷[M]．北京：人民邮电出版社，2008．
[9] 徐波．C专家编程[M]．北京：人民邮电出版社，2008．
[10] 徐波．C和指针[M]．北京：人民邮电出版社，2008．
[11] 蒋加伏等．计算机文化基础[M]．北京：北京邮电大学出版社，2003．
[12] 周二强．新编C语言程序设计教程[M]．北京：清华大学出版社，2011．